미르카, 수학에 빠지다

미르카, 수학에 빠지다

내일과 푸앵카레 추측

유키 히로시 지음 · 박지현 옮김

6

이지북
EZbook

차례

⑥ 보이지 않는 형태를 찾아서

나와 우주의 형태를 찾아서

외양, 성품, 몸가짐
어느 하나 빠짐없이 뛰어나니…….
_세이 쇼나곤, 『베갯머리 서책』

형태, 형태, 형태.
형태는 바로 알 수 있다.
보는 그대로의 것, 그것이 형태.

그렇군, 정말일까?

위치를 바꾸면 형태도 변한다.
각도를 바꾸면 형태도 변한다.
보이는 그대로라고 어떻게 단언할 수 있는가?
소리의 형태, 냄새의 형태, 온도의 형태.
보이지 않는 것에 형태는 없는가?

작은 열쇠.
작은 것은 손에 잡힌다.
커다란 우주.
커다란 것은 나를 잡는다.

너무 작아 보이지 않는 형태.
너무 커서 보이지 않는 형태.
아니, 원래 나의 형태는 있는 것인가?

손안의 작은 열쇠로 눈앞의 문을 열고,
커다란 우주로 뛰어 들어가 보자.

그것은 언젠가 나의 모습을 발견하기 위한 것.
그리고 언젠가 너의 모습을 발견하기 위한 것.

쾨니히스베르크의 다리

기하학에서 거리를 다루는 분야는 줄곧 주목받아 왔다.
하지만 지금까지 거의 알려지지 않은 분야가 있다.
그 분야를 처음 언급한 라이프니츠는
이를 '위치의 기하학'이라고 명명했다.
_오일러

1. 유리

"오빠, 요즘 분위기가 변했어." 유리가 말했다.

오늘은 토요일 오후, 여기는 내 방.

중학교 3학년인 사촌동생 유리가 놀러 왔다.

어릴 적부터 친하게 지낸 유리는 나를 친오빠처럼 부른다. 청바지 차림에 갈색 포니테일 머리를 하고는 내 책장에서 책 몇 권을 꺼내 이리저리 뒹굴면서 읽고 있다.

"분위기가 변했다고?" 내가 되물었다.

"뭐랄까, 좀 차분해지고 재미없어졌다냥."

유리는 책장을 팔락팔락 넘기면서 고양이 말로 답했다.

"그래? 고등학교 3학년 수험생의 관록이란 건가?"

"아니거든, 옛날에는 많이 놀아 줬잖아. 여름방학이 끝난 뒤부터 어울리기가 힘드네. 벌써 가을인데!"

유리는 그렇게 말하고는 읽던 책을 탁 소리 나게 덮었다. 고등학생 대상의 수학책이라 내용이 어려울 텐데 읽을 수 있나?

"벌써 가을인데, 아니…… 벌써 가을이라서 그래. 난 수험생이니까. 유리너도 수험생이잖아?"

"응, 중학교 3학년 수험생의 관록이다냥."

장난치듯 말하는 유리는 내년에 고등학교 입시가 기다리고 있다. 성적은 그렇게 나쁘지 않아서 원하는 고등학교(우리 학교)에 진학할 수 있을 것이다.

"학교는 재미없어." 유리는 한숨을 쉬었다.

'그 녀석'이 전학을 가 버려서 그런가?

2. 한붓그리기

"너 혹시 **쾨니히스베르크의 다리** 알아?"

"쾨니…… 뭐?" 유리가 되물었다.

"지역인데, 마을 안에 7개의 다리가 있었어."

"판타지 소설 같네. '마을에는 성스러운 7개의 다리가 있었습니다. 용사는 그 다리를 건너 드래건을…….'"

"그런 거 아니야. 쾨니히스베르크의 다리 문제는 역사적으로 유명한 수학 문제야."

"응."

"이른바 **한붓그리기 문제**라고 하지."

"펜을 떼지 않고 그리는 거야?"

"그래, 정확히 말하면 이런 거야. 쾨니히스베르크 마을에는 다음과 같이 강이 흐르는데, 7개의 다리가 놓여 있지."

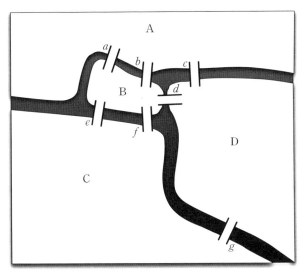

쾨니히스베르크의 다리

"6개 아냐? a, b, c, d, e, f."

"아래쪽에 7번째 다리 g가 있어. A, B, C, D 네 지역이 있고, $a, b, c, d, e, f,$ g 이렇게 7개의 다리가 있지."

"이걸 한붓그리기를 한다고?"

"A, B, C, D 어디에서 출발해도 상관없고 '**모든 다리를 다 건널 수 있는가?**' 가 문제야. 단, '**같은 다리를 2번 이상 건너서는 안 된다**'는 조건이 붙지."

> **문제 1-1** 쾨니히스베르크의 다리 건너기
> 쾨니히스베르크의 다리 7개를 모두 건널 수 있는가?
> 단, 같은 다리를 2번 이상 지나서는 안 된다.

"모든 다리를 건너야 하되 2번 이상 건너서는 안 된다는 말은 딱 1번만 지나갈 수 있다는 뜻이지?"

"그래, 그게 조건이야."

"아니지." 유리는 싱글벙글 웃으며 말했다. "다리가 아닌 강을 건너서는 안 된다'는 조건도 있잖아. '용사여, 결코 강을 건너서는 안 되네.'"

"당연하지, 다리를 건너는 문제니까 강에 뛰어들면 안 되지."

"그리고 '1명만 건넌다'라는 조건도 있잖아! 7명이 한 다리씩 건너면 끝나는 문제니까."

"알았어, 다리를 건너는 사람은 단 1명이어야 하고, 헬리콥터도 로켓도 터널도 없어. 워프도 없는 거다." 나는 고개를 가로저으며 말했다. 유리는 이런 세세한 조건을 따지고 드는군.

"그리고 출발지로 다시 돌아와야 되는 거야?"

"아니, 다시 돌아올 필요는 없어. 돌아와도 상관없고. 쾨니히스베르크의 다리 문제는 같은 다리를 2번 이상 건너지 않고 모든 다리를 건너기만 하면 돼."

"한 번에 갈 수가 없낭? 할 수 있을 것도 같은뎅."

"그럼 네가 해 봐."

유리는 샤프를 들어 길을 그리면서 잠시 시도했다.

"못 하겠어! 이건 무리야! 봐, a에서 시작하면 $a-e-f-b-c-d$까지는 건널 수 있는데, 거기서 멈추게 돼. g를 건널 수 없어!"

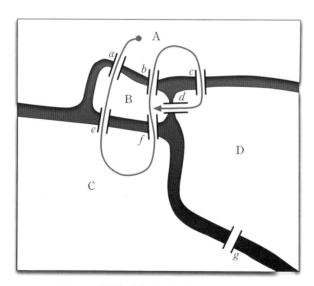

a-e-f-b-c-d를 한 번에 잇는 경로(다리 g는 건널 수 없다)

"그러네. d를 건너 육지 B에 들어오면 B에 걸쳐 있는 5개 다리를 모두 건널 수 있어. 그런데 육지 B 밖으로는 나올 수 없어. 다리 g를 건너지 못한 채로 말이야."

"응."

"다른 방법으로 건널 수 있을지도 몰라. 다른 육지에서 출발해도 되잖아."

"다 해 봤는데 안 돼!"

"다 해 봤다고? 모든 방법을 쓴 건 아니잖아?"

"그렇긴 하지만……." 유리는 말했다. "절대 무리야, 그건."

"그건 **유리의 예측**이지?"

"어?"

"너는 쾨니히스베르크의 다리 문제를 풀려고 **시행착오**를 몇 번 거쳤어. 그런 후 이 한붓그리기가 불가능하다고 말했지. 하지만 그 판단은 아직 수학적으로 증명되지 않았어. 그렇기 때문에 '너의 예측'에 불과한 거지."

"수학적으로 증명하는 게 가능해? 한붓그리기인데? 오빠가 잘하는 수식도 사용할 수 없는 문제 같은데?"

"이 한붓그리기 문제는 수식을 안 쓰고 **그래프**로 증명할 수 있어."

"그래프?"

"응, 일반적인 꺾은 선 그래프나 원 그래프가 아니야. '꼭짓점의 모임을 변으로 연결한 선'을 말하는 거야. 한붓그리기를 할 수 있는 그래프가 어떤 성질을 갖는지 알아보는 것도 수학이 되는 셈이지."

"꼭짓점의 모임을 변으로 연결한 선이라니…… 뭔지 모르겠는걸."

"쾨니히스베르크의 다리를 보면, 육지가 꼭짓점에 해당하고 다리는 변으로 나타낼 수 있으니까 다음처럼 그래프를 그릴 수 있어. 꼭짓점과 꼭짓점을 '연결하는 방법'이 중요해. 어때? 다리의 지도랑 똑같지?"

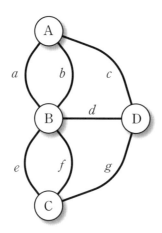

쾨니히스베르크의 다리 그래프

"전혀 달라 보이는데?"

"아니야, 자세히 봐. 지도의 A, B, C, D 육지는 내가 원으로 그린 꼭짓점과 같아. 커다란 땅을 축소해서 꼭짓점으로 나타낸 거지. 그리고 a, b, c, d, e, f, g 다리는 변에 대응하고 있어."

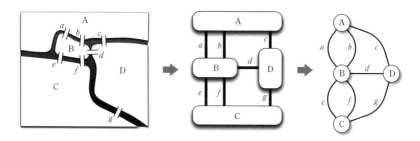

지도를 변형시켜 그래프로 만든다

"이렇게도 변형할 수 있구나."

"한붓그리기에서는 '육지의 면적'이나 '다리의 길이'는 신경 쓰지 않아도 돼. '어떤 육지와 어떤 다리를 연결하느냐'가 중요해."

"아, 그렇지." 유리가 고개를 끄덕였다. "근데, 변은 구부려져도 되는 거야?"

"변은 곡선이라도 괜찮아. 연결하는 방법이 중요하고, 변의 길이나 구부러지는 정도는 어떻든 상관없어. 지도에서는 g 다리가 멀리 떨어져 있는 것처럼 보이지만, 육지와 육지를 연결하는 방식만 제대로 그린다면 가깝게 옮겨도 좋아. 그래프로 나타내면 형태가 정리되니까 증명하기 쉬워."

"그래프는 알겠어. 증명은 어떻게 해야 해?"

"그럼, 한붓그리기에 대해 생각해 볼까?"

"응!"

3. 간단한 그래프부터

"간단한 그래프부터 시작하자. 2개의 꼭짓점이 하나의 변으로 이어진 그래프 ①과 같다면, 한붓그리기가 가능해."

그래프 ①

"그렇지, A에서 B로만 가면 되니까."

"이런 식으로 화살표를 사용해 한붓그리기를 하는 거야. A에서 시작해 B로 끝나지. A에서 시작하는 점을 **시작점**, B에서 끝나는 점을 **종착점**이라고 하자."

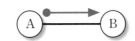

그래프 ①은 한붓그리기를 할 수 있다

"그다음엔 좀 더 복잡한 그래프를 생각해 보자. 삼각형 그래프 ②야."

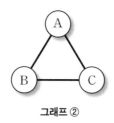

그래프 ②

"이건 복잡하지 않네. 한 바퀴 돌기만 하면 한붓그리기가 되니까."

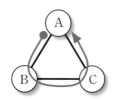

그래프 ②는 한붓그리기를 할 수 있다

"그렇지. 이 경우에는 시작점과 종착점이 둘 다 A야."
"응. 한 바퀴 빙 돌아오는 거니까."
"그럼, 그래프 ③은 한붓그리기를 할 수 있을까?"

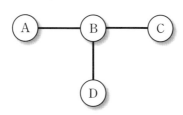

그래프 ③. 한붓그리기를 할 수 있을까?"

"못 하지!"
"어째서?"
"어디서 시작해도 전부 건널 수 없어."

"그렇지. 시작점을 A라고 했을 때 다음 꼭짓점 B로 건너가서 또 다음 꼭짓점 C로 갈 수 있어. 하지만 꼭짓점 D로 향하는 변이 남지. D로 건너고 싶지만 불가능해. 왜 그럴까?"

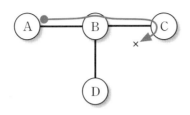

그래프 ③은 한붓그리기를 할 수 없다(시작점이 A일 때)

"꼭짓점 C에서는 못 움직이게 되니까."

"그렇지. 그건 꼭짓점 C에 변이 하나밖에 없기 때문이야. 꼭짓점 C에 도달하기 위해 하나밖에 없는 변을 써 버린 결과지. 이제 꼼짝할 수 없게 되었어. A → B → C라도 그렇고, A → B → D라도 그래. 꼭짓점 C나 D에서 출발해도 동일한 결과가 나오지."

"응."

"꼭짓점 B에서 시작해도 한붓그리기는 할 수 없어. B → A로 건너가면 또 움직일 수 없게 되니까."

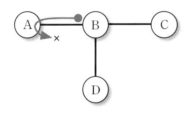

그래프 ③은 한붓그리기를 할 수 없다(시작점이 B일 때)

"그렇구나, 변이 하나밖에 없는 꼭짓점이 있으면 안 돼! 그 변을 통과해 꼭짓점에 들어가면 꼼짝할 수 없게 되니까."

"아니, 그건 너무 성급한 결론이야. 그래프 ③에서는 확실히 그렇지만 일반적으로 그렇지는 않아. 첫 그래프 ①의 경우, 꼭짓점 A하고 B 사이에 변이 하나밖에 없는데도 한붓그리기가 가능했잖아."

**그래프 ①의 꼭짓점 A와 B에는 변이 하나밖에 없지만
한붓그리기가 가능하다**

"엥, 그건 시작점하고 종착점뿐이니까 그렇지. 이런 경우엔 하나라도 괜찮은 거야!"

"바로 그거야! 지금 네가 중요한 걸 발견했어."

"발견?"

4. 그래프와 차수

"지금 네가 말한 게 한붓그리기를 할 수 있는 중요한 포인트야."

- 꼭짓점에 이어져 있는 '변의 수'를 생각할 것
- '시작점과 종착점' 그리고 '통과점'을 나누어 생각할 것

"응······?"

"한붓그리기가 가능한 그래프가 있다고 치자. 그때 시작점 부분은 이런 식으로 볼 수 있어. 시작점에 이어져 있는 변만을 보고 그 앞으로 이어져 있는 꼭짓점은 생략된 상태인 거지."

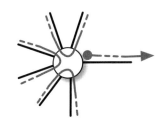

한붓그리기가 가능한 그래프의 시작점

"그게 무슨 말이야?"

"그래프의 시작점에 연결되어 있는 변에 주목해 봐. 이 그림에는 7개의 변이 있지. 여기가 시작점이니까 '한붓그리기를 시작하는 변'이 하나 있어. 나머지 변은 반드시 '들어가는 변'과 '나오는 변'이 2개씩 쌍으로 있다는 점. 이 그림에는 세 쌍이 있지만 몇 쌍이 존재하는지는 그래프에 따라 달라. 0쌍일지도 모르고."

"아⋯⋯."

"한붓그리기를 시작한 변'이 하나 있고, 나머지는 2개씩 짝지어 있어. 그렇다는 건 한붓그리기가 가능한 그래프는 시작점과 이어진 변의 수는 홀수가 된다는 거지. 1, 3, 5, 7⋯⋯ 중 하나인 거야."

"오빠, 머리 좋다!"

"마찬가지로 그래프가 한붓그리기가 가능하다면, 종착점 근방은 이렇게 보여."

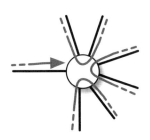

한붓그리기를 할 수 있는 그래프의 종착점

"종착점도 홀수가 되는구나."

"그렇지. 쌍을 이루는 변은 짝수고, 마지막에 들어가는 변이 하나 있으니까 한붓그리기가 가능한 그래프의 종착점에 연결된 변의 수는 홀수가 돼." 나는 이어 말했다. "그리고 통과점 근방은 이렇게 보이지."

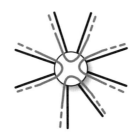

한붓그리기가 가능한 그래프의 통과점

"짝수다!"

"그래. 통과점이니까 들어가는 변과 나가는 변이 반드시 쌍을 이뤄. 그러니까 짝수. 꼭짓점에는 시작점과 종착점, 통과점 세 종류뿐이니까 이걸로 모든 점을 파악한 거지."

"이거 재미있는데……."

"여기까지는 시작점과 종착점이 다른 꼭짓점일 때를 생각했지만, 혹시 시작점과 종착점이 같은 꼭짓점일 때는 어떻게 될까? 시작점에서 출발해 한붓그리기가 끝나면 종착점이 되는 경우 말이야."

"나 알겠어. 시작점과 종착점이 같을 때 그 꼭짓점의 변의 수는 짝수야! 처음에 나오는 곳하고, 마지막에 들어가는 곳 2개가 있어야 하니까."

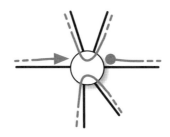

시작점과 종착점이 같은 그래프의 시작점과 종착점

"그래. 시작점과 종착점이 같은 경우는 변의 수가 어느 점에서도 짝수가 되지. 아까 본 것처럼 시작점과 종착점이 다른 경우는 변의 수가 시작점과 종착점만 홀수가 돼. 여기까지 정리해 보자."

- 한붓그리기가 가능한 그래프로 시작점과 종착점이 같은 경우
  - 시작점 : 변의 수는 짝수
  - 종착점 : 변의 수는 짝수
  - 통과점 : 변의 수는 짝수
- 한붓그리기가 가능한 그래프로 시작점과 종착점이 다른 경우
  - 시작점 : 변의 수는 홀수
  - 종착점 : 변의 수는 홀수
  - 통과점 : 변의 수는 짝수

"그러네." 유리가 수긍했다.
"여기서 중요한 의문이 생겨."

'한붓그리기가 가능한 그래프에서
변의 수가 홀수가 되는 꼭짓점은 몇 개인가?'

"몇 개냐고? 변의 수가 홀수가 되는 꼭짓점은 0개 혹은 2개잖아. 시작점과

종착점이 같다면 0개고, 다르다면 2개니까!"

"알겠지?"

"쾨니히스베르크의 다리! 홀수가 되는 꼭짓점이 4개나 있어!"

"그래. A는 3개, B는 5개, C는 3개, D는 3개니까, 변의 수가 홀수인 꼭짓점이 4개가 된다는 거지."

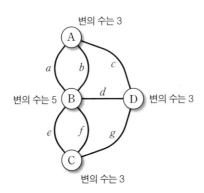

변의 수가 홀수인 꼭짓점이 4개

"4개 있으면 안 되잖아!"

"그래. 그래프가 한붓그리기가 가능하려면, 변의 수가 홀수가 되는 꼭짓점이 0개 혹은 2개가 되어야 해. 하지만 4개나 되지. 그러니까……."

"한붓그리기가 불가능해!"

"그래, 쾨니히스베르크의 다리 그래프를 한붓그리기 하는 건 절대 불가능해. 그 말은 즉 쾨니히스베르크의 다리 건너기는 불가능하다는 거지. 이렇게 증명이 끝났어!"

풀이1-1 쾨니히스베르크의 다리 건너기

만약 쾨니히스베르크의 다리 그래프를 한붓그리기 할 수 없다면, 변의 수가 홀수인 정점은 0개 혹은 2개여야만 한다. 하지만 쾨니히스베르크의 다리 그래프에는 변의 수가 홀수인 꼭짓점이 4개다. 따라서 쾨니히스베르크의 다리 건너기는 불가능하다.

"아하, 그려 보지 않고도 알 수 있네!" 유리가 눈을 빛냈다.

"어떤 꼭짓점의 '변의 수'에 대한 것을 그 꼭짓점의 차수라고 해. 그러니까 한 붓그리기에 대해 알아낸 것을 **차수**'라는 용어를 써서 설명하면 다음과 같아."

한붓그리기에 대해 알아낸 것

한붓그리기가 가능한 그래프라면,
차수가 홀수인 꼭짓점은 0개 또는 2개다.

"얘들아! 차 마시렴!" 엄마가 우리를 불렀다.

5. 이게 수학?

"유리는 키가 또 큰 것 같네?" 엄마가 말씀하셨다.

"그래요?" 유리가 머리에 손을 얹으며 답했다.

"성장기니까?" 내가 물었다.

여기는 거실. 나와 유리는 엄마가 내온 허브 차를 마시고 있다.

"어떠니? 맛있지?" 엄마가 물었다.

"카모마일이네요. 긴장이 풀리는 느낌이에요." 유리가 답했다.

"유리, 잘 아네."

"너는 어떠니?" 엄마가 나를 보며 물었다.

"감상은 마신 다음에 말해 줄게. 유리, 아까 쾨니히스베르크의 다리 문제는 이해했어?"

"응." 유리가 답했다.

"벌써 공부 시작했니?" 엄마가 주방으로 들어가시며 말했다.

"쾨니히스베르크의 다리 건너기 문제는 수학자 **오일러**가 처음으로 증명해 냈어. 오일러는 처음에 이 문제가 수학과 관계없다고 생각했대."

"나도 오일러랑 같은 생각이야."

"잘난 척하기는…… 하지만 결과적으로 오일러는 이 문제에서 수학을 발견해 냈어. 다리 건너기 문제를 해결해서 논문으로 썼지."

"수학을 발견했다는 게 무슨 의미야?"

"쾨니히스베르크의 다리 건너기 문제는 단순한 퀴즈가 아니라 깊이 연구할 가치가 있다는 말이야. 이 문제는 **기하학** 원리를 담고 있어. 도형을 다루는 수학 말이야."

"정사각형이나 원 같은 거?"

"그래, 하지만 보통 기하학하고는 다르지. 연결 방법을 바꾸지 않는다면 길이를 자유롭게 변형해도 좋은 기하학이니까."

"아, 그렇지. 아까 변형한 것처럼?"

"그래, 연결하는 방식이 같다면…… 연결 방식을 유지한다면 넓은 육지를 한 점으로 축소해도 상관없어. 다리를 변으로 만들어 늘리거나 줄이고, 곡선으로 만들어도 무방해. 쾨니히스베르크의 다리 건너기 문제는 '새로운 기하학 분야'를 탄생시켰어."

"새로운 기하학이라……."

"하지만 오일러의 논문에 아까 같은 그래프가 나오지는 않아. 오일러가 논문을 쓴 시기는 18세기지만, 아까와 같은 그래프가 나온 건 19세기야."

"계산을 하지 않고도 증명할 수 있구나."

"계산하지 않은 건 아니지. 차수가 짝수인지 홀수인지 알아봤잖아. 오일러는 라이프니츠가 사용한 '위치의 기하학'이라는 표현을 논문에서 인용했어. 오일러는 새로운 수학이 탄생한 계기를 만들었다고 할 수 있지. 하지만 이 분야를 확실히 수학으로 구축한 사람은 **푸앵카레**라는 수학자야. 푸앵카레는 논문에서 '위치 해석'이라는 표현을 썼지. 나중에 이 분야는 **위상기하학**이라고 불리게 되었어. 영어로는 'topology'라고 하고."

"위상기하학은 들어 본 것 같아."

◆ ◆ ◆

위상기하학에서는 '연결 방식'에 주목해.

우리가 쓰는 지도는 장소가 정확하게 표시되는 게 중요하지. 반면에 한붓그리기는 장소가 정확한 지점을 표시하고 있지 않아도 돼. 꼭짓점과 변의 연결 방식만 제대로 표시한다면, 꼭짓점을 자유롭게 이동해도 되고, 변을 늘리거나 줄여도 상관없어. 꼭짓점의 장소와 변의 길이는 한붓그리기를 할 수 있느냐, 없느냐를 결정짓지 않으니까.

한붓그리기를 할 수 있는지 아닌지를 알아볼 때는 길이는 신경 쓰지 않아. 그렇다면 무엇이 열쇠가 될까?

그것은 하나의 꼭짓점에 모이는 '변의 수' 즉 '차수'야. 이제 슬슬 감이 오나 보네. 잘했어.

◆ ◆ ◆

"부끄럽게스리!"

"한붓그리기에서는 '차수가 홀수인 꼭짓점의 개수'가 중요해. 그렇지, '차수가 홀수인 꼭짓점'에 **홀수점**이라는 이름을 붙이자. 그렇게 하면 한붓그리기를 할 수 있는 그래프의 조건을 간결하게 표현할 수 있어. 이 그래프가 한붓그리기가 가능하다면 '홀수점은 0개 또는 2개'라고 말이야."

6. 반대 상황을 증명하라

오일러는 쾨니히스베르크의 다리 건너기 문제만 풀려고 했던 게 아니야. 이 문제를 좀 더 일반화하려고 했지. 그럴 수 있다면 쾨니히스베르크의 다리 건너기 문제도 자연스럽게 풀릴 거라고 예상했어.

문제를 풀 때는 예시를 활용하는 게 중요해. 구체적으로 생각하지 않고 일반화하기는 어려워. 예시를 차근차근 생각하면 이해를 높일 수 있어. '**예시는 이해의 시금석**'이니까.

하지만 구체적인 예시만 가지고 생각을 정리하기가 쉽지 않을 수도 있어. 좀 더 일반적으로 정리할 수 없을까를 계속 궁리하면서 구체적인 예를 생각하는 게 포인트야.

◆◆◆

"오일러는 논문 마지막에 아래와 같은 결론을 냈어. 다리가 홀수 개일 경우 육지의 개수는?"

- 2개보다 많으면 다리 건너기는 불가능
- 딱 2개일 경우, 육지 중 하나에서 시작한다면 다리 건너기가 가능
- 0개일 경우, 어떤 육지에서 시작해도 다리 건너기가 가능

"이 3가지야. 우리가 아까 낸 결론하고 일치해."

"그렇다면 그 '반대'는 어떨까?" 유리가 갑자기 목소리를 높였다.

"반대?"

"아까부터 오빠가 '한붓그리기가 가능한 그래프라면 홀수점은 0개 또는 2개'라고 말하고 있잖아. 그 '반대'는 어떨까? '그래프의 홀수점이 0개 또는 2개라면 한붓그리기를 할 수 있다'라고 말할 수 있어?"

"말할 수 있지."

"왜?" 유리는 즉시 되물었다.

"왜라니?"

"'반대'는 아직 증명되지 않았잖아. 오빠는 한붓그리기를 할 수 있는 그래프의 시작점과 종착점, 통과점을 본 것뿐이잖아? 한붓그리기가 가능한 그래프에 대해서는 알았지만, 한붓그리기를 할 수 없는 그래프에 대해서는 어떤지 모르잖아. 그러니까 혹 '홀수점이 0개 또는 2개인 그래프' 중 한붓그리기를 할 수 없는 것도 있지 않을까?"

"아차!"

한 방 먹었네. 확실히 유리의 말대로다. 아까 증명한 것은 다음과 같다.

〈한붓그리기가 가능한 그래프〉⇒〈홀수점이 0개 또는 2개〉

그 반대의 경우는?

〈한붓그리기가 가능한 그래프〉⇐〈홀수점이 0개 또는 2개〉

위 문제는 증명되지 않았다. '그래프의 홀수점이 0개 또는 2개라면 한붓그리기를 할 수 있다'는 아직 증명되지 않은 것이다.

"음……." 나는 신음했다.

"아직 증명 안 된 거지? 증명해 봐!"

나는 생각에 잠겼다. 어떻게 하면 증명할 수 있을까?

나와 유리는 방으로 들어왔다. 책상에 놓인 A4 용지에 그래프를 그리며 생각하기 시작했다.

"아! 오빠, 증명할 수 없어!" 유리가 말했다. "홀수점이 0개라도 한붓그리기가 불가능한 그래프를 만들 수 있어."

"뭐? **반례**를 찾았다는 뜻이야?"

"이것 봐, 아래 그래프 ④를 보면 한붓그리기가 안 되잖아?"

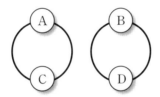

홀수점이 0개라도 한붓그리기를 할 수 없는 그래프 ④

"확실히 그러네." 나는 인정했다. "꼭짓점의 차수가 모두 2니까 홀수점은 0개. 하지만 그래프 ④는 2가지로 나뉘어 있어. 즉 연결되어 있지 않아. 그렇기 때문에 한붓그리기가 불가능해."

"바로 그거지."

"응, 문제 1-1의 설정이 잘못됐네. 연결되어 있는 그래프, 즉 어떤 2개의 꼭짓점을 골라도, 몇 개의 변을 건너 그 꼭짓점끼리 왕래할 수 있는 그래프에 한해서 생각하면, 너무 당연해서 재미가 없지."

"그래."

"그런 맥락으로 보면 다음 그래프 ⑤도 한붓그리기를 할 수 없어."

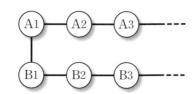

홀수점이 0개라도 한붓그리기가 불가능한 그래프 ⑤

"오른쪽에 있는 점선은 뭐야?"

"꼭짓점이 A_1, A_2, A_3, …와 B_1, B_2, B_3, …처럼 무수히 계속되는 거야."

"그거 반칙 아니야?"

"한붓그리기를 생각할 때는 있는 걸로 치자. ⑤와 같은 그래프라면 확실히 어떤 꼭짓점으로 시작해도 차수는 짝수가 되지만, 무한으로 계속되는 그래프를 한붓그리기 할 수 있다고는 단정하지 못 하지…… 그러니까 꼭짓점의 개수는 유한개로 해야겠군."

"으으으." 유리가 끙끙거렸다. "그렇다면 변의 개수가 유한개라는 조건도 필요해지네!"

"꼭짓점의 개수를 유한개로 하면 변의 개수도 유한개가 돼."

"안 된다니까, 그래프 ⑥ 같은 걸 만들 수도 있잖아!"

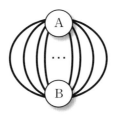

꼭짓점은 유한개지만 변이 무한 개인 그래프 ⑥

"그렇군. 확실히 네 말대로야. 게다가 그래프 ⑥은 꼭짓점의 차수가 정해지지 않아. 무한대가 되어 버리니까. 그럼, 꼭짓점과 변의 개수는 어떤 것도 유한개라는 조건을 붙이자."

문제1-2 **문제 1-1의 반대 문제**

차수가 홀수가 되는 꼭짓점이 0개 또는 2개라면, 한붓그리기가 가능한 그래 프라고 할 수 있는가?
단, 꼭짓점과 변의 개수는 둘 다 유한개로 한다. 또한, 연결된 그래프만 해당 되는 것으로 한다.

"조건은 상관없는데, 이게 어려운 문제야?" 유리가 내 표정을 살피며 물었 다. 그녀가 고개를 갸웃거리자 포니테일로 묶은 매듭이 흔들렸다.

"글쎄."

나는 그래프 몇 가지를 그려 가며 생각에 잠겼다. 유리도 내 옆에서 한붓 그리기를 시도했다. 시행착오의 시간이 조용히 흘렀다.

"아, 순조롭게 증명할 수 있겠어." 나는 말했다. "홀수점이 0개 또는 2개인 그래프가 주어졌을 때 한붓그리기 하는 방법을 실제로 알 수 있어. 즉 **구성적 증명**을 할 수 있다는 거지."

"그게 뭔데?"

"한붓그리기가 가능하다는 걸 알 수 있을 뿐 아니라, 어떻게 하면 한붓그 리기를 할 수 있는지도 알 수 있어. 순서대로 설명할게."

먼저, 홀수점이 '0개' 또는 '2개'라는 두 가지 경우를 생각해 보자. '홀수점이 2개'인 경우, 그 2개의 홀수점을 연결하는 변을 하나 추가해 보자. 그렇게 해 서 만든 그래프는 '홀수점이 0개'인 그래프가 되겠지? 그러니까 한붓그리기 방법을 생각하는 건 '홀수점이 0개'인 그래프만 하면 되는 거야.

왜냐하면 '홀수점이 0개'인 그래프를 한붓그리기 하는 경로는 반드시 한 바퀴를 돌아서 시작점으로 돌아와. 이걸 **루프**라고 부르자. 그리고 그 루프 중 에는 아까 추가했던 변도 포함되어 있을 테고. 한붓그리기니까. 그렇다면 한 붓그리기의 루프에서 아까 추가한 변을 제거하면 '홀수점이 2개'인 그래프로 돌아오니까 한붓그리기가 가능한 상태가 돼.

그러니까 우리가 생각해야 하는 건, '홀수점이 0개'인 그래프의 한붓그리기뿐이야. 다시 말하면 '짝수점뿐인 그래프'를 생각하면 되는 거지.

◆◆◆

"여기까지, 이해가 가?" 내가 물었다.

"과아아아연……. 거기까진 알겠어. 그래서?"

"응." 나는 설명을 이어 갔다. "지금 **루프를 만드는 것**에 대해 설명했지만, 그게 대단히 중요하다는 걸 알았어."

"어째서?"

"왜냐하면 **루프를 만들어서 이어 가는 게 바로 한붓그리기를 할 수 있는 방법**이니까!"

"루프를 만들어서…… 이어 가는 게?"

"응. 짝수점만으로 이루어진 그래프를 한붓그리기 해 보자."

◆◆◆

짝수점만으로 이루어진 그래프를 '한붓그리기 하는 순서'에 대해 생각해 보는 거야.

그래프는 짝수점만을 가진다. 유한개로 연결되어 있다고 본다. 또한 변은 1개 이상이다.

- 어느 한 꼭짓점에서 변을 따라 루프를 만들어 L_1이라 하고,

  L_1의 변을 그래프에서 제거한다.

  그리고 루프 L_1 중에서 아직 지나가지 않은 변을 가지는 꼭짓점을 찾는다.

- 발견된 꼭짓점으로부터 시작되는 루프를 만들어 L_2라 하고,

  L_2의 변을 그래프에서 제거한다.

  그리고 L_1, L_2를 이은 루프 중에서 아직 지나가지 않은 변을 가진 꼭짓점을 찾는다.

- 발견된 꼭짓점에서 시작하는 루프를 만들어 L_3이라 하고,

  L_3의 변을 그래프에서 제거한다.

  그리고 L_1, L_2, L_3을 연결한 루프 중에서 아직 지나가지 않은 변을 가진 꼭짓점을 찾는다.

  $$\vdots$$

- 이 순서를 꼭짓점을 찾을 수 없을 때까지 계속하면,

  L_1, L_2, L_3, ……, L_n을 이은 루프를 한붓그리기 하게 된다.

"어? 잘은 모르겠지만 적당히 루프를 만들어서 이어 나간다는 말이야? 이렇게 간단한 방법으로 한붓그리기가 가능하다고?"

"할 수 있어. 구체적으로 짝수점만을 가진 그래프 ⑦로 설명해 볼까?"

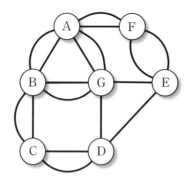

짝수점만을 가진 그래프 ⑦을 한붓그리기 한다

"루프를 만들기만 하면 되는 거지?" 유리는 그렇게 말하고 바로 루프 A → F → E → D → C → B → A를 그렸다.

"그래. L_1이라는 이름을 붙이자."

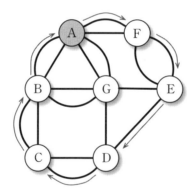

A → F → E → D → C → B → A라는 루프를 만들어 L_1이라 이름 붙인다

"음……."

"그리고 루프 L_1에 포함되는 변을 제거하는 거야."

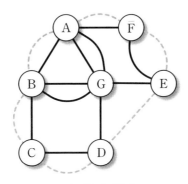

L₁의 변을 제거한다

"L₁의 변을 제거……."

"응. 루프를 제거해도 남아 있는 건 짝수점뿐이야. 이렇게 계속 루프를 만들고 연결해서 한붓그리기 그래프를 만드는 거지."

"응. 그럼 L₁ 이외에 또 적당히 루프를 만들면 되는 거야?"

"그렇긴 하지만 루프를 만드는 최초의 꼭짓점을 어떻게 고를지 먼저 생각해 보자. 루프 L₁을 찾아가는 도중에 나온 꼭짓점 중에서 **아직 지나가지 않은 변**을 가진 꼭짓점을 고르기로 해."

"무슨 말인지 잘 모르겠어."

"루프 L₁은 A → F → E → D → C → B → A였지? 이걸 따라가는 도중에 나오는 꼭짓점, 그리고 아직 지나치지 않은 변을 가진 꼭짓점을 고르는 거야. 예를 들어, 음 그렇지, 꼭짓점 F에서 시작하는 루프를 만들자."

"내가 해 볼래!"

유리는 F → A → G → E → F 루프를 그렸다.

"이걸 L₂라고 부르는 거야." 내가 말했다.

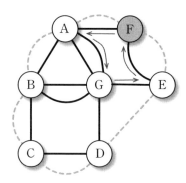

F → A → G → E → F라는 루프를 만들어 L₂라 이름 붙인다

"그리고 L_2의 변을 제거…… 점점 깔끔해지네!"

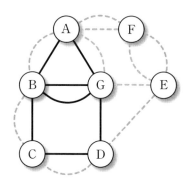

루프 L₂의 변을 제거한다

"그래. 이제 루프 L_1에 L_2를 연결해서 루프 $\langle L_1, L_2 \rangle$를 만들 거야."

"루프를 연결한다……고?"

"2개의 루프를 꼭짓점 F를 연결점으로 해서 잇는 거야. 루프 L_1을 돌다가 꼭짓점 F까지 도달하면, 거기서 L_2로 갈아타는 거지. 그리고 L_2를 한 바퀴 다 돌면, 꼭짓점 F에서 L_1으로 다시 한번 갈아타. 그리고 루프 L_1의 나머지를 돌아서 완주하는 거야. 이것을 $\langle L_1, L_2 \rangle$라는 새로운 루프라고 하자."

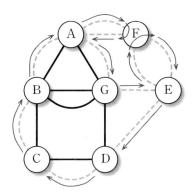

연결시킨 루프 〈L₁, L₂〉를 만든다

$$L_1 \quad A \to F \to E \to D \to C \to B \to A$$

갈아타기 ⋯⋯⋯⋯⋯⋯⋯ 갈아타기

$$L_2 \quad F \to A \to G \to E \to F$$

"아하, 이거 재미있네!"

"이제부터는 이걸 계속 반복해. 그러니까 다음으로 제거하는 루프 L₃을 만들 건데, 루프 L₃에서 시작하는 꼭짓점은 루프 〈L₁, L₂〉를 따라가는 도중에 있는 아직 지나가지 않은 변을 가진 꼭짓점으로 하는 거지. 즉 꼭짓점 A가 되는 거야."

"그럼 꼭짓점 A에서 시작해서 A → B → G → A를 L₃이라고 해도 되는 거야?"

"그래도 되지."

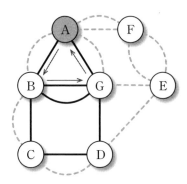

A → B → G → A라는 루프를 만들어 L₃이라고 이름 붙인다

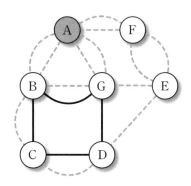

루프 L₃의 변을 제거한다

"이번에도 똑같이 〈L_1, L_2, L_3〉을 만들 거야. 그러니까 꼭짓점 A에서 갈아
타는 거지."

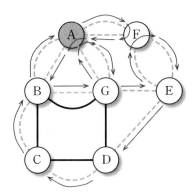

'커다란 루프' 〈L₁, L₂, L₃〉을 만든다

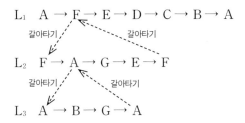

L_1 $\quad$ A → F → E → D → C → B → A

갈아타기 $\qquad\qquad$ 갈아타기

L_2 $\quad$ F → A → G → E → F

갈아타기 $\qquad\qquad$ 갈아타기

L_3 $\quad$ A → B → G → A

"그러면 다음 꼭짓점은 B로…… 그런데 나머지는 벌써 루프가 되어 있네."

"응. B → C → D → G → B를 루프 L_4라고 하고, 변을 제거해 보자."

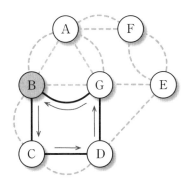

B → C → D → G → B를 만들고 L_4라 이름 붙인다

"이제 전부 없어졌어."

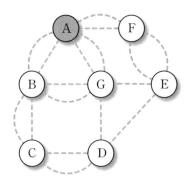

루프 L_4의 변을 제거한다

"그리고 이때 연결했던 루프 $\langle L_1, L_2, L_3, L_4 \rangle$에서 그래프 ⑦은 한붓그리기가 가능해지네!"

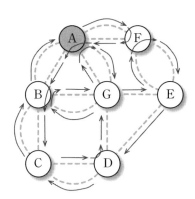

루프 L_1, L_2, L_3, L_4로 연결된 그래프 ⑦은 한붓그리기 할 수 있다

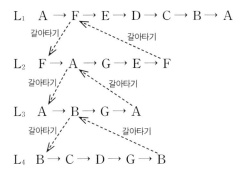

"멋져! 그런데 잠깐, 혹시 이 그래프에서만 우연히 되는 거 아니야? 항상 이렇게 잘된다는 보장이 없잖아?"

"아니, 잘돼."

"아무 데서나 출발해 반드시 루프가 생긴다고는 할 수 없잖아?"

"아니야. 지금 우리가 생각하는 그래프에는 '변의 수는 유한개다'와 '모든 꼭짓점이 짝수점이다'라는 조건이 붙어 있잖아. 어떤 꼭짓점에서 시작해 변을 따라간다면, 무한히 변을 따라갈 수는 없지."

"'변의 수는 유한개다'라는 조건 때문에?"

"그래. 만약 루프를 만들 수 없다면, 어딘가의 꼭짓점 X에서 움직일 수 없게 된 거지. 꼭짓점 X에 들어갈 수는 있었지만 나오지는 못한 거니까, 꼭짓점 X는 홀수점이 되어 버려. 하지만 이건 '모든 꼭짓점은 짝수점이다'라는 조건에 어긋나."

"아하, 그러니까 반드시 루프를 만들 수 있다……."

"그렇지."

"응, 그건 이해했어. 그런데 아까 오빠가 한 방법 중에 미심쩍은 부분이 있는데……. 어떤 꼭짓점에서 루프를 만들어서 그 변을 제거하고, 또 다른 꼭짓점에서 루프를 만들었지만, 그래서 적당히 변을 모두 제거할 수 있어?"

"제거할 수 있어. 또 하나의 조건이 있으니까. '연결된 그래프다'라는 조건 말이야."

"맨 처음 그래프는 연결된 걸 알겠는데, 중간에 변을 제거했잖아. 그러니까 그래프가 2개나 3개로 나뉠 때도 있을 것 같은데…….”

“응, 나뉠 때도 있지. 하지만 나뉜 하나하나를 연결 성분이라고 부르기로 한다면 그 연결 성분은 그때까지 만든 루프와 반드시 공유하는 점이 있을 거야. 그렇지 않다면 처음부터 그래프가 연결되지 않으니까.”

“그렇구나.”

“그러니까 이 방법으로 ‘반대’를 말할 수 있게 되었지. 꼭짓점의 차수라는 단순한 숫자가, 한붓그리기의 성질과 관련되어 있다는 점은 꽤나 흥미롭네.”

[풀이 1-2] **문제 1-1의 반대 문제**

차수가 홀수가 되는 꼭짓점이 0개 혹은 2개일 때
한붓그리기를 할 수 있는 그래프라고 할 수 있다.
단, 꼭짓점과 변의 개수는 둘 다 유한개로 한다.
또한, 연결된 그래프만을 상정한다.

“여기까지…….” 유리가 말했다. “배고파.”

“아까 간식 먹었잖아?”

“아깐 허브 차만 마셨는걸.” 유리가 웃었다. “그럼, 가르침을 받은 소녀, 간식을 가지고 오겠나이다.”

유리는 잰걸음으로 방에서 나갔다.

남겨진 나는 혼자 생각에 잠겼다.

꼭짓점의 차수라는 단순한 수가, 한붓그리기에 관련되어 있다는 점이 흥미롭다. 꼭짓점의 차수를 자세히 들여다보면 한붓그리기의 가능성을 판별할 수 있다.

하지만.

나는 책상 위에서 참고서와 얼마 전에 붙여 둔 학습 계획표를 보았다.

하지만…… 무엇을 보고 진로를 결정할 수 있나?

대학 입시? 입시 점수로 결정하나? 하지만 그건 대학 입학을 판정하는 요소에 지나지 않는다. 대학 입시는 통과점이지 종착점이 아니다. 대학 입시는 나에게, 나의 진로에 어떤 의미가 있을까?

"오빠!"

유리의 큰 목소리가 내 상념을 현실로 돌려놓았다.

"빨리! 빨리 와!"

한 번도 들어본 적이 없는 유리의 절박한 외침이었다.

나는 거실을 통해 주방으로 빠르게 달려갔다.

엄마가 쓰러져 있었다.

"엄마?"

만약, 홀수 개의 다리가 있는 육지가 2개보다 많다면,
정해진 조건을 충족하는 경로는 존재하지 않는다.
하지만 홀수 개의 다리가 있는 육지가 2개뿐이라면
어느 한쪽의 육지에서 출발해도 다리 건너기가 가능해진다.
마지막으로 홀수 개의 다리가 있는 육지가 하나도 없다면,
어떤 육지에서 출발해도 요구되는 조건을 충족하는 다리 건너기가 가능하다.

_오일러

뫼비우스의 띠, 클라인 병

그래, 거품이다.
작고 무수한 거품들.
그 형태가 재미있어 계속 바라보고 있었던 기억이 난다.
_모리 히로시, 『스카이 이클립스』

1. 옥상에서

테트라

"정말 큰일 날 뻔했어요." 테트라가 말했다.

"응, 다행히 큰일은 아니었어." 내가 응수했다. "가볍게 현기증이 나서 조금 휘청거렸을 뿐이라서. 혹시 모르니 병원에 가 본다고 하셨어."

여기는 학교 옥상, 지금은 점심시간. 후배 테트라와 점심을 먹는 중이다. 바람은 기분 좋게 불었지만 조금 싸늘했다. 교정 주변의 플라타너스 잎들도 떨어진 지 꽤 되었다. 벌써 가을이다.

나는 매점에서 산 빵을 먹으며 엄마에게 일어난 사고를 이야기했다. 주방에서 쓰러진 엄마를 발견했을 때 크게 놀랐다. 하지만 엄마는 금방 몸을 추스르고 일어나서 부끄러운 듯 웃음 지었다. 그다지 큰일은 아니었다.

"정말 다행이에요." 테트라가 안심한 듯 계란말이를 먹는 데 집중했다.

"그러게." 나는 큰일이란 뭘까, 생각했다. 테트라에게는 말하지 않았지만, 사고 이후 나는 뭐라고 표현할 수 없는 불안감이 있었다. 엄마는 항상 건강하고, 병원에 갈 때라곤 코감기 정도가 다였다. 그런 엄마가 쓰러졌다는 것이 내겐 큰 충격이었다. 엄마의 건강이 나쁜 것이 이렇게나 불안하게 만들다니……

나는 화제를 돌렸다. "테트라는 요즘 어떤 문제에 도전 중이야?"

고등학교 2학년생, 나의 1년 후배인 테트라. 고등학교에 입학했을 때는 수학을 어려워했지만 지금은 완전히 수학에 빠져 있다. 우리는 항상 수학 문제를 함께 이야기하며 즐기고 있다.

"아뇨, 최근에는 도전하는 문제가 없어요." 테트라가 답했다.

"나라비쿠라 도서관에서 발표했던 것(무작위 알고리즘)하고, 갈루아 페스티벌(갈루아 이론)이 너무 재미있어서 도전해 보고 싶은 건 있어요."

"오, 어떤 거?"

"아니, 아무것도 아니에요. 아직 비밀인데!" 테트라는 양손으로 입을 막고는 얼굴을 붉혔다.

뫼비우스의 띠

식사 후 도시락을 핑크색 천으로 싸면서 테트라가 말했다.

"그러고 보니 선배, 뫼비우스의 띠 알죠?"

"응, 알아."

"어젯밤 텔레비전에서 뫼비우스의 띠에 관한 이야기가 나와서요. 테이프를 한 바퀴 회전…… 이렇게 비틀어서 양쪽 끝을 붙이는 거죠?" 테트라는 손짓 발짓으로 뫼비우스의 띠를 만들어 보였다.

"이렇게 말이지." 나는 노트에 뫼비우스의 띠를 그렸다. "한 바퀴 회전시키고 비트는 게 아니라, 반 바퀴 비트는 거야."

뫼비우스의 띠

"반 바퀴…… 아, 그렇죠. 그런데 반 바퀴 돌려 만든 고리를 '뫼비우스의 띠'라는 이름까지 붙여 중요하게 다루는 이유가 뭐죠? 뫼비우스 씨는 수학자인가요? 수학적으로 중요한 건가요? 텔레비전에서는 종이접기 정도로 다루는 것 같던데."

그렇군, 하고 나는 생각했다. 테트라는 여전하네. 본질적이고 근원적인 의문을 품는다. 모르면서 아는 척하지도 않는다. 스스로 정말 이해했는지에 초점이 맞춰져 있다.

"뫼비우스의 띠는 재미있는 도형이야." 내가 답했다. "예를 들면, 테이프를 비틀지 않고 양끝을 붙이면, **실린더** 같은 원기둥이 되지."

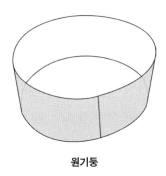

원기둥

"네." 테트라가 고개를 끄덕였다.

"원기둥 측면에 색을 칠해 보자. 빨간색 물감 같은 걸로. 그러면 바깥쪽을 빙 둘러서 빨간색으로 칠할 수 있어. 하지만 원기둥 안쪽은 전혀 칠해지지 않지."

"그렇죠."

"원기둥 안쪽은 다른 색, 예를 들면 파란색으로 칠할 수 있어. 겉과 안을 다른 색으로 칠하는 거니까 원기둥은 **안쪽과 바깥쪽의 구별이 가능해져.**"

"하지만 뫼비우스의 띠는 다르다는 것?" 테트라가 물었다.

"응, 원기둥과 뫼비우스의 띠의 차이는 반 바퀴 비틀었느냐, 아니냐일 뿐이야. 그런데 뫼비우스의 띠를 아까처럼 빨간 물감으로 칠한다고 생각해 봐.

계속 칠하면 결국 맨 처음 출발했던 곳으로 되돌아와. 뫼비우스의 띠에는 비어 있는 곳이 없게 되고, 모두 빨간색으로 칠해지는 거야. 즉 뫼비우스의 띠는 **안쪽과 바깥쪽을 구별할 수 없어.**"

"그러네요. 바깥쪽을 한 바퀴 돌고 반 바퀴 비틀어서 안쪽으로 돌게 되니까, 바깥쪽도 앞도 뒤도 빨간색으로 칠해져요."

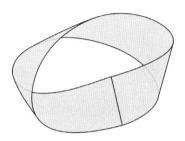

뫼비우스의 띠는 한 가지 색으로 칠해진다

"그래, 하지만 한 가지 색으로 칠하는 거니까 '앞도 뒤도'라는 표현은 정확하지 않아. 한쪽 면이 앞이고, 반대쪽 면이 뒤라고 말할 수 없지. 앞뒤 구별이 불가능하다는 말이야."

"그렇긴 하지만…… 'So what?'이라는 의문이 드네요."

테트라는 매력적인 커다란 눈을 하고는 내게 물어 왔다. 이거다. 질문은 소박하지만 늘 중요한 핵심을 찌른다. 나는 지금까지 많은 책에서 뫼비우스의 띠를 다룬 내용을 읽었다. 뫼비우스의 띠는 수학 서적에 단골로 등장하는 문제다. 하지만 'So what?'이라고 생각해 본 적은 없다. 뫼비우스의 띠가 흥미로운 도형이라고 생각하고, 앞뒤를 구별할 수 없다는 것만 알았다. 어째서 뫼비우스의 띠가 중요한지, 그 이유를 생각해 본 적은 없었다.

"죄, 죄송해요. 제가 이상한 걸 또 물었네요." 갑자기 말이 없어진 것이 신경 쓰였는지 테트라가 미안한 듯 말했다.

"아니, 사과할 필요 없어. 네가 가지는 의심이 정말 멋지다고 생각해. 내가 대답할 수가 없어서 그래. 나는 원기둥 띠를 반 바퀴 돌려 뫼비우스의 띠를 만든다는 것도 알고, 그게 수학의 위상기하학 분야에 등장한다는 것도 알아. 하지만 뫼비우스의 띠가 왜 중요한지는 모르고 있었네."

"그런가요……."

수업 예비 종이 울리는 바람에 우리는 각자 교실로 돌아갔다. 마음속에 반 바퀴만큼 의문을 품은 채로.

2. 교실에서

자습 시간

교실로 돌아가니 자습 시간이었다. 나는 물리 과목을 전체적으로 점검해 보기로 하고 문제집에 매달렸다.

대입을 앞둔 고등학교 3학년. 가을이 되면 저마다 선택 수업과 자습 시간 이 많아진다. 학생들은 입시에 대비해 자기만의 학업 스케줄을 짠다.

학생마다 학업 능력도 다르고 지망하는 학교도 다르다. 그리고 지망하는 학교의 커트라인에 맞춘 학습량도 다르다. 획일적인 배움에는 한계가 있다. 친구들은 자습 시간에 각 과목과 과제에 집중하고 있었다. 각자 목표하는 자 신의 진로를 위해서.

자신의 진로…… 물리 문제를 3개 풀고, 나는 다른 생각에 잠겼다.

솔직히 말해서 잘 모르겠다. 내가 무엇을 하고 싶은지도 잘 모르겠고, 뭘 할 수 있는지도 모르겠다. 나는 사회에 대한 건 물론이고 나 자신에 대해서도 잘 모른다. 내게는 답할 수 없는 질문이 있다.

장래에 무엇을 하고 싶은가?

진로에 관한 질문 중 제일 어렵다. 이과나 문과 중 하나를 고르라면 할 수 있다. 난 이과니까. 잘하는 과목이 뭐냐고 물어도 답할 수 있다. 나는 수학을 잘하니까. 싫어하는 과목이 뭐냐고 묻는다면, 지리나 역사라고 대답할 것이 다. 지망 학교? 음, 물론 가고 싶은 학교도 있다. 이번에 제출하는 '합격 판정 모의고사' 신청서에도 지망 학교를 써냈다. 3지망까지.

하지만 장래 무엇을 하고 싶으냐는 질문에는 답하기 힘들다. 대답이 나오지 않는다. 답을 할 수 없다는 건 괴롭다. 그 질문에 답하지 못하는 내가 답답하다. 나 자신의 '형태'가 명확하지 않은 것이다. 심지가 없다. 슬라임처럼 흐물흐물한 내가 떠오른다.

나는…… 대체 무엇을 하고 싶은 걸까?

3. 도서실에서

미르카

"수학자들은 '같음'에 관심이 있으니까?" 미르카가 답했다.

"'같음'에 관심이 있다고요?" 테트라가 되물었다.

이곳은 도서실. 지금은 방과 후. 늘 그렇듯 나와 테트라는 미르카와 마주 앉아 있었다.

"그래, 테트라." 미르카가 응답했다.

같은 반 친구 미르카. 긴 검은 머리에 금속 테 안경. 수학에 아주 뛰어난 기량을 가진 재원. 나와 테트라, 미르카는 늘 그렇듯 도서실에서 수학 이야기를 나눴다.

테트라의 의문. 어째서 뫼비우스의 띠가 중요할까? 얼굴에 미소를 머금은 미르카는 강의하는 말투로 이야기를 이어 나갔다.

"수에서도, 도형에서도, 함수에서도, 아무거나 좋아. 우리가 수학적인 것을 연구할 때면 무엇과 무엇이 '같은' 것인가에 주목해. 수학은 엄밀한 논의를 좋아하지. 무엇에 관해 논의하고 있는지 명확하지 않으면 그 논의는 성립하지 않아. 2개의 대상이 눈앞에 있을 때 그 둘은 '같은'가 '다른'가? 그 판단을 할 수 없다면 논의를 지속하기 어려워."

"수의 경우는 '같음'이 아니라 '~와 같다'지." 나는 말했다.

"나는 지금 높은 수준의 추상성을 말하고 있는 거야." 미르카는 답했다. "'~와 같다'는 '같음'의 일종에 지나지 않아. 2개의 수에서 다른 종류의 '같음'

을 정의하는 것도 가능하니까."

"'같음'에도 몇 종류가 있다는 건가요?" 테트라가 물었다. "1과 7이 같아진 다거나?"

"예를 들면……." 미르카는 말의 속도를 늦췄다. "우리는 '홀짝'이라는 개념을 알아. 홀수와 짝수. 1과 7은 둘 다 홀수지. 1과 7의 경우 '짝홀'이 일치한다고 할 수 있지. 짝홀이 일치하는지 어떤지는 두 수가 '같다'는 것의 일종이라고 할 수 있어."

"여러 종류의 '같음'이 존재한다는 의미네." 내가 말했다.

"그렇지." 미르카는 그렇게 말하고 검지로 안경을 밀어 올렸다. "뫼비우스의 띠로 다시 돌아가자. 테트라는 뫼비우스의 띠를 '원기둥의 띠를 반 바퀴 돌려 만들었다'고 했지."

"네."

"하지만 조금 더 생각하면 반 바퀴를 비틀었는가 아닌가의 문제가 아니라는 걸 알 수 있어. 반 바퀴의 횟수가 문제야. 특히 그 홀짝 여부."

"반 바퀴 도는 횟수……." 테트라가 중얼거렸다.

"그렇구나! 반 바퀴를 짝수 번 회전했다면 원기둥과 '같은' 거야!" 나는 말했다. "반 바퀴를 0, 2, 4, 6, …번, 즉 짝수 번 회전했다면 원기둥과 똑같이 앞뒤 구별이 가능해져. 반 바퀴 회전 횟수가 0번인 것이 원기둥이지. 반 바퀴 회전을 짝수 번 했다면, 비틀려 보여도 뫼비우스의 띠와는 다른 거지."

"그러고 보니 정말 그러네요." 테트라도 고개를 끄덕였다. "반 바퀴가 1, 3, 5, 7, … 홀수 번이라면, 뫼비우스의 띠와 같이 앞뒤 구별이 없어지는 거네요."

"어째서 음수를 생각하지 않지?" 미르카가 물었다.

"음수? 아, 그렇지. 반대 방향 반 바퀴를 마이너스로 보는구나!" 나는 말했다.

반 바퀴의 횟수에 따른 분류(앞뒤 구별)

• 반 바퀴를 짝수 번(…, −4, −2, 0, 2, 4, …) 돌렸을 경우:
  앞뒤 구별이 있는 곡면이 된다(원기둥과 '같다').

• 반 바퀴를 홀수 번(…, −5, −3, −1, 1, 3, 5, …) 돌렸을 경우:
  앞뒤 구별이 없는 곡면이 된다(뫼비우스의 띠와 '같다').

"듣고 보니 당연한데, '반 바퀴 회전 횟수의 홀수 여부'가 '앞뒤 구별의 가능 여부'와 대응하는 거군." 나는 말했다.

"무척 단순하기는 하지만 '수의 성질'과 '도형의 성질'과의 대응이 바로 여기에 있는 거지." 미르카가 말했다.

"질문 있어요." 테트라가 손을 들었다. 그녀는 질문이 있으면 눈앞에 누가 있어도 수업 중인 것처럼 손을 들곤 한다.

"그럼, 테트라." 미르카는 마치 선생님인 듯 그녀를 손으로 가리켰다.

"좀 집요한 질문일 수 있는데, 제가 아직 이해가 안 가서요." 테트라가 말했다. "원기둥과 뫼비우스의 띠가 반 바퀴 돌려 만들어진다는 건 알겠어요. 반 바퀴를 되풀이해서 뫼비우스의 띠가 만들어진다는 것도 알았고요. 반 바퀴를 돌리는 걸 반복해서 띠로 만든 걸 짝수, 홀수에 따라 두 종류로 분류 가능하다는 것도 이해가 가요. 하지만 이게…… 중요한 건가요? 아니, 그게, 중요한 것 같은 느낌은 드는데, 아직 제 스스로 설명이 가능할 정도로 이해하고 있는 것 같지가 않아요."

"음……."

미르카는 살포시 눈을 감았다. 검지를 입술에 대고는 무언가를 생각한다.

나와 테트라는 가만히 숨을 죽이고 미르카가 이야기하기를 기다렸다.

"분류는 연구의 첫걸음이야." 미르카가 말했다.

분류

여러 대상이 눈앞에 있을 때 맨 처음 목표로 할 것은 대상의 분류야. 동물의 분류, 식물의 분류, 광물의 분류…… 모아 둔 대상을 분류하는 거지. 그걸 일반적으로 박물학적 연구라고 부를 때도 있어. 그리고 분류하기 위해서는 무엇과 무엇이 '같고', 무엇과 무엇이 '다른지'를 가름하는 판정 기준이 필요해.

예를 들어, 정수 전체가 있을 때 …, $-3, -2, -1, 0, 1, 2, 3, \cdots$에서 짝수와 홀수 두 종류로 분류한다고 하자. 수학적으로 정수 전체의 집합은 공통 원소를 갖지 않는 집합의 합으로 나타낼 수 있지. '틈새가 없고 겹침이 없는' 분류야. 이같이 분류하는 것을 **'분할'**이라고 해.

정수 전체의 집합을 홀수와 짝수를 써서 분할한다.

$\langle$정수 전체의 집합$\rangle = \{\cdots\cdots, -4, -3, -2, -1, 0, 1, 2, 3, 4, \cdots\}$

$$\Downarrow$$

$\langle$짝수 전체의 집합$\rangle = \{\cdots\cdots, -4, -2, 0, 2, 4, \cdots\}$
$\langle$홀수 전체의 집합$\rangle = \{\cdots\cdots, -3, -1, 1, 3, \cdots\}$

$\langle$짝수 전체의 집합$\rangle \cup \langle$홀수 전체의 집합$\rangle = \langle$정수 전체의 집합$\rangle$
$\langle$짝수 전체의 집합$\rangle \cap \langle$홀수 전체의 집합$\rangle = \langle$공집합$\rangle$

위 분할에서는 '정수를 2로 나누었을 때 나머지가 0인가, 1인가'라는 기준을 사용했어. 나머지가 0이면 짝수, 나머지가 1이면 홀수지. 어떤 정수라도, 반드시 짝수 아니면 홀수가 되니까 '틈새'는 없어. 또 어떤 정수라도 짝수와 홀수 두 가지가 될 수는 없으니까 '겹침'도 없지. 확실히 완성된 분할을 보여주고 있어.

원기둥을 반 바퀴 돌린 것을 반복해서 만든 도형이 있다고 하자. 이것의 전체 집합도 똑같이 분할할 수 있어. 이때는 '앞뒤 구별 여부'를 기준으로 하지. '원기둥을 반 바퀴 돌려 만들어지는 도형 전체의 집합'의 원소는 '앞뒤 구별이 가능', '앞뒤 구별이 불가능' 중 하나야. 마찬가지로 '틈새도 없고 겹침도 없는' 분류가 가능해. 그리고 반 바퀴 돌리는 횟수의 홀수, 짝수와 일치해. 중요한 얘기는 이제부터야. 뫼비우스의 띠가 왜 중요한지는 지금 말한 '앞뒤 구별 여부'라는 기준이 수학적으로 매우 중요하기 때문이야.

그 기준은 19세기에 완성된 '폐곡면의 분류'라는 위상기하학 문제와 관련돼. 무수한 폐곡면을 마주했을 때 처음으로 목표로 하는 것은 '틈새'도 '겹침'도 없는 분류, 즉 분할이야. 폐곡면을 분할할 때는 폐곡면 중 어느 것과 어느 것을 '같게' 보고, 어느 것과 어느 것을 '다르게' 보느냐가 중요해.

아무런 생각이 필요 없는 극단적인 분할도 가능하지. 그건 두 가지야. '모든 것이 다르다'고 보는 분할과 '모든 것이 같다'고 보는 분할. 이건 자명한 분할을 낳긴 하지만 그다지 도움은 안 돼.

분할을 잘할 수 있다면 연구 대상을 한눈에 알아볼 수 있어. '같다'와 '다르다'를 정하는 과정에서 우리는 기준을 손에 넣게 되고 학문은 발전하는 거지.

'앞뒤 구별이 없다'는 성질을 수학에서는 **불가향성**이라고 불러. 불가향성은 폐곡면의 분류에서 중요한 기준이야.

폐곡면의 분류

"불가향성은 폐곡면의 분류에서 중요한 기준이야." 미르카가 말했다.

"그렇군." 내가 대꾸했다. "폐곡면을 가향성인지, 불가향성인지 두 종류로 분류할 수 있다는 거."

"잠깐만요. 폐곡면이 정확히 뭔가요?" 테트라가 물었다.

"간단히 말하면 무한하게 넓어지지 않는 경계가 없는 곡면을 말해. 예를 들어, 원기둥이나 뫼비우스의 띠는 경계가 있으니까 둘 다 폐곡면이 아니지."

"원기둥이나 뫼비우스의 띠에 경계가 있다는 뜻이 뭐죠?" 테트라가 다시 물었다.

"원기둥에는 경계가 2개 있고, 뫼비우스의 띠에는 경계가 하나 있어." 미르카가 이렇게 말하며 경계에 번호를 붙였다.

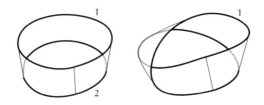

"경계란 '가장자리'를 말하는 거군요. 뫼비우스의 띠에 경계가 하나 있다는 게 놀라워요!" 테트라는 그림을 손가락으로 따라가며 말했다.

"쭉 연결되어 있는 거네." 나도 말했다.

가향적 곡면

"폐곡면을 '무한으로 넓어지지 않으면서 경계가 없는 곡면'이라고 했지? 수학적으로는 이미 정의되어 있지만, 지금은 수학적 정의를 파고드는 대신 예를 들어 볼게. 대표적인 폐곡면은 **구면**이야." 미르카가 말했다.

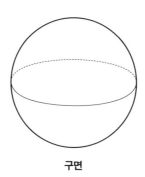

구면

"공이네요." 테트라가 말했다.

"응, 공 같은 거지. 단, 구면이라고 할 때는 그 표면만을 생각해야 해. 알맹이는 차 있지 않아. 알맹이가 차 있을 때는 구면이 아니라 구체라는 말로 구별해."

"그렇군요." 테트라가 고개를 끄덕였다.

"위상기하학에서 폐곡면의 분류를 다룰 때는 늘리거나 줄이거나 변형한 것 모두를 '같은' 것으로 봐. 그러니까 이런 폐곡면은 모두 구면과 '같다'고 볼 수 있는 거지."

구면과 '같은' 폐곡면

"재미있네요." 테트라가 말했다.

"그럼, 구면과 '다른' 폐곡면을 만들어 보자. 토러스 같은 거."

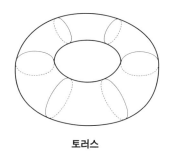

토러스

"도넛이네요?"

"맞아. 하지만 토러스에는 도넛의 내용물은 포함되지 않아." 미르카는 말을 이었다. "이 도넛의 표면만을 봐야 해. 토러스는 구면과는 '다른' 폐곡면이 돼."

"구면을 변형시켜도 토러스를 만들 수 없다는 의미지?" 내가 물었다.

"맞아." 미르카는 답했다. "물론 '변형'이 무엇인지를 수학적으로 정의할 필요는 있어. 고무처럼 늘리거나 줄이는 건 상관없지만, 자르거나 구멍을 뚫어서는 안 돼. 그게 변형이야."

"알겠어요." 테트라가 말했다. "구면과 토러스…… 이 밖에도 '다른' 폐곡면이 있나요?"

"토러스를 1인용 튜브라고 생각하고, 2인용 튜브를 상상해 봐." 미르카가 말했다. "2인용 튜브는 구면과도 토러스와도 '다른' 폐곡면이 돼."

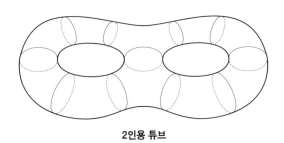

2인용 튜브

"그러면 3인용, 4인용…… 튜브도 전부 '다른' 속성이네." 내가 말했다.

"맞아." 미르카가 대꾸했다. "그걸로 전부야. 구면을 0인용 튜브라고 생각해 보면, 가향성 폐곡면은 'n인용 튜브'밖에 없어. 따라서 가향성 폐곡면은 구멍 수로 분류할 수 있게 되지."

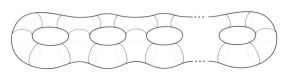

n인용 튜브

"가향적 폐곡면의 형상은 대충 알겠어요. 그런데……" 테트라가 입을 다물었다.

"그런데?" 미르카가 재촉했다.

"비가향적 폐곡면이란 게 상상이 안 가요. 비가향적이란 건 뫼비우스의 띠처럼 하나의 면만 있는 걸 말하나요? 그런데 경계가 없다…… '가장자리'

가 없다니, 그런 도형이 어떤 건지 상상이 안 가요!"

"뫼비우스의 띠의 3차원 버전이지." 내가 말했다.

"그래, 클라인 병이야." 미르카가 즐거운 듯 말했다.

비가향적 곡면

클라인 병

그러고 보니 생각났다. 미르카와 유원지에 놀러 갔을 때 레고블록으로 클라인 병을 만들었지. 그다음에…… 그때 미르카는 이미 진로에 대한 걸 생각하고 있었을지도 몰라.

"잠깐만요, 미르카 선배!" 테트라가 갑자기 소리쳤다.

"폐곡면은 '경계'가 없는 거지요. 하지만 이 클라인 병은 뚫려 있어요! 뚫린 구멍에는 완벽한 경계가 있고요!"

"클라인 병을 3차원 입체로 표현할 수 없어서 그래, 테트라." 내가 말했다. "그러니까 할 수 없이 이런 식으로 구멍을 뚫어서 관통된 그림으로 나타내는 거야."

"그래." 미르카도 동의했다. "클라인 병을 3차원 입체로 표현하면, 어떻게 해도 서로 만나는 자기 교차가 생겨 버려. 눈을 감고 클라인 병이 앞뒤 구별을 할 수 없다는 걸 생각해 보자. 클라인 병 측면에 물감을 칠한다고 가정해 봐. 병 안쪽을 칠하다가 결국 병 전체를 다 칠해 버리게 되지."

"네, 여기 뚫린 부분이 신경 쓰이긴 하지만 이것 외에는 앞뒤 구별이 없다는 건 알겠어요." 테트라가 말했다. "칠하는 걸 상상하다가 생각난 건데요, 확실히 뫼비우스의 띠를 칠할 때랑 같은 느낌이에요. 칠하다 보면 어느새 뒤쪽(뒤쪽이 맞는 표현인지는 모르겠지만)을 칠하게 되고, 계속 칠하다 보면 다시 출발점으로 돌아오게 되죠."

"맞아." 나도 말했다. "그러니까 클라인 병은 뫼비우스의 띠의 3차원 버전이야."

"뫼비우스의 띠를 2개 이어 붙이면 클라인 병을 만들 수 있어." 미르카가 말했다.

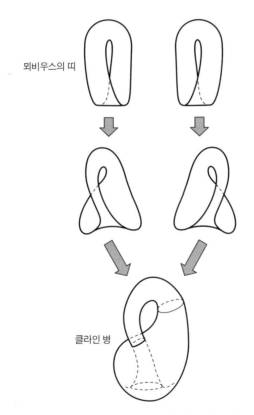

뫼비우스의 띠를 이어 붙여 클라인 병을 만든다

"정말 그러네요!" 테트라가 말했다.

"이거 재미있는걸."

"구면, 토러스, 튜브, 클라인 병……." 테트라는 손가락을 접어 가며 헤아렸다. "또 폐곡면이 있나요?"

나는 잠시 머릿속으로 도형을 주물러 봤지만 아무것도 떠오르지 않았다.

"좋은 방법이 있어." 미르카가 말했다. "폐곡면을 생각할 때 입체 도형을 직접 다루기보다, 더 포괄적으로 다룰 수 있는 좋은 방법이야. 이건 자기 교차를 신경 쓰지 않아도 돼."

"좋은 방법이란 게 뭔데요?"

"전개도를 써서 생각하는 방법이야."

전개도

여기에 정사각형 색종이가 있다고 하자. 이 색종이는 유연한 소재로 만들어져서 자유롭게 늘릴 수 있어. 또 변끼리 붙이는 것도 가능하다고 해 보자.

늘어나는 색종이

변을 서로 붙인다고 할 때 꼬이면 문제가 생겨. 그래서 '변의 방향'에 주의해야 해. 서로 붙이는 변에 방향대로 화살표를 붙일 거야. 그러면 **원기둥의 전개도**가 만들어지지.

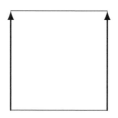

원기둥의 전개도

◆◆◆

"원기둥의 전개를 봐."

"네, 좌변과 우변을 서로 붙이는 거죠…… 이렇게." 테트라는 양손을 빙 두르는 듯한 제스처를 취하며 말했다.

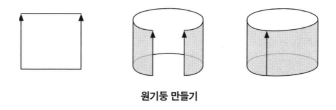

원기둥 만들기

"화살표를 반대로 엇갈리게 그으면 **뫼비우스의 띠 전개도**를 만들 수 있어."

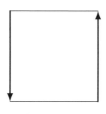

뫼비우스의 띠 전개도

뫼비우스의 띠 만들기

"확실히 화살표를 맞추려면 반 바퀴를 돌리게 되네." 내가 말했다. "화살표의 방향을 서로 맞추면, 반 바퀴 횟수는 반드시 홀수 번이 되는군."

"전개도를 그리면 '경계'도 잘 보여." 미르카가 말했다. "화살표를 붙인 변은 서로 붙으면서 경계가 없어지지. 경계는 화살표가 붙지 않은 변에서 만들어져."

"그렇군." 내가 응수했다.

"그리고" 미르카가 계속해서 말했다. "도형과 전개도의 대응이 머릿속에서 이루어지면, 실제로 3차원적으로 붙일 수고를 할 필요가 없지. 화살표가 붙은 변을 방향에 맞춰 동일시하면 되니까. 수학에서 도형을 서로 붙이는 건 동일시일 수밖에 없지."

"동일시요?" 테트라가 물었다.

"예를 들면, 뫼비우스의 띠 전개도에서 두 점에 A와 A′라는 이름을 붙이는 거야. 그러면 두 점 A와 A′를 동일시할 수 있어."

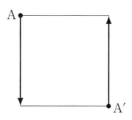

"두 점을 동일시…… 한다고요?"

"전개도에서 두 점 A와 A′는 다른 점으로 보이지. 하지만 이어 붙인다고 생각하면, A와 A′는 한 점이야. 서로 붙이면 화살표 위의 두 점은 동일하다고 볼 수 있어. 서로 붙이는 걸 '동일시한다'고 말하는 건 이런 의미야."

"화살표의 각 점이라면 B와 B'가 한 점이 되는 거네." 나는 응수했다.

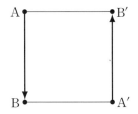

"알겠어요."

"그런데 화살표를 서로 붙였을 때 경계가 남아 있어. 지금부터 폐곡면…… 즉 경계가 없는 곡면을 만들고 싶어. 남아 있는 2개의 경계를 지워야만 해. 어떻게 해야 할까?" 미르카가 물었다.

"경계끼리…… 붙이면요?" 테트라가 답했다.

"맞았어, 테트라." 그렇게 말하고 미르카는 테트라를 가리켰다. "해 봐."

문제 2-1 이것은 어떤 폐곡면의 전개도인가?

"이 전개도에 화살표가 붙지 않은 변은 없어. 화살표는 두 종류이고, 각 화살표는 2개씩 있지. 똑같은 화살표끼리 붙이면, 경계가 없는 도형, 즉 폐곡면이 돼. 이것이 어떤 폐곡면의 전개도일까?"

"혹시 이건 구면인가?" 내가 물었다. "오른쪽과 왼쪽을 붙이고 위아래를 붙이는 거니까."

"테트라는?" 미르카가 물었다.

"음, **토러스**……인가요?"

"토러스?" 내가 반문했다. "오우! 테트라, 어떻게 그렇게 빨리 알았어?"

"그게…… 게임에 자주 나와요. 화면에서 왼쪽으로 가면 볼이 왼쪽에서 나오고요. 위로 올라간 볼이 아래에서 나오고, 그렇게 이어진 화면을 토러스라고 해요."

"맞아, 이건 토러스의 전개도야." 미르카가 말했다. "정사각형의 아래위를 이어 붙이면 원기둥이 되고, 거기엔 경계가 2개 있지. 2개의 경계를 방향에 맞게 붙이면 토러스가 된다는 걸 알 수 있어."

풀이 2-1 이것은 토러스의 전개도다.

토러스의 전개도($1\,2\,\overline{1}\,\overline{2}$)

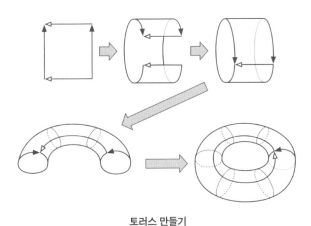

토러스 만들기

"미르카 선배, 이 $1\,2\,\overline{1}\,\overline{2}$가 뭐예요?" 테트라가 물었다. "변의 번호인가……."

"전개도를 번호 열로 표현한 거야." 미르카가 말했다. "서로 붙이는 변, 즉 동일시하는 변끼리는 같은 번호를 부여해. 변을 따라 왼쪽으로 돌아간다고 생각해 봐. 돌아가는 방향과 화살표가 '같은 방향'이면 1이나 2처럼 번호에 아무것도 안 붙여. 돌아가는 방향과 화살표가 '반대 방향'이면 $\overline{1}$이나 $\overline{2}$처럼 숫자 위에 선을 긋는 거야. $12\overline{1}\overline{2}$는 토러스의 전개도를 나타내고 있다고 할 수 있지……."

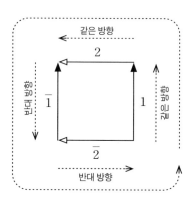

"그리고 네 의문은 다음 예를 보면 풀릴 거야." 미르카가 말했다.

"내 의문이라고?"

"네가 아까 '이건 구면인가?'라고 물었잖아. 구면의 전개도(늘어나는 정사각형을 사용한 전개도)를 그리면 이렇게 돼."

구면의 전개도($12\overline{2}\overline{1}$)

"그렇군. 토러스와 구면은 꽤나 다르네. 토러스는 $12\overline{1}\overline{2}$고, 구면은 $12\overline{2}\overline{1}$인가?"

"이 구면은…… 만두를 만들 때랑 비슷하네요." 테트라가 양손을 맞잡으며 말했다. "만두피, 그 가장자리를 서로 붙이잖아요. 완성된 만두를 후하고 부풀려서 구면으로 만드는 거예요."

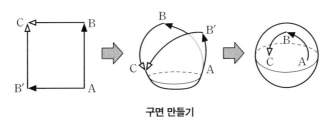

구면 만들기

"만두라고 한다면, $12\overline{2}\overline{1}$이 아니라 $1\overline{1}$쪽이 더 맞을 거야." 미르카가 말했다. "정사각형 종이가 아니라, 2각형 색종이를 쓰게 되는 거지."

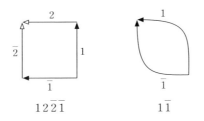

구면의 전개도(2종류)

"하나의 도형이라도 여러 가지 전개도가 가능하네요."
"토러스와 구면은 이제 됐어. 다른 폐곡면은 어떨까?" 미르카가 물었다.
"클라인 병도 만들 수 있을 것 같은데." 내가 답했다.

클라인 병 전개도(1 2 $\bar{1}$ 2)

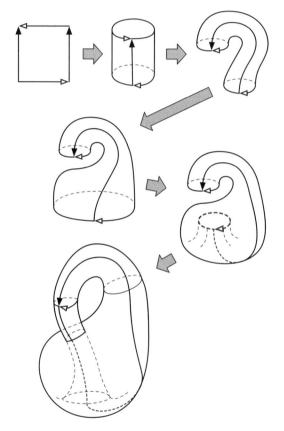

클라인 병 만들기

"우와…… 클라인 병은 토러스를 비튼 형태네요." 테트라가 자기 팔을 뱀처럼 비틀며 말했다.

"정사각형에서 마주 보는 변을 붙이는 방법은 몇 가지야?" 내가 물었다.

"정사각형에서 마주 보는 두 변을 같은 방향으로 붙이면 '원기둥'이 되고, 반대 방향으로 붙이면 '뫼비우스의 띠'가 되지. 전개도로 나머지 두 변을 붙일 때도, 같은 방향과 반대 방향 두 가지가 있어. '원기둥' 전개도에서는 같은 방향으로 붙이면 '토러스', 반대 방향으로 붙이면 '클라인 병'이 돼. 하지만……."

"뫼비우스의 띠 전개도에서도 나머지 마주 보는 두 변을 붙일 수 있어요." 테트라가 말했다.

"하지만 '뫼비우스의 띠'에서 가능한 건 역시 '클라인 병'이야." 내가 응수했다. "토러스의 전개도에서 남은 두 변을 반대 방향으로 붙이는 것'과 '뫼비우스의 띠 전개도에서 남은 두 변을 같은 방향으로 붙이는 것'은 같은 거니까."

"그러네요……. 그래도 그건 같은 방향일 경우예요! '뫼비우스의 띠 전개도에서 남은 두 변을 반대 방향으로 붙이는 것'이라면 다른 도형이 되지 않을까요?"

"그건 무리일 것 같은데." 내가 말했다. "어떻게 만들어도 충돌이야."

"어째서 무리라고 생각해?" 미르카가 물었다. "클라인 병 때는 자기 교차를 허용했었지. 그것과 똑같이 구성할 수 있어."

"으……." 나는 말문이 막혔다.

"대체 어떤 도형인가요? 상상이 안 가요."

"뫼비우스의 띠 전개도에서 남은 두 변을 반대 방향으로 붙이면 이런 폐곡면이 돼. 이걸 **사영평면**이라고 불러."

사영평면의 전개도(1212)

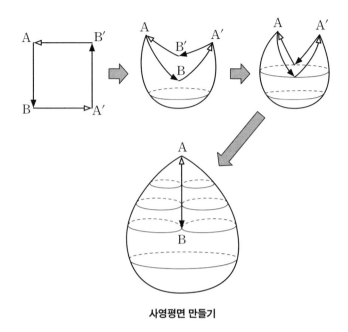

사영평면 만들기

"음…… 재미있네. 'A에서 B까지의 화살표'와 'A′에서 B′까지의 화살표'를 붙이는 것과 동시에, 'B′에서 A까지의 화살표'와 'B에서 A′까지의 화살표'를 붙이는 거지."

"음…… 네……." 테트라는 뚫어져라 전개도를 바라보다가 이윽고 이해한 듯 말했다. "이걸로 전부인 거죠?"

"그래." 나는 고개를 끄덕였다. "원기둥의 경계를 '그대로' 붙이면 토러스고, '반 바퀴 꼬아서' 붙이면 클라인 병이 돼. 뫼비우스의 띠의 경계를 '그대로' 붙인 게 클라인 병이고, '반 바퀴 꼬아서' 붙이면 사영평면이 되지. 응, 서로 마주 본 변을 붙이는 방법은 이게 전부야."

"여기 적어 볼게요!"

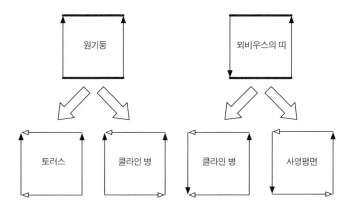

"사영평면은 구면과 똑같이 2각형으로 만들 수 있어. 구면의 $1 2 \bar{2} \bar{1}$을 $1\bar{1}$로 한 것처럼, 사영평면의 1212는 11로 할 수 있지." 미르카가 말했다.

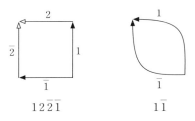

구면의 전개도(2종류)

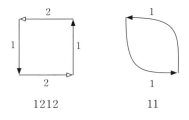

사영평면 전개도(2종류)

"이건, 2개의 화살표를 합친 게 되는 거네요?" 하고 그림을 보면서 테트라가 말했다.

"그러네."

"어, 그런데……." 테트라가 말했다. "토러스는 만들었지만, 2인용 튜브는 안 만들어졌는데요."

"정사각형이라는 사각형을 기본으로 하는 거니까." 미르카가 답했다. "팔각형을 기본으로 하면, 2인용 튜브를 만들 수 있어."

"그건 팔각형의 변끼리 붙이는 거죠? 좀 상상하기 힘들지만……."

"단숨에 팔각형을 생각하는 것보다 2개 토러스의 **연결합**을 생각하는 게 좋아." 미르카가 말했다.

"연결합……?"

연결합

"연결합이란 도형에서 작은 원판을 잘라 내서 그 경계를 서로 붙여 새로운 도형을 만들어 내는 작업이야. 2개의 토러스 각각에서 작은 원판을 잘라 내. 그리고 잘라 내서 생겨난 경계끼리 서로 붙여. 즉 잘라 낸 원판의 경계끼리 동일시하는 거야. 그렇게 하면 2인용 튜브가 만들어지지."

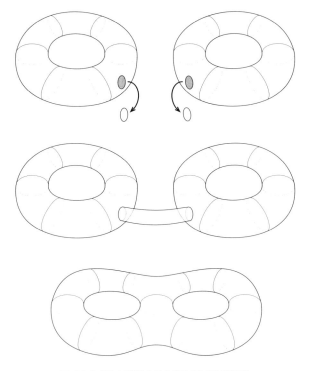

토러스 2개의 연결합으로 2인용 튜브를 만든다

"정말? 그게 가능한지는 모르겠지만, 구멍을 뚫거나 연결하는 전개도를 생각하는 건 힘들지 않을까?"

"그렇지 않아." 미르카가 말했다.

◆ ◆ ◆

2인용 튜브 전개도를 만들기는 쉬워. 우선 토러스의 전개도 2개를 펼쳐 보자.

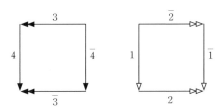

2개의 토러스에서 원판을 잘라 내자. 동일시하는 변은 0과 0이야.

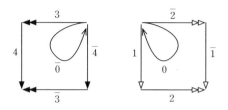

그리고 이 변을 늘리면, 2개의 5각형이 생겨.

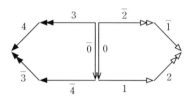

다음엔 0과 0을 붙여 주면 8각형이 만들어지지.

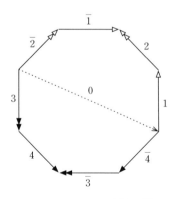

2인용 튜브 전개도($1\,2\,\overline{1}\,2\,3\,4\,\overline{3}\,\overline{4}$)

이것이 **종수**(種數, genus) 2의 폐곡면, 즉 2인용 튜브의 전개도야.

"정말 되네요." 대답하는 테트라.

"규칙성이 보이네." 나는 말했다. "구면이 $1\bar{1}$이고, 토러스가 $12\bar{1}\bar{2}$이고, 2인용 튜브가 $12\bar{1}\bar{2}34\bar{3}\bar{4}$라는 건……."

"그래. 가향성 폐곡면은 이렇게 분류할 수 있어."

◆◆◆

가향성 폐곡면은 이렇게 분류돼.

- $1\bar{1}$은 구면(종수 0인 폐곡면)
- $12\bar{1}\bar{2}$는 1인용 튜브(종수 1인 폐곡면)
- $12\bar{1}\bar{2}34\bar{3}\bar{4}$는 2인용 튜브(종수 2인 폐곡면)
- $12\bar{1}\bar{2}34\bar{3}\bar{4}\cdots(2n-1)(2n)\overline{(2n-1)}\overline{(2n)}$은 n인용 튜브(종수 n의 폐곡면)

n인용 튜브는 구면과 n개 토러스의 연결합이라고도 할 수 있지.

구면에서 n개의 원판을 빼내서,

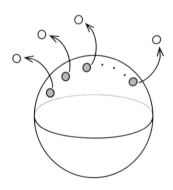

원판을 제거한 n개의 토러스를 집어넣어.

이게 n인용 튜브야.

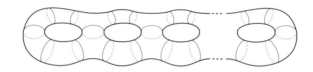

　그에 대해 비가향적 폐곡면은 사영평면, 클라인 병, 그리고 구면과 사영평면 n개의 연결합이야.

- 11은 사영평면
- 1122는 클라인 병
- $1122\cdots nn$은 구면과 사영평면 n개의 연결합 ($n=3, 4, 5, \cdots$)

　그런데 사영평면은 '구면과 사영평면 1개의 연결합'이라고 할 수 있고, 클라인 병은 '구면과 사영평면 2개의 연결합'이라고도 할 수 있지. 그러니까 '구면과 사영평면 n개의 연결합'이라는 것만으로 비가향적 폐곡면은 망라되어 있는 거야.

- $1122\cdots nn$은 구면과 사영평면 n개의 연결합. ($n=1, 2, 3, \cdots$)

폐곡면의 분류(연결합)

- 가향적
  - 구면과 토러스 n개의 연결합$(n=0, 1, 2, \cdots)$
- 비가향적
  - 구면과 사영평면 n개의 연결합$(n=1, 2, 3, \cdots)$

구면과 토러스 n개의 연결합

구면과 사영평면 n개의 연결합

"음, 조금 아까 얘기로 돌아가서요……"라고 말하는 테트라. "클라인 병이 1122였던가요? 확실히 1212였던 것 같은데……."

"클라인 병 전개도는 1212도 괜찮고, 1122도 괜찮아." 미르카가 말했다.

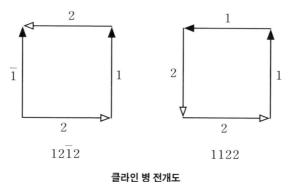

클라인 병 전개도

"어라?"

"대각선으로 잘라서 붙이고 번호를 다시 매기면 돼."

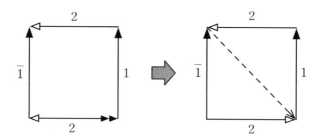

클라인 병 전개도($12\overline{1}2$)를 대각선으로 자른다

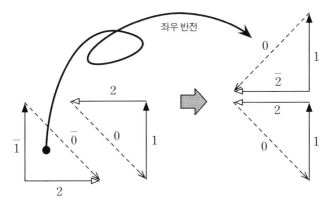

한쪽을 뒤집어 2를 다시 붙인다

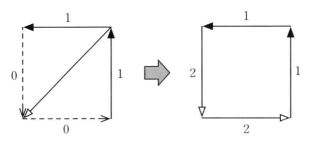

번호를 다시 붙이면 새로운 전개도(1122)가 된다

　"토러스에서 원판을 제거한 것을 핸들이라고 해." 미르카가 설명을 이어
갔다. "그리고 사영평면에서 원판을 제거한 게 뫼비우스의 띠야. 그러니까
'폐곡면의 분류'는 이런 식으로도 표현할 수 있어."

폐곡면의 분류(연결합)

- **가향적**
  구면에서 원판을 제거하고 핸들 n개를 붙인 것 ($n=0, 1, 2, \cdots$)
- **비가향적**
  구면에서 원판을 제거하고 뫼비우스의 띠 n개를 붙인 것 ($n=1, 2, 3, \cdots$)

"사영평면에서 원판을 제거하면…… 뫼비우스의 띠?" 테트라는 머리를 감싸 안았다.

"원판이 뚫린 구멍에 뫼비우스의 띠를 붙인다고?" 내가 물었다. "그런 게 가능해?" 상상이 잘 안 된다.

"가능해." 미르카가 답했다. "원판의 경계는 하나의 폐곡선이야. 뫼비우스의 띠도 하나의 폐곡선. 그걸 서로 붙이는 거지."

"퇴실 시간입니다."

우리는 깜짝 놀랐다. 사서 미즈타니 선생님은 짙은 색안경에 타이트한 스커트를 입고는 재빠르게 움직인다. 평소에는 사서실에 있지만 정시가 되면 도서실 중앙으로 나와 하교 시간을 알린다. 벌써 시간이 이렇게 지났나.

문득 정신을 차려 보니 주변에 그림이 그려진 종이가 어지러이 널려 있다. 우리는 당황해서 허둥지둥 종이를 정리하고 학교를 나왔다.

4. 귀갓길

소수처럼

나와 미르카, 테트라는 복잡한 주택가 골목을 따라 역으로 향했다. 나는 테트라의 속도에 맞춰 걸었고 미르카는 혼자 앞장서 갔다.

"……." 테트라는 계속 말이 없었다.

"왜 그래, 테트라?"

"뫼비우스의 띠는 소수 같아요." 생각이 가득한 얼굴로 테트라가 말을 꺼냈다.

"소수라니?" 미르카가 뒤돌아보면서 이상하다는 듯 물었다.

"아…… 그러니까 모든 정수는 소인수분해가 가능하잖아요? 그리고 소수의 곱셈으로 정수를 만들 수 있고요. 폐곡면의 분류에 관한 이야기는 그거랑 비슷하다고 생각했어요. 빗나간 생각일지도 모르지만요."

테트라는 천천히 단어를 골라 가며 이야기를 계속했다.

"전 아직 모르는 게 많지만 모든 폐곡면이 '원판을 제거한 구면'과 '핸들'과 '뫼비우스의 띠'를 만들 수 있다면, 뫼비우스의 띠는 중요한 부품이 돼요. 조합해서 모든 걸 만들 수 있는 부품이요. 그러니까 마치 소수처럼……."

"흐음……." 미르카는 고개를 끄덕였다.

"원판을 제거한 하나의 경계를 뫼비우스의 띠로 막는 건 두뇌 체조지." 나는 말했다. "원판을 제거하는 연결합을 전개도 위에 만드는 것도, 전개도를 써서 클라인 병을 생각하는 것도 퍼즐 같은 거잖아. 얼마든지 늘어나는 고무 같은 색종이를 쓰는 건 그야말로 위상기하학 그 자체지."

"뫼비우스의 띠, 클라인 병. 정말 신기해요!" 테트라가 말했다.

있을 수 있는 모든 2차원 다양체를 열거할 수 있을까?
마젤란의 함대가 돌아온 후 인간이 극지에 발을 들이기까지
있을 수 있는 모든 세계의 형태를 짐작이나 할 수 있었을까?
이 물음에 대한 해답과 증명은
19세기의 제일 뛰어난 수학적 업적 중 하나다.
_도널 오셔

테트라 가까이에서

하지만 실제로 시간은 직선이 아니다.
어떤 모습도 하고 있지 않다.
그것은 모든 의미에서 형태를 갖고 있지 않은 것이다.
하지만 우리는 형체가 없는 것을 머리에 떠올리지 못하므로
편의상 그것을 직선으로 인식한다.
_무라카미 하루키, 『1Q84』

1. 가족 가까이에서

유리

아침 등굣길, 역으로 향하는 길에서 나는 유리와 우연히 마주쳤다.

"어, 유리구나!"

"어, 오빠였네! 같이 가!"

그러고 보니 집도 가까운데 등교할 때 유리를 마주친 적이 별로 없다. 우리 집에 올 때는 대부분 청바지 차림이라 교복 차림을 보는 일도 드물었다.

"뭘 그렇게 빤히 봐?"

"미안."

"아 참, 결국 입원하기로 한 거야? 이모."

"아니." 나는 답했다. "입원은 입원인데 검사를 위한 입원이지. 이번 기회에 이것저것 검사를 해 본다나. 걱정할 필요 없어."

"그렇구나. 다행이다."

"그러니까 병문안 같은 거 올 필요 없어. 이모께도 말씀드려."

"알았어…… 뭐, 벌써 아실지도 몰라."

"그렇겠지. 그런데 오늘 아침엔 왜 이렇게 일찍 학교에 가는 거야?"

"요즘 일찍 가기로 했지. 오빠, 이번 주말에 놀러 가도 돼?"

유리는 내 얼굴을 올려다보며 말했다.

"안돤……다고 해도 올 거잖아."

"아니야. 만약 이모가 안 좋으시면 방해가 될 것 같아서. 좀 그렇잖아?"

"괜찮아. 그때쯤엔 건강하게 퇴원하실 테니까."

"다행이다. 이모가 없으면 이상하단 말이야."

유리도 나름대로 신경 쓰고 있었구나.

엄마가 며칠 안 계시는 건데도 우리 집은 평소와 달리 긴장 상태였다. 대부분 밤늦게 돌아오시는 아빠도 요즘은 귀가가 빨라졌다. 집안일을 분담하는 변화도 생겼다.

평소와 같은 매일, 평소와 같은 일상이라고 해도, 그건 환상일지도 모른다. 매일의 생활은 미묘한 균형 위에서 이루어지고 있다.

가족. 함께 생활하면서 서로 균형을 맞추며 살아가고 있다. 유리도 가족 같긴 하지만 매일 같은 지붕 아래 살고 있지는 않다.

가족이란 불가사의한 존재다. 정신을 차리면 가까이서, 바로 곁에서 함께 살아가고 있다. 가족의 형태, 그것은 아마도 하나로서 같은 것이 아닐까. 여러 형태가 존재하지만 그 모든 것에 가족이라는 이름이 붙는다. 가족이란 대체 무엇일까?

"오빠, 무슨 생각해?"

"가족의 형태에 대해."

"무슨 말이야, 수학?"

2. 0 가까이에서

연습 문제

고등학교.

오늘 자습 시간엔 수학이다. 문제집 마지막에 붙어 있는 모의고사 문제를 풀 것이다. 실제 시험을 보는 것처럼 넓은 여백이 있는 시험지에 답을 쓴다. 시간제한도 있다.

시험지에는 노트에 그어져 있는 실선이 없다. 나는 그것을 알았기에 평소에 줄이 없는 백지 노트를 사용해 왔다.

수학 문제를 노트에 푸는 것과 시험지에 푸는 것은 느낌이 다르다. 답안을 알아보기 쉽게 공백을 잘 활용하고 글자가 잘 배열되도록 감안해서 써야 할 필요가 있다.

손목시계를 책상 위에 놓는다.

모의고사, 시작!

문제 3-1 극한값 $\lim_{x \to 0} f(x)$이 존재하고,

$$\lim_{x \to 0} f(x) \neq f(0)$$

이 성립하는 실수 전체에서 정의된 함수 $f(x)$의 예를 들어라.

그렇군. $\lim_{x \to 0} f(x) \neq f(0)$이라는 건,

- $x \to 0$에서의 $f(x)$의 극한값
- $x = 0$에서의 $f(x)$의 값

이 두 값이 다르다는 거군. 그건 간단하지. $x = 0$에서 틈이 있는 함수를 생각하면 된다. $y = f(x)$의 그래프를 그린다면 이런 느낌이겠군.

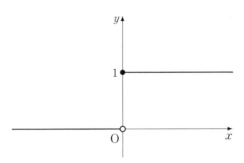

즉, 함수 $f(x)$를 다음과 같이 정의하면 문제에서 요구하는 예를 얻을 수 있다.

$$f(x) = \begin{cases} 0 & x < 0 일 \ 때 \\ 1 & x \geq 0 일 \ 때 \end{cases}$$

진검승부란 이런 것이지. 그리고 다음 문제는?

어, 뭔가 이상한데……. 문제를 다시 읽어 보자.

문제 3-1 다시 확인

극한값 $\lim_{x \to 0} f(x)$이 존재하고,

$$\lim_{x \to 0} f(x) \neq f(0)$$

이 성립하는 실수 전체에서 정의된 함수 $f(x)$의 예를 들어라.

여기서 함수 $f(x)$에는 이런 조건이 붙어 있다.

- 함수 $f(x)$는 실수 전체로 정의되어 있다.
- 극한값 $\lim_{x \to 0} f(x)$이 존재한다.
- $\lim_{x \to 0} f(x) \neq f(0)$이다.

'조건을 모두 충족했는가'를 생각해 보자. 내가 생각한 함수 $f(x)$는 확실히

실수 전체로 정의되어 있다. 하지만 극한값 $\lim\limits_{x \to 0} f(x)$가 존재한다고는 할 수 없다! 극한값 $\lim\limits_{x \to 0} f(x)$가 존재하기 위해서는 어떤 식으로 x가 0에 가까워져도 $f(x)$는 일정값에 가까워져야만 하기 때문이다. 내가 생각한 함수 $f(x)$에 서는 x가 양의 방향으로 0에 가까워졌을 때 $f(x)$의 값은 1에 가까워지지만, 음의 방향에서 0으로 가까워졌을 때는 0에 가까워지고 만다.

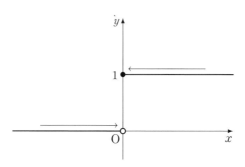

그러므로 내가 아까 생각한 $f(x)$로는 문제 3-1의 답이 되지 않는다.

$x=0$의 한 점만 값이 다른 함수라면 괜찮다. 그래프로 만들면 이렇다.

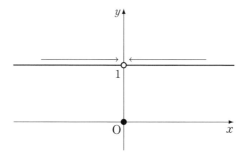

이거라면 $x \to 0$에서의 $f(x)$의 극한값은 1이 되고, $x=0$에서의 $f(x)$의 값은 0이 된다. $\lim\limits_{x \to 0} f(x) \neq f(0)$이다.

$$f(x) = \begin{cases} 0 & x = 0 \text{일 때} \\ 1 & x \neq 0 \text{일 때} \end{cases}$$

나는 첫 문제 푸는 데 시간을 잡아먹는 바람에 초조해졌다. 극한을 이해하고 침착하게 생각했다면 결코 어려운 문제가 아니다. 시험 시간이 한정되어 있어 작은 문제가 생겨도 초조해진다. 그래서 시험이 무서운 것인가 보다.

아니, 이런 생각을 할 때가 아니지. 다시 마음을 다잡고 다음 문제를 풀자. 이런 상황도 시험을 대비하는 연습이니까.

심호흡.

진지하게 임하지 않으면 연습하는 의미가 없다.

합동과 닮음

그리고 방과 후.

여기는 도서실. 나는 테트라와 대화를 나누고 있다.

"토러스와 클라인 병에 대해 그때부터 쭉 생각해 봤어요." 테트라가 말했다. "위상기하학 분야에서 도형을 부드럽게 변형하는 건 조금 이해가 된…… 거 같아요. 하지만 아직 정확히 모르겠어요."

나는 테트라의 말을 잠자코 들었다. 그녀는 항상 내 시간을 뺏어서 미안하다고 그랬지만 일단 이야기를 시작하면 멈추지 않는다. 어제 미르카와 함께 논의했던 위상기하학에 대해 의견을 말하고 있는 것이다.

"신경 쓰이는 건 수식을 사용하지 않는 거죠. 그림으로만 표현해도 되는가 싶어요."

"수식을 사용하지 않는 게 신경 쓰인다니 나랑 똑같네."

"그, 그런 게 아니에요! 수식이 나오지 않으면 왠지 내가 틀린 게 아닌가 하는 생각이 들어요. 늘리면 이렇게 되고 붙이면 이렇게 된다니, 수학인데 이래도 되는 걸까요? 틀릴까 봐 걱정이 돼요."

"그래, 맞아. 그런 우려도 나랑 똑같네."

"선배, 정말 놀리지 마세요!" 테트라가 나를 때리는 시늉을 하며 말했다.

"미르카가 가르쳐 준 전개도에서는 $11\overline{2}2$ 같은 번호로 폐곡면을 표현했지." 나는 진지한 표정으로 돌아와 말했다. "그건 수식 대신이 될 것 같기도 해. 망라하여 나타낸 것이나 '전개도의 변형'을 '번호의 변형'으로 생각할 수도 있을 것 같아. 그걸 수식처럼 생각하면 되지 않을까?"

"저는 '같은 형태'라는 말을 너무 가볍게 생각한 것 같아요. 제가 전혀 이해를 못 한 거네요."

나는 문득 테트라와 처음 만났을 때를 떠올렸다. 그녀는 처음부터 스스로 이해했는지를 신경 쓰고 있었다. 우리 둘 외에 아무도 없던 계단 교실에서 그녀와 이야기했던 기억이 난다. 그때 무슨 이야기를 했더라…….

"위상기하학에서 '같은 형태'라고 하면, 우리가 이제까지 구별하고 있었던 도형도 하나로 묶을 수 있을 거 같아요." 그녀가 말했다. "삼각형도 사각형도 원도…… 모두 '같은 형태'가 되어 버리니까 하나로 묶이는 거죠."

"'같은 형태'라면 합동과 닮음이 떠오르는데."

"합동과 닮음……이요?"

"응. 2개 도형이 **합동**이라고 할 때는 형태와 크기가 똑같아야 해. 형태가 같아도 크기가 다르면 합동이라고 할 수 없고."

합동(형태와 크기가 같다)

"그렇죠."

"하지만 2개 도형이 **닮음**이라고 할 때는 크기는 달라도 좋아. 형태만 같으면 크기가 달라도 닮음이라고 해. 학교에서 닮음을 배울 때 처음으로 '형태'와 '크기'를 나누어 생각해야 하는 걸 알았어. 그때까지는 '형태는 같지만 크기가 다르다'라는 걸 생각해 본 적이 없었거든."

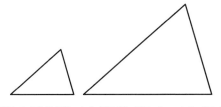

닮음이지만 합동은 아니다(형태는 같으나 크기가 다르다)

"아…… 잠깐만요. 그때도 '형태가 같다'는 의미를 확실히 해야만 하지 않나요? 그렇지 않으면 '형태가 같으므로 닮음'이라는 의미가 애매해져요." 테트라가 말했다.

"그렇지. 삼각형의 경우 대응하는 세 변의 길이가 각각 같은 삼각형끼리는 합동이지. 그리고 대응하는 세 변의 길이의 비가 같은 삼각형끼리는 닮음이 되고."

"으으으으……." 테트라가 신음했다. "그, 그렇다는 건, 합동은 닮음의 특수한 경우라고 말할 수 있겠네요. 왜냐하면 '대응하는 세 변의 길이의 비가 같다'라는 건 '닮음'이지만 '비가 1:1'이라는 것은 합동이니까요! 아, 제가 지금 당연한 말을 하고 있네요."

"아니야, 그렇게 확인하는 것도 중요하지. 합동은 닮음을 특수화시킨 것(1:1의 비)이라는 생각도 충분히 가능해. 반대로 닮음은 합동을 일반화시킨 거라고 생각할 수 있어. 합동은 변의 비가 1:1이고 닮음은 변의 비가 $1:r$로 만든 거니까. '**문자의 도입에 의한 일반화**'를 통해 합동을 닮음으로 일반화했다고 말할 수 있어."

합동은 변의 비가 1:1인 닮음

"제가 생각해 봤는데, 삼각형도 원도 위상기하학의 세계에서는 '같은 형태'가 되는 거니까 '합동'이나 '닮음' 둘 다 포괄하는, 즉 이 둘이 '같음'을 나타내는 용어가 위상기하학 이론에 있지 않을까요?"

"!"

나는 놀라서 테트라의 눈을 보았다. 확실히 그렇다. 나는 많은 수학 책에서 위상기하학 이론을 접했다. 커피 컵과 도넛을 같은 형태라고 간주한다는 이야기도 많이 읽었다. 하지만 지금의 테트라와 같은 생각을 해 본 적이 없었다.

테트라는 언어를 좋아한다. 영어를 잘하고 사용하는 표현과 용어들에 항상 신경 쓴다. 말을 곱씹고 수학적으로 바른 표현에 신경을 쓰기에 미지의 개념도 잘 이해하는 것이다.

"선배?"

"테트라는 대체 뭐야……?"

"전, 테트라죠." 그녀는 나를 똑바로 보며 말했다.

"늘 같은 테트라요."

대응시키기

밤.

우리 집.

엄마는 병원에 계신다. 아빠는 엄마한테 가셨다. 나는 아무도 없는 주방에서 커피를 탔다. 평소라면 코코아가 다 됐다고 엄마가 말씀하시고, 커피가 더 좋다고 내가 말한다. 하지만 오늘 밤은 다르다. 나는 아무도 없는 집에서 혼자 있다.

한 가족이라도 시간이 지나면 차차 형태가 바뀌어 간다. 변화해 간다. 나도 언젠가 이 집을 나가 독립하게 될 것이다. 가족의 형태는 결국 바뀐다. 언젠가는 바뀐다. 어떤 형태로 바뀔 것인지 확실히 모르지만 바뀌는 것만은 확실하다.

나는 내 방으로 들어갔다. 몇 문제를 풀면서 커피를 마셨다.

수학자는 커피 컵과 도넛을 동일시한다. 이는 위상기하학에서 반드시 나오는 이야기다. 커피 컵에서 손가락을 넣는 구멍 부분이 도넛의 구멍과 대응된다. 대응…… 나는 테트라와의 대화를 떠올렸다.

그때 나는 '대응하는 세 변의 길이가 각각 같은 삼각형끼리는 합동이다'라고 말했다. 삼각형의 합동 조건 중 하나, 세 변이 서로 같다는 걸 염두에 두고 있었기 때문이다. 하지만 생각해 보니 대응하는 세 변이란 대체 무엇일까?

합동인 2개의 삼각형이 있을 때 나는 대응하는 세 변을 생각했다. 이상한 일은 아니었다. 하지만 인간이 눈으로 보고 대응을 생각하는…… 걸로 괜찮을까?

내가 무슨 생각을 하고 있는지 스스로도 잘 모르겠다. 대응시킨다는 것을 수학적으로 엄밀하게 정립하려면 어떻게 하면 될지 모르겠다.

순서대로 생각해 보자.

도형은 점들의 모임이다. 그러므로 2개의 도형을 대응시키는 것은 점끼리 대응하는 것과 같다. 2개의 도형이 있을 때 하나의 도형에 있는 점을, 다른 도형 하나와 대응시킨다. 그러니까 **사상**이다. 도형과 도형의 대응을 생각한다는 것은 하나의 도형에서 다른 도형으로의 사상을 수학적으로 생각하는 게 아닐까? 거기까지는 알겠다.

커피 컵과 도넛을 같다고 하기 위해서는 커피 컵 위의 점과 도넛 위의 점을 잘 대응시킬 필요, 즉 좋은 사상이 필요한 걸까? 그렇다면 위상기하학에서는 좋은 사상을 정의하고 있을 것이다. 그 사상은 합동을 위한 사상, 그리고 닮음을 위한 사상과 비슷한 곳에 있지 않을까?

나는 고등학교에 입학해 미르카를 만났다. 그녀와 이야기하면서 수학에 대한 이해가 깊어졌다. 예를 들어, 지금 집합과 사상에 대한 이해를 할 때도. 책에서 얻은 지식도 물론 많다. 하지만 미르카의 '강의'를 듣고 이해한 것이 적지 않다.

우연히 고등학교라는 장소에서 만난 우리. 하지만 고등학교 시절도 이제 곧 끝난다. 그리고 졸업 후에는…….

아니, 졸업 전에 대학 입시가 있다.

지금은 아직 가을이다. 가을에는 모의고사. 가을이 지나면 겨울이 온다. 겨울 크리스마스 직전에는 대입을 판정하는 모의고사가 또 있다.

학교에서는 입시가 미래를 결정하는 중요한 일이라고 강조한다. 물론 알고 있다. 이 말을 들으면 새삼스럽게 또 초조해진다. 중요한 일이므로 부담스럽게 느껴지는 것이다. 입시가 앞으로의 인생을 결정짓는다고 생각하면 말로 표현할 수 없을 만큼 무겁게 느껴진다.

이런 돌고 도는 생각을 하며 나는 밤늦도록 시간을 보냈다.

3. 실수 α 가까이에서

합동·닮음·위상동형

다음 날 방과 후. 도서실에 들어서자 테트라와 미르카가 책상을 마주하곤 대화하고 있었다.

테트라는 제스처가 커서 목소리가 들리지 않아도 뭘 이야기하는지 대충 짐작할 수 있다. 열심히 양손을 움직여 가며. 그렇군, 도형 2개의 합동에 대한 이야기를 하고 있군.

"그래서 '같다'라는 의미를 지닌 말이 있을 거라고 생각했어요." 테트라가 말했다.

"위상동형(位相同形)." 미르카가 말했다. "테트라가 찾고 싶은 용어, 합동이나 닮음에 해당하는 말은 위상동형이야. 2개의 도형이 위상기하학적으로 같다는 것을 나타내지."

"위상동형…… 영어로는 뭐죠?"

"homeomorphism, 형용사형은 homeomorphic이야."

"그렇군요." 테트라가 어원 탐색 모드로 들어갔다. "'homeo'는 '같다'라는 의미의 접두어예요. 그리고 'morph'는 '형태'겠죠? 애벌레가 나비로 형태를 바꾸는 걸 'metamorphose'라고 하거든요. 그리고 'ism'은 명사를 나타내는 접미어고. 그러니까 'homeomorphism'은 '같은 형태'라는 말인 거죠!"

"아마도." 미르카가 응수했다. "기하학에서 합동이나 닮음이 기본적인 개념인 것처럼, 위상기하학에서 위상동형은 기본 개념이야."

"'이 도형과 저 도형이 위상동형이다'라고 말하기도 하나요?"

"물론이지. 커피 컵과 도넛은 위상동형이야."

"확실히 커피 컵을 점토처럼 변형시켜 도넛으로 만들 수는 있어요, 머릿속에서." 테트라는 양손을 휘저으며 말했다. "하지만 이처럼 규칙 없는 변형을 수학에서 다룰 수가 있나요?"

"아마 사상이 관계되어 있을 텐데." 나는 그렇게 말하고 테트라 옆에 앉았다. "어젯밤에 그것에 대해 조금 생각해 봤어. 합동도 닮음도 사상으로 생각할 수 있을 것 같거든."

"예를 들어, '2개의 도형이 합동이다'는 '두 점 간의 거리가 변하지 않는 사상이 존재한다'라고 할 수 있어." 미르카가 말했다. "그리고 '2개의 도형이 닮음이다'는 '두 점 간의 거리의 비가 바뀌지 않는 사상이 존재한다'라고 말할 수 있어."

"그렇다면 '2개의 도형이 위상동형이다'는 '어떤 사상이 존재한다'라고 할 수 있는 거지." 내가 말했다.

"바로 그거야. 그 사상을 **동형사상**이라고 해. '2개의 도형이 위상동형이다'라는 건, '동형사상이 존재한다'라고 할 수 있는 거지."

"잠깐만요, 미르카 선배. 하지만 그건 이름뿐이에요!" 둘의 대화를 듣고 있던 테트라가 끼어들었다. "동형사상이 존재한다면 위상동형은 설명이 되지 않아요. 위상동형에 대한 것을 동형사상으로 옮긴 것뿐이니까요."

"맞아, 동형사상의 정의가 문제 되는 거지."

"정의라…… 동형사상을 수학적으로 정의하면 도형을 불규칙적으로 변형하는 것의 의미를 알 수 있다고……?"

"그리고 동형사상의 정의에 쓰는 개념을 우리는 이미 배웠어."

"어, 위상기하학은 안 배웠는데요!"

"연속이라는 개념 말이야." 미르카가 천천히 말했다.

"연속이 위상기하학에 나와?" 내가 물었다.

"연속이라는 개념은 위상기하학 전체에서 쓰여."

"……."

"동형사상을 수학적으로 정의하기 위해서는 '연속'이라는 개념을 수학적으로 짚고 넘어갈 필요가 있어. 테트라, 너 연속의 정의를 기억하고 있니? 함수 $f(x)$가 $x=a$에서 연속이라는 것의 의미는?"

"자, 잠깐만요. 극한을 쓴 수식을 만들 수 있을 것 같아요. 진짜로 기억할 수 있어요."

연속함수

5분 후.

"이제 됐죠?" 테트라가 물었다. "연속의 정의예요."

연속의 정의(연속을 $\lim$로 표현)

함수 $f(x)$가 다음 식을 충족할 때 $f(x)$는 $x=a$에서 연속이라고 한다.

$$\lim_{x \to a} f(x) = f(a)$$

"좋아." 미르카가 말했다. "극한값의 존재를 더 명확하게 서술하는 편이 좋긴 하지만."

연속의 정의(다른 식으로)

함수 $f(x)$가 다음 두 가지를 만족할 때 $f(x)$는 $x=a$에서 연속이라고 한다.

· $x \to a$일 때 $f(x)$의 극한값이 존재한다.
· 그 극한값은 $f(a)$와 같다.

나도 어제 연습한 문제를 떠올리며 말했다. "함수 $f(x)$가 $x=a$이고 연속이라는 것은 'x가 a에 한없이 가까워질 때 $f(x)$가 $f(a)$에 한없이 가까워진다'고 수업에서 배웠지. 극한을 '한없이 가까워진다'라고 표현하고, 극한을 써서 연속을 정의해."

"극한으로 연속을 정의하는 건 괜찮은데." 테트라가 작은 목소리로 말했다.

"실은 $\lim_{x \to a} f(x) = f(a)$ 라는 식이 아니어도, $y = f(x)$ 그래프를 떠올리면서 연속을 생각했어요. 함수 $f(x)$가 $x = a$에서 연속일 때와 불연속일 때의 차이요."

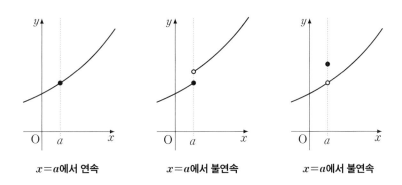

$x = a$에서 **연속**　　　$x = a$에서 **불연속**　　　$x = a$에서 **불연속**

"그래 좋아." 미르카가 말했다. "그럼, 우리의 목적을 위해 연속이라는 개념을 파 보자."

"우리의 목적이라니요?"

"위상기하학에서 '같은 형태'를 표현하는 '위상동형'을 정의하는 것 말이야, 테트라. 위상동형을 정의하려면 동형사상을 정의할 필요가 있지. 그리고 동형사상을 정의하려면 연속사상을 정의할 필요가 있고. 우리는 실수 위의 연속함수에 익숙해져 있으니까 거기를 출발점으로 해서 연속이라는 개념을 파 보자. 그건 곧 극한이라는 개념을 파고드는 것과 같아."

"그렇지, ε-δ 논법을 쓸 거구나!" 내가 말했다.

"당연히 그렇지." 미르카가 고개를 끄덕였다. "연속함수를 정의하기 위해서는 극한이 필요해. 하지만 '한없이 가까워진다'라는 말로는 부족해. 논리식을 쓰자. 연속을 논리식으로 표현하고 연속 개념의 본질적인 요소를 파악하는 거야. 함수 $f(x)$가 $x = a$에서 연속이라는 것에 ε-δ 논법을 쓰면 이렇게 되지."

연속의 정의(연속을 논리식으로 표현)

함수 $f(x)$가 다음 식을 충족할 때 $f(x)$는 $x=a$에서 연속이라고 한다.

$$\forall \varepsilon > 0 \; \exists \delta > 0 \; \forall x \left[|x-a| < \delta \;\Rightarrow\; |f(x)-f(a)| < \varepsilon \right]$$

"응, 이건 괴델의 불완전성 정리에서 테트라와 같이 했었지?" 내가 말했다. "논리식 읽는 법을 공부하면서 말이야."

"네." 테트라가 답했다. "아, 기억나요!"

$\forall \varepsilon > 0$	어떤 양수 ε에 대하여
$\exists \delta > 0$	ε마다 어떤 양수 δ를 적절하게 고른다면
$\forall x \Big[$	어떤 x에 대하여도
$|x-a| < \delta$	x와 a의 거리가 δ보다 작다
$\Rightarrow$	그렇다면
$|f(x)-f(a)| < \varepsilon$	$f(x)$와 $f(a)$의 거리는 ε보다도 작다
$\Big]$	~라는 조건을 성립시킬 수 있다

어떤 양수 ε에 대하여
ε마다 어떤 양수 δ를 적절하게 고른다면
어떤 x에 대하여
$|x-a| < \delta \;\Rightarrow\; |f(x)-f(a)| < \varepsilon$
라는 조건을 성립시킬 수 있다.

"이 식을 기억하기가 힘들었어요. 어느 게 ε에서 어느 게 δ인지 머릿속이 뒤죽박죽돼요. 그러니까 결국 그래프와 연결되어 있는지 아닌지를 놓고 연속이라고 생각해 버리게 돼요."

"그래프에 ε와 δ를 표시하면 돼." 내가 말했다. "어떤 ε에 대하여 $|f(x)-$

96 미르카, 수학에 빠지다 6

$f(a)| < \varepsilon$이 성립하도록 δ를 고른다'는 다시 말하면 'x가 a의 δ 근방에 있기만 하면, $f(x)$가 $f(a)$의 ε 근방에 반드시 들어가도록 δ를 고른다'는 거니까. 그래프로 보면 더 이해하기 쉬울 거야."

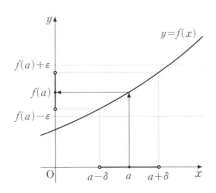

연속함수 f가 a의 δ 근방의 모든 점을 $f(a)$의 ε 근방에 나타냈을 때

"그렇긴 하지만 가로축과 세로축의 이동이 어려워서 생각할 때 집중력이 흩어져 버려요."

"그러면 둘 다 세로로 그리면 돼." 미르카가 말했다. "그렇게 하면 a의 δ 근방의 점이 모두 $f(a)$의 ε 근방에 나타나니까 이해하기 쉬울 거야."

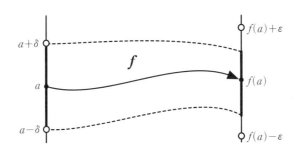

연속함수 f가 a의 δ 근방에 있는 모든 점을 $f(a)$의 ε 근방에 나타냈을 때

"$a-\delta$에서 $a+\delta$까지의 범위가 'a의 δ 근방'인 거죠?" 테트라가 물었다. "a의

이웃사촌."

"경계는 포함하지 않도록 주의하면 그렇지." 내가 답했다. "그리고 $f(a)-\varepsilon$에서 $f(a)+\varepsilon$까지가 '$f(a)$의 ε 근방'인 거야. 그렇구나…… 이런 식으로 그리면 확실히 함수 f가 사상이라고 이해하기 쉬워. 함수 f는 점 a와 점 $f(a)$에 나타나고 있는 거야."

"죄송한데, '사상'이 '함수'와 같은 건가요?"

"같다고 생각해도 괜찮아." 미르카가 말했다. "단, 함수라는 용어를 수의 집합의 사상에 국한하는 경우도 있어."

"이 그림을 보면서 생각해 보면 직관적인 연속의 느낌, 그러니까 연결된 느낌도 확실히 잘 보이는데." 내가 말했다.

"저기…… 선배. 어떻게 알 수 있나요?"

"어떤 ε를 골라도, 그러니까 '$f(a)$의 ε 근방'을 어떻게 고른다 해도 운 좋게 δ를 고른다면, 'a의 δ 근방'을 f로 나타낸 끝이, '$f(a)$의 ε 근방'에 쏙 들어가게 되니까."

"……."

나는 테트라에게 설명했다.

"ε를 매우 작게 만들어도 반드시 운 좋게 δ를 고를 수 있다니, 그런 건 함수 f가 a에서 연속이 아니라면 불가능하지? 함수 f가 연속이라는 것은 ε를 작게 만들어도 δ를 작게 만들면 반드시 표시된다는 보증인 거야."

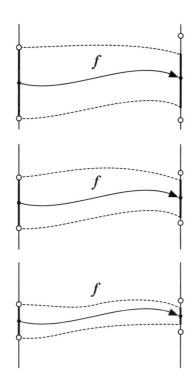

"그렇군요……." 테트라가 생각하면서 답했다. "그러니까 '$f(a)$씨 옆까지 오는 건 가능한가요?'라고 물었을 때 a씨의 근방에 있는 사람들은 전원 $f(a)$씨 근방까지 올 수 있는 거네요. 게다가 '$f(a)$씨의 훨씬 더 근방'까지 올 수 있다고요?"

"뭐, 크게 보면 그렇지." 나는 말했다. "'근방'을 ε과 δ로 명확하게 하는 게 중요하다고 생각해. 연속의 본질에 가까이 가려면 거리를 명확하게 쓸 필요가 있어. ε-δ 논법이 빛을 발하는 곳이지."

"그렇지요…… 거리가 없으면 수식으로 쓸 수 없으니까요." 테트라가 고개를 끄덕이며 말했다.

"그런데 아니야." 미르카가 천천히 고개를 저으며 말했다. "ε-δ 논법에서는 ε나 δ라는 거리로 근방을 규정하고 연속을 정의했어. 이제부터 우리는 추상화를 시도할 거야. 추상은 사상. **거리를 버리자.** 거리를 버린 세계에서 연속의 정의를 시도해 보는 거야."

"거리를…… 버린다……?"

"아까 테트라가 '가까이'라는 말로 연속을 설명하려고 했지. 그걸 정식화할 거야. 테트라가 말하는 '이웃사촌'을 정의하는 거야. 다른 세계로 가 보자."

"다른 세계라니 무슨 소리야?"

"'거리의 세계'에서 '위상의 세계'로 가는 거지." 미르카가 말했다.

나도 테트라도 미르카의 강의에 귀 기울였다. 대체 우리는 이제 어떤 여행을 하게 될까?

4. 점 a 가까이에서

다른 세계로 떠날 준비

'거리의 세계'에서 '위상의 세계'로.

다른 세계로 떠나기 전에 먼저 용어가 대응되는 방식을 짚어 보자. 함수와 사상을 나누어 생각하는 거야.

거리의 세계		위상의 세계
실수 전체	←------→	집합(위상 공간)
실수	←------→	원소(점)
함수	←------→	사상
연속함수	←------→	연속사상
열린 구간	←------→	연결된 열린 집합
ε 근방, δ 근방	←------→	열린 근방

용어의 대응

우리는 $\varepsilon\text{-}\delta$ 논법으로 연속함수를 정의했었지. 그렇게 연속사상을 정의하는 거야. '거리의 세계'에서는 $f(a)$가 속하는 ε 근방과 a가 속하는 δ 근방을 사용하여 ε-δ 논법을 세웠지. 그걸 해 보는 거야.

거리의 세계: 실수 a의 δ 근방

실수 a의 δ 근방을 잘 봐.

우리는 실수로 '실수 a의 δ 근방'에 대해 생각할 거야.

$$a-\delta \qquad a \qquad a+\delta$$

실수 a의 δ 근방

이것은 다음과 같이 실수의 집합이라고 할 수 있어.

$$\{x \in \mathbb{R} \mid a-\delta < x < a+\delta\}$$

경계, 즉 양 끝을 포함하지 않는 이와 같은 구간을 **열린 구간**(open interval) 이라고 해. 이 열린 구간을 $(a-\delta, a+\delta)$라고 쓰기도 해.

$$(a-\delta, a+\delta) = \{x \in \mathbb{R} \mid a-\delta < x < a+\delta\}$$

실수 a의 δ 근방을 $(a-\delta, a+\delta)$라고 쓰면 너무 기니까, $\mathrm{B}_\delta(a)$라고 표기 할 거야.

$$\mathrm{B}_\delta(a) = \{x \in \mathbb{R} \mid a-\delta < x < a+\delta\}$$

이처럼 $f(a)$의 ε 근방은 $\mathrm{B}_\varepsilon((f(a))$라고 쓸 수 있지.

$$\mathrm{B}_\varepsilon(f(a)) = \{x \in \mathbb{R} \mid f(a)-\varepsilon < x < f(a)+\varepsilon\}$$

점 a의 δ 근방의 정의: 거리의 세계

$$\mathrm{B}_\delta(a) = \{x \in \mathbb{R} \mid a - \delta < x < a + \delta\}$$

$$\mathrm{B}_\delta(a)$$

◆ ◆ ◆

"이건 δ 근방이나 ε 근방을 어떻게 쓸지만 결정한 거죠?" 테트라가 물었다.

"그래. 아직 아무것도 새롭게 나온 건 없어." 미르카가 말했다. "우리는 아직 '거리의 세계'에 있지. 다음으로 우리가 정의할 것은 열린 집합이라는 개념이야. '거리의 세계'에서의 열린 집합을 정의해 보자."

거리의 세계: 열린 집합

'거리의 세계'에서의 열린 집합을 정의해 보자.

열린 집합의 정의: 거리의 세계

실수 전체의 집합 $\mathbb{R}$의 부분집합 O를 생각한다. O에 속하는 임의의 실수 a에 대하여 O에 포함되는 a의 ε 근방이 존재한다고 할 때 O를 **열린 집합**이라고 부른다.

$$\langle \text{O는 열린 집합} \rangle \Longleftrightarrow \forall a \in \mathrm{O} \ \exists \varepsilon > 0 \ \Big[\mathrm{B}_\varepsilon(a) \subset \mathrm{O} \Big]$$

이것이 '거리의 세계'에서의 열린 집합의 정의야. 정의는 명확하지만 이해하기도 명확했는지 확인하기 위해 **퀴즈**를 낼게.

2개의 실수 u, v가 서로 $u < v$라고 가정하자. 이때 열린 구간 $(u, v) = \{x \in \mathbb{R} \mid u < x < v\}$는 열린 집합일까? 테트라는 뭐라고 답할래?

◆ ◆ ◆

"열린 구간 (u, v)가 열린 집합인가……. 아, 모르겠어요."

"너는?" 미르카가 나를 보았다.

"말할 수 있지. $u < a < v$의 어떤 실수 a에 대하여 열린 구간 (u, v)에서 벗어나지 않게 $\varepsilon > 0$을 취한다면, a의 ε 근방 $B_\varepsilon(a)$가 (u, v) 안에 들어갈 수 있어. 그러니까 열린 집합의 정의와 들어맞지. 그림으로 보면 이렇게 되는 거지?"

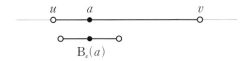

열린 구간 (u, v)와 a의 ε 근방 $B_\varepsilon(a)$

"좋아." 미르카가 고개를 끄덕였다. "$B_\varepsilon(a) \subset (u, v)$가 되는 ε이 존재하니까, 열린 구간 (u, v)는 열린 집합이라고 할 수 있어."

"아, 그런 정의군요." 테트라가 말했다. "그렇다는 건 구체적으로는 $a - u$와 $v - a$ 중 하나보다 작은 ε로 하면 괜찮은 건가요?"

"그래." 내가 말했다.

"그렇군요, 열린 집합의 정의는 이제 알 것 같아요. 그런데 이게 뭘 말하고자 하는지는 아직 잘 모르겠어요. 어떤 집합이라도 충분히 ε를 작게 한다면 그 안에 들어가는 거니까, 어떤 거든 열린 집합이 되어 버리지 않나요?"

"그렇지 않아." 미르카가 즉시 답했다. "테트라의 마음속에는 열린 구간만 있는 것 같은데, 닫힌 구간 $[u, v]$가, 그러니까 $u \leq x \leq v$인 실수 x 전체의 집합은 열린 집합이 아니야."

$$[u, v] = \{x \in \mathbb{R} \mid u \leq x \leq v\}$$

"이유가 뭔지 테트라가 대답해 봐."

"그러니까 혹시 u와 v가 예외인 건가요?"

"그래. $\varepsilon > 0$을 아무리 작게 해도 점 u의 ε 근방은 닫힌 구간 $[u, v]$에서 벗어나 버리지. 그러니까 닫힌 구간 $[u, v]$는 열린 집합이 아니야."

닫힌 구간 $[u, v]$와 u의 ε 근방 $\mathrm{B}_\varepsilon(u)$

"잠깐만요. 닫힌 구간이 열린 집합이 아니라는 건 알겠어요. 그러면 열린 집합은 열린 구간과 똑같잖아요? 열린 집합을 정의할 이유를 모르겠어요." 테트라가 다시 질문을 계속했다.

"열린 집합은 열린 구간하고는 달라." 미르카가 답했다. "복수의 열린 구간의 합집합도 열린 집합이 돼. 예를 들어, 2개의 열린 구간 (u, v)와 (s, t)의 합집합도 열린 집합이 돼."

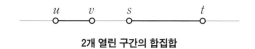

2개 열린 구간의 합집합

"그러네요." 테트라가 고개를 끄덕였다.

거리의 세계: 열린 집합의 성질

"ε 근방을 써서 열린 집합이라는 걸 정의했어. 우리는 아직 '거리의 세계'에 있고." 미르카가 말했다. "우리는 거리를 버리는 준비를 할 거야. 그걸 위해 지금 정의한 열린 집합의 성질에 대해 알아보자. 특히 집합에서의 성질에 주목할 거야. 열린 집합의 성질은 이렇게 네 가지로 정리할 수 있지."

> **열린 집합의 성질: 거리의 세계**
>
> **성질 1** 실수 전체의 집합 R은 열린 집합이다.
> **성질 2** 공집합은 열린 집합이다.
> **성질 3** 2개의 열린 집합의 교집합은 열린 집합이다.
> **성질 4** 임의 개수의 열린 집합의 합집합은 열린 집합이다.

"그렇군, 집합에서의 성질이구나." 나는 말했다.

"**성질 1**은 실수 전체의 집합 $\mathbb{R}$은 열린 집합이라는 거야." 미르카가 말했다. "이건 당연하겠지. 임의의 실수 a에 대해 $B_\varepsilon(a) \subset \mathbb{R}$이라고 할 수 있으니까. ε는 어떤 양의 실수라도 상관없어."

"**성질 2**가 성립하나요?" 테트라가 물었다. "공집합 { }에는 원소가 없어요. 점 a의 ε 근방을 구하려고 해도 점 a 자체가 없는걸요!"

"**성질 2**는 성립해." 미르카가 말했다. "O={ }에 대해 다음 식이 성립하는지 아닌지를 확인해야 하는데, 이 식은 항상 성립해."

$$\forall a \in O \ \exists \varepsilon > 0 \ \Big[B_\varepsilon(a) \subset O \Big]$$

"이해하기 힘들면 위 식과 같은 값을 가지는 다음 식을 확인해 봐."

$$\neg \Big[\exists a \in O \ \forall \varepsilon > 0 \ \Big[\underline{B_\varepsilon(a) \not\subset O} \Big] \Big]$$

"O가 공집합이니까 물결선이 있는 식을 성립시키는 a는 존재하지 않아. 그 부분이 a에 관한 어떤 조건이라고 해도. O가 공집합이기 때문에 반례를 만들 수 없다는 거지."

"그렇군……."

"**성질 3**은 2개 열린 집합의 교집합은 열린 집합이 된다는 거야. 이건 간단히 알 수 있지." 미르카가 계속했다. "이건 2개에 한하지 않고 유한개라면 몇 개라도 상관없어. 그런데 무수한 열린 집합에 대해 교집합을 빼낸 게 꼭 열린 집합이 된다고는 할 수 없어. 예를 들면, $B_{\frac{1}{n}}(0)$이라는 열린 집합 열을 생각해 보면, 그 모든 공통부분은⋯⋯.”

$$\bigcap_{n=1}^{\infty} B_{\frac{1}{n}}(0) = \{0\}$$

“이런 식이 되어 버리지만 실수 0만을 원소로 가지는 집합 $\{0\}$은 열린 집합이 아니야.”

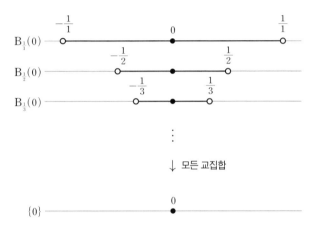

↓ 모든 교집합

“그러네. 유한개에 한한다는 거야?” 나는 말했다.

“**성질 4**는 열린 집합끼리의 합집합은 열린 집합이 된다는 거지.” 미르카는 설명을 계속했다. “이는 무수한 열린 집합에 대해 합집합을 빼도 상관없어. 합집합에 속하는 어떤 점 a를 생각해도, 합집합을 빼기 전의 열린 집합 중 어떤 것에는 점 a가 속해 있는 거니까 점 a의 ε 근방은 반드시 존재하게 돼. 그러므로 ‘거리의 세계’에서의 열린 집합의 성질로 이 네 가지가 성립한다는 것을 알 수 있지.”

“미르카 선배, 잠깐만요.” 테트라가 말했다. “하나하나의 성질은 알겠는데요, 전 길을 잃어버렸어요. 지금 저희가 뭘 하고 있는 건가요?”

"응, 나도 길을 잃어버렸어. 마지막에는 '거리의 세계'에서 '위상의 세계'로 가는 거지?"

"그럼, 여행길을 다시 확인해 보자." 미르카가 말했다.

거리의 세계에서 위상의 세계로

여행길을 다시 확인해 보자.

동형사상을 정의하려고 해. 그걸 위해서는 연속사상이 필요해. '거리의 세계'에서의 연속함수는 이미 알아보았으니까 이와 비슷한 '위상의 세계'에서의 연속사상을 정의해 보자.

그렇지만 두 세계 사이를 이동하면서 우리는 거리를 버려야만 해. 거리가 없으면 δ 근방도 ε 근방도 만들 수 없어. 그렇다는 건 ε-δ 논법을 쓸 수 없다는 거지. 그건 곤란해.

그래서 일단 '거리의 세계'에서 열린 집합이라는 개념을 만들 거야. 열린 집합에서 열린 근방이라는 개념을 만들 수 있는데, 그 열린 근방을 δ 근방이랑 ε 근방 대신에 쓸 수 있기 때문이지. 우리가 여기까지 '거리의 세계'에서 탐구한 건 다음과 같은 것들이야.

거리의 세계: 실수 전체의 집합 $\mathbb{R}$에 대해

- ε 근방을 써서 열린 집합을 정의한다.
- 열린 집합이 가지는 성질을 확인한다.

이제 곧 '거리의 세계'에서 '위상의 세계'로 옮겨 갈 거야. 거리를 버릴 거니까 '위상의 세계'에서 ε 근방에 따른 열린 집합의 정의는 쓸 수 없어.

그럼 어떻게 해야 할까?

'거리의 세계'에서 확인한 '열린 집합의 성질'을 '열린 집합의 공리'로 바꿔 읽는 거야. '위상의 세계'에서는 열린 집합의 공리를 하늘에서 떨어진 것으로 보고 열린 집합을 정의할 거야. 즉 이렇게 되는 거지.

위상의 세계: 좋아하는 집합 S에 대해

• 열린 집합의 공리를 써서 열린 집합을 정의한다.

• 열린 집합을 써서 열린 근방이라는 것을 정의한다.

'위상의 세계'에서 열린 근방을 손에 넣으면 연속사상의 정의까지는 금방 이야.

◆ ◆ ◆

"자, 이제 길이 보이지?" 미르카가 물었다.

"네!" 테트라가 손을 들었다. "아까 미르카 선배가 써 준 용어의 대응에 덧붙이고 싶은 게 있는데, 괜찮을까요? 우리의 '여행 지도'는 이런 거죠?"

거리의 세계		위상의 세계
실수 전체	←------→	집합(위상공간)
실수	←------→	원소(점)
함수	←------→	사상
연속함수	←------→	연속사상
열린 구간	←------→	연결된 열린 집합
ϵ 근방, δ 근방	←------→	열린 근방
열린 집합	←------→	열린 집합
열린 집합의 성질	——————→	열린 집합의 공리

우리의 여행 지도

"맞았어." 미르카가 말했다.

나는 놀랐다. 미르카의 설명만으로 이런 '여행 지도'를 즉시 그려 낼 수 있다니……. 이런 힘을 뭐라고 표현할 수 있을까? 이야기의 정합성을 구성하는 힘일까? 아니면 전체를 그려 낼 수 있는 힘일까?

"이를 통해 우리는 다음으로 열린 집합의 공리를 볼 수 있다는 거죠?"

"맞았어. 여기서부터는 '위상의 세계'야." 미르카가 말했다.

위상의 세계: 열린 집합의 공리

여기서부터는 '위상의 세계'야.

어떤 집합 S가 있다고 하자.

집합 S에 대하여 **열린 집합**을 정의할 거야. 어떻게 정의할까? 집합 S의 부분집합을 모아 S의 부분집합의 집합 $\mathbb{O}$를 정하면 돼.

$\mathbb{O}$는 S의 부분집합의 집합이니까, $\mathbb{O}$의 임의의 원소 $O \in \mathbb{O}$는 S의 부분집합이 돼. $O \subset S$라는 말이지. $\mathbb{O}$를 결정한다는 것은 '무엇이 열린 집합이고, 무엇이 열린 집합이 아닌가'를 결정하는 거라고 할 수 있어. $A \in \mathbb{O}$가 성립한다면 A는 열린 집합이고 $A \in \mathbb{O}$가 성립하지 않는다면 A는 열린 집합이 아니야.

$\mathbb{O}$는 S의 부분집합의 집합이지만, S의 부분집합을 아무거나 모은 게 아니야. $\mathbb{O}$를 정할 때는 앞으로 설명할 '열린 집합의 공리'를 충족해야만 해.

그리고 $\mathbb{O}$가 '열린 집합의 공리'를 충족할 때 '$\mathbb{O}$는 집합 S에 하나의 **위상구조**를 포함시킨다'고 할 거야. 또는 '$\mathbb{O}$는 집합 S에 하나의 **위상**을 정한다'고도 해.

S와 $\mathbb{O}$를 짝지은 $(S, \mathbb{O})$를 **위상공간**이라고 하지. 위상구조에 한한 건 아니지만, 구조를 짜는 기본이 되는 집합 S를 **기본집합**이라고 해. 1개의 기본집합 S에 대해, 열린 집합의 집합 $\mathbb{O}$를 결정하는 방법은 한 가지라고 할 수 없어. $\mathbb{O}$의 결정 방식이 달라지면, 위상공간도 달라지니까. 그렇기 때문에 $(S, \mathbb{O})$와 같이 S와 $\mathbb{O}$를 짝지어 생각하는 거야. 이야기의 흐름에서 $\mathbb{O}$를 알게 될 때 S를 위상공간이라고 할 때도 있어.

자, 이것이 열린 집합의 공리야.

열린 집합의 공리 1부터 공리 4는 아까 '거리의 세계'에서 확인한 열린 집합의 성질 1부터 성질 4에 대응하고 있다는 걸 알겠지? 단, 우리는 이미 거리를 버렸으니까 '거리의 세계'에서 알아본 열린 집합의 성질은 모르는 척해야 해. 그리고 하늘이 내려준 열린 집합의 공리를 써서 논의를 계속할 거야. 열린 집합의 공리는 공리이기 때문에 성립 여부를 증명할 필요는 없어. 이건 약속이야. 우리가 논의를 계속할 때 요청되는 거지. 우리는 열린 집합의 공리에서 무엇을 말할 수 있는지를 생각하는 거야. 그렇지만 우선은 열린 집합의 공리가 무엇을 구하고 있는지 확인해 보자.

◆◆◆

"열린 집합의 공리가 무엇을 구하고 있는지 확인해 보자." 미르카가 말했다. "**공리 1**은 집합 S가 열린 집합임을 전제하고 있어. 즉, ◎를 정할 때는 반드시 S를 ◎의 원소로 만들어야 한다는 거야. 그렇지 않으면 (S, ◎)를 위상공간이라고 불러서는 안 된다고 열린 집합의 공리는 밝히고 있는 거지."

미르카는 **빠른** 속도로 말하며 즐거운 듯 설명을 이어 나갔다.

"다른 공리도 마찬가지야. **공리 2**는 공집합이 열린 집합이어야 한다고 전제하지. **공리 3**은 2개 열린 집합의 교집합이 열린 집합이어야 한다고 하고. 이걸 계속 반복하면 유한개의 열린 집합의 교집합은 열린 집합이라는 결론에 도달해. 그리고 **공리 4**는 임의 개의 열린 집합의 합집합이 열린 집합이어야 한다고 전제해. 유한개라고 제한하지는 않았어."

"공리 4의 첨자집합이 뭔가요?" 테트라가 물었다.

"첨자집합은 O_λ의 첨자 λ를 모은 집합이라는 뜻인데, 그것만으로는 설명이 부족하지." 미르카가 말했다. "공리 4는 표현이 좀 까다로워 보이지? 무한에 대해 제대로 표현하려니 그렇게 되었어. 순서대로 말할게. 우선, 유한개의 열린 집합 $O_1, O_2, \cdots, O_n$이 있다고 할 때 그 합집합은 열린 집합이 된다고 열린 집합의 공리가 요구하지. 이 경우 첨자집합은 $\Lambda = \{1, 2, \cdots, n\}$이야."

$$\bigcup_{\lambda \in \Lambda} O_\lambda = O_1 \cup O_2 \cup \cdots \cup O_n \in \mathbb{O}$$

"하지만 공리 4는 무수한 열린 집합의 합집합도 생각해야 해. 무수한 열린 집합의 $O_1, O_2, \cdots$가 있다면, 그 모든 합집합도 열린 집합이 된다고 요구해. 이 경우 첨자집합은 $\Lambda = \{1, 2, \cdots\}$이야."

$$\bigcup_{\lambda \in \Lambda} O_\lambda = O_1 \cup O_2 \cup \cdots \cup O_n \cup \cdots \in \mathbb{O}$$

"문제는 여기서부터야. 첨자라고 하면 1, 2, …으로 충분할 것 같지만, 이러면 양의 정수 전체의 집합이라는 가산집합에 국한된 이야기가 되어 버려. 칸토어의 대각선 논법에서 우리가 배웠던 것처럼, 무한집합이라고 해도 종류가 있어. 예를 들어, 실수 전체의 집합이라는 비가산 집합의 원소를 써서 첨자로 만들어도 괜찮아. 그러니까 공리 4에서 일부러 첨자집합 Λ라는 것을 준비하고, 그 원소를 사용한 합집합의 표기를 쓰고 있는 거야. 공리 4는 첨자집합을 사용하지 않고, 이렇게도 쓸 수 있어."

$$\mathbb{O}' \subset \mathbb{O} \implies \bigcup_{O \in \mathbb{O}'} O \in \mathbb{O}$$

"그렇군……." 나는 응수했다.

"그럼, 다음엔 어디로 갈까?" 미르카가 물었다.

"열린 근방의 정의요!" 테트라가 여행 지도를 보며 말했다.

"그건 간단하지." 미르카가 답했다.

위상의 세계: 열린 근방

"우리는 '위상의 세계'에 있어. 열린 집합은 이미 정의했어. S에 속한 점 a 가 있다고 할 때 그 점 a를 원소로 가진 열린 집합을 점 a의 열린 근방이라고 해. 이것이 '점 a 근방'이야."

'점 a의 열린 근방'의 정의: 위상의 세계

점 a를 원소로 가진 열린 집합을 '점 a의 열린 근방'이라고 한다.

"죄송한데요." 테트라가 손을 들었다. "열린 근방을 그릴 수도 있나요?"

"점 a의 열린 근방은 다음과 같이 그려질 때가 많아." 미르카가 말했다.

점 a의 열린 근방

"그렇군요."

"단, 주의할 게 있어. 이건 2차원 도형처럼 보이지만 아니야. 이건 어디까지나 이미지야. 점 a의 열린 근방은 점 a를 점선으로 둘러싼 그림으로 표현될 때가 많아. 이건 '거리의 세계'이고, 열린 집합이 경계를 포함하고 있지 않다는 것을 상기시켜 줘."

"'거리의 세계'에서는 실수 a의 δ 근방을 $\mathrm{B}_\delta(a)$라고 썼는데요." 테트라가 노트를 들여다보며 말했다. "'위상의 세계'에서는 점 a의 열린 근방을 $\mathrm{B}(a)$……

이렇게 쓰는 걸까요?"

"그렇지는 않아. 왜냐하면 점 a의 열린 근방은 하나라고 할 수 없기 때문이야. 그래도 식으로 만들지 못하면 불편하니까 a의 열린 근방 전체의 집합을 $\mathbb{B}(a)$라고 쓰기로 하자. 다시 말하면, a를 원소로 가지는 열린 집합을 모두 모은 집합을 $\mathbb{B}(a)$라고 쓸 거야."

> a의 열린 근방 전체의 집합: 위상의 세계
>
> a의 열린 근방 전체의 집합을 $\mathbb{B}(a)$라고 한다.
>
> $$\mathbb{B}(a) = \{ O \in \mathbb{O} \mid a \in O \}$$

"$\mathbb{B}(a)$가 'a 근방'을 나타내는 거죠?" 테트라가 물었다.

"아냐. $\mathbb{B}(a)$는 'a 근방'의 모든 것을 모은 거야. 'a 근방'은 $\mathbb{B}(a)$의 원소야. 이미지로 그리면 이렇게 돼."

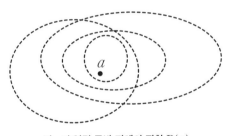

점 a의 열린 근방 전체의 집합 $\mathbb{B}(a)$

"아, 그러네요." 테트라가 말했다.

"이걸로 연속사상을 정의할 수 있겠네." 내가 말했다.

"할 수 있지." 미르카가 답했다. "'위상의 세계'에서는 열린 근방을 정의할 수 있어. 이제 연속사상도 정의할 수 있지."

위상의 세계: 연속사상

이제 연속사상을 정의할 수 있어.

우선 '거리의 세계'에서의 연속함수를 정의한 걸 복습해 보자.

연속의 정의: 거리의 세계

함수 $f(x)$가 다음 식을 충족할 때 $f(x)$는 $x=a$에서 연속이다.

$$\forall \varepsilon > 0 \ \exists \delta > 0 \ \forall x \left[|x-a| < \delta \implies |f(x)-f(a)| < \varepsilon \right]$$

거리를 사용해서 쓴 이 정의를 '거리의 세계'의 δ 근방과 ε 근방을 사용해 바꿔서 표현할 거야.

예를 들어, 이런 식이 있다고 치자.

$$|x-a| < \delta$$

이건 x와 a 간의 거리가 δ 미만이라는 것이므로 다시 말해, x가 a의 δ 근방에 속해 있는 것과 동치야.

$$|x-a| < \delta \iff x \in \mathrm{B}_\delta(a)$$

마찬가지로,

$$|f(x)-f(a)| < \varepsilon \iff f(x) \in \mathrm{B}_\varepsilon(f(a))$$

라고 할 수 있어.

> 연속의 정의(바꾸어 말하기): 거리의 세계
>
> 함수 $f(x)$가 다음 식을 충족할 때 $f(x)$는 $x=a$에서 연속이다.
>
> $$\forall \varepsilon > 0 \;\; \exists \delta > 0 \;\; \forall x \; \left[\, x \in \mathrm{B}_\delta(a) \;\Rightarrow\; f(x) \in \mathrm{B}_\varepsilon(f(a)) \, \right]$$

우리는 '거리의 세계'에서 연속의 정의를 보았어.

이제 '위상의 세계'에서 연속의 정의를 보자.

> 연속의 정의: 위상의 세계
>
> 사상 $f(x)$가 다음 식을 충족할 때 $f(x)$는 $x=a$에서 연속이라고 한다.
>
> $$\forall \mathrm{E} \in \mathbb{B}(f(a)) \;\; \exists \mathrm{D} \in \mathbb{B}(a) \;\; \forall x \; \left[\, x \in \mathrm{D} \;\Rightarrow\; f(x) \in \mathrm{E} \, \right]$$

이걸로 번역 끝.

◆ ◆ ◆

"이거 재미있는데!" 내가 말했다.

"잠깐 기다려 주세요. 식을 차근차근 읽어 볼게요."

$\forall \mathrm{E} \in \mathbb{B}(f(a))$	$f(a)$의 어떤 열린 근방 E에 대하여
$\exists \mathrm{D} \in \mathbb{B}(a)$	E마다 a가 있는 열린 근방 D를 적절히 고른다면
$\forall x \; \lbrack$	어떤 x에 대하여도
$x \in \mathrm{D}$	x가 D에 속하게 된다
$\Rightarrow$	그렇다면
$f(x) \in \mathrm{E}$	$f(x)$는 E에 속하게 된다
$\rbrack$	~라는 조건을 성립시킬 수 있다.

"어떤 E를 고른다 해도, 적절한 D를 고르는 것이 가능하다는 거네." 내가

말했다. "적절한 D가 무엇이냐 하면, x가 D에 속하기만 한다면 $f(x)$가 E에 속하는 점이 된다…… 그와 같은 D를 고르는 것이 가능해. '거리의 세계'에서의 '$x \in B_\delta(a)$를 충족하는 δ가 존재한다'는 것이 '위상의 세계'에서는 '$x \in D$를 충족하는 a의 열린 근방 D가 존재한다'는 것이 되지. 확실히 거리가 사라지고…… ε-δ 논법을 치환한 거야!"

"'위상의 세계'에서는 거리가 모두 사라졌어." 미르카가 말했다. "집합의 언어인 $\in$와 위상의 언어인 $\mathbb{B}(a)$, $\mathbb{B}(f(a))$와 논리의 언어인 $\forall$, $\exists$, $\Rightarrow$를 써서 연속이 정의되어 있어."

"자, 잠깐만요. 여기서 잠깐 정리해 써 봐도 될까요?"

연속의 정의: 거리의 세계와 위상의 세계

$$\forall \varepsilon > 0 \qquad \exists \delta > 0 \qquad \forall x \left[x \in B_\delta(a) \Rightarrow f(x) \in B_\varepsilon(f(a)) \right]$$

$$\forall E \in \mathbb{B}(f(a)) \, \exists D \in \mathbb{B}(a) \, \forall x \left[\qquad x \in D \Rightarrow f(x) \in E \qquad \right]$$

"확실히 비슷하네요. 하지만 아무래도 이미지가 떠오르질 않아요."
그 말에 대답하듯 미르카는 그림을 그리기 시작했다.

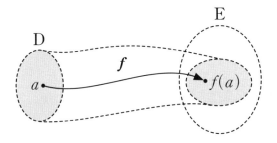

사상 f가 a의 열린 근방 D의 모든 점을 $f(a)$의 열린 근방 E에 옮겼을 때의 이미지

"그렇군, 확실히 아까 그림(p.97)과 비슷하네요." 테트라가 말했다.

나도 고개를 끄덕였다. "$f(a)$의 열린 근방 E를 작게 해도, a의 열린 근방 D를 작게 선택하면 되는 거지? ε를 작게 해도, δ를 작게 선택하면 되는 것처럼."

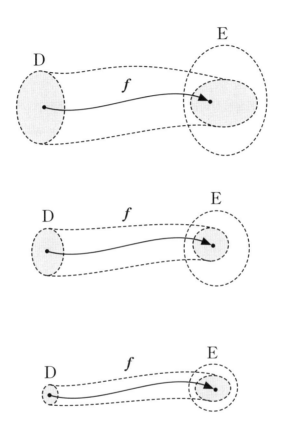

"E는 좋을 대로 정하면 돼." 미르카가 말했다. "아무리 $f(a)$에 가까운 작은 열린 근방 E라도 상관없어. 그 E에 대해 a의 열린 근방 D를 정할 수 있어. 사상 f는 D에 속하는 모든 점을 E 안으로 옮길 수 있어. 이런 사상 f를 점 $x=a$에서 연속이라고 하자는 거지. 그리고 임의의 점에서 연속인 사상을 연속사상이라고 해."

"그게 추상화된 연속의 정의로군." 내가 말했다.

"그러네요." 테트라는 조용히 속삭였다. 그러더니 미간을 찡그렸다. "하지만 미르카 선배, '거리'를 버릴 수 있었고, ε-δ 논법과 꼭 닮은 형태로 '위상의 세계'에서 연속사상을 정의할 수 있다는 것도 알았어요. 근데 그게 대체 어떤 의미인 거죠? 오히려 연속사상이 더 이해하기 어려워졌다는 느낌이 들어요. 예를 들어, 그래프가 연결되어 있으면 연속, 끊겨 있으면 불연속이라고 말하는 편이 훨씬 이해하기 쉽지 않나요?"

"테트라의 머릿속에는 수직선밖에 없는 것 같네. 지금 여기서 다룬 건 개념의 확장이야. 연속사상이라는 건, 실수 고유의 개념이 아니야. 확실히 우리는 실수함수를 써서 연속함수의 이미지를 손에 넣었지. 테트라가 그래프로 연속함수를 이해했던 것처럼."

"……." 우리 둘은 입을 다물었다.

"하지만 실수와 떨어져도, 거리에서 멀어져도, 연속사상은 정의할 수 있어."

"그 부분이 어려워서요. 실수 이외의 구체적인 예를 좀 들어 주세요."

"그건 이런 거야. 트럼프 카드 중에 잭(J), 퀸(Q), 킹(K)이 있지? 이 세 가지 원소로 이루어진 집합 $S = \{J, Q, K\}$ 가 있어. 이 S를 기본집합으로 O를 정해서 위상공간을 정의하고, 연속사상을 정의하는 것도 가능해."

"엥?" 테트라가 이상한 소리를 냈다. "무슨 말인지 모르겠어요!"

"그건 나중에 설명할게. 그보다 동형사상에 대해 이야기해 보자."

"죄송해요. 그 전에 질문이 하나 더 있어요." 테트라가 손을 들고 말했다. "신경 쓰였는데, 열린 근방이란 건 거리가 $B(a)$에 숨어 버린 걸로 보이는데요. 거리를 사용하지 않고 '이웃사촌'을 정의한다니……. 그건 점 a의 근방에 있는 점의 집합을 'a의 열린 근방'으로 정하면 되는 건데, 마음대로 정의하면 아무거나 상관없게 되는 거 아닌가요? 그게 수학이 되는 걸까요?"

"테트라가 나 같은 말을 할 때가 있네." 미르카가 미소 지었다.

나와 테트라는 무심코 얼굴을 마주 보았다.

"열린 집합의 공리가 있어." 미르카가 말했다. "열린 집합은 열린 집합의 공리로 제약을 받지. 그러니까 열린 근방을 멋대로 정할 수는 없어."

"맞다. 그랬죠. 열린 집합의 공리." 테트라가 응수했다.

미르카는 오른손으로 자기 왼팔을 쓰다듬으며 말을 계속했다.

"위상공간은 기본집합 S에 위상이라는 구조를 넣은 거야. 그건 군(群)이라는 구조를 넣었을 때와 같아. 군의 공리에서 군을 결정한 것처럼, 열린 집합의 공리를 써서 위상공간을 정하고 있어. 위상공간 위의 연속사상의 정의는 우리가 알고 있는 $\varepsilon-\delta$ 논법에 따른 연속함수의 정의와 똑같아. 하지만 위상공간 위의 연속사상의 정의에는 실수가 나타나지 않지. ε도 δ도 $\lim$도 나오지 않아. 절댓값도 없어. 그것과 상관없이 확실히 이건 연속이라는 이름에 어울리는 개념이 돼."

"하나만 더 확인할게요." 테트라가 손을 들었다. 손을 들면서 질문하는 게 벌써 몇 번째인지. "구체적인 열린 집합을 어떻게 정할지는 자유인 거죠?"

"열린 집합의 공리를 충족하기만 한다면 자유지." 미르카가 답했다. "그러니까 재미있게도 일단 버린 거리를 다시 되돌리는 것도 가능해. 즉 '거리의 세계'에서 ε 근방으로 정의한 열린 집합이 '위상의 세계'에서의 열린 집합의 공리를 충족한다는 것을 확인한다면, 그건 물론 충족하지. 그렇게 하면 '거리의 세계'에서의 실수 전체의 집합을 위상공간으로 보는 것도 가능해. 리사라면 실수의 절댓값이라는 거리를 써서 열린 집합을 '장착'했다고 말할지도 몰라."

"절댓값을 써서 정의……." 테트라가 중얼거렸다.

"생각났다. 절댓값에 대해!" 나는 소리쳤다.

"아까부터 절댓값에 대한 얘기를 하고 있잖아." 미르카가 새삼스럽다는 듯 말했다.

"아, 미안. 갑자기 생각이 나서."

그렇다. 절댓값이다. 테트라와 처음으로 이야기했을 때 우리 두 사람은 절댓값에 대해 이야기했었다. 계단 교실에서.

"군에 대한 것을 생각하면 공리를 써서 위상공간을 정의한다는 방법은 이해가 가요." 테트라도 말했다. "군에 대해 가르쳐 주셨을 때 전 이해를 못 했었어요. 학교에서 배우는 수와 그 계산이 유일하고 절대적이라고 생각하고 있었으니까, 그걸 추상화시킨 군이라는 걸 처음부터 전혀 모르겠더라고요. 하지만 군의 공리를 충족하기만 하면, 군을 써서 추상화시킨 계산이 가능해지죠. 그걸 배웠어요.(『미르카, 수학에 빠지다』 제2권 '우연과 페르마의 정리') 맞아요. 제비뽑기도 그랬어요. 제비뽑기는 계산과 전혀 관계가 없는데, 연결시키는 걸 곱이라고 생각하면 제비뽑기도 군이 되는 거였죠?(『미르카, 수학에 빠지다』 제5권 '사랑과 갈루아 이론')"

"선형공간도 그랬지.(『미르카, 수학에 빠지다』 제4권 '선택과 무작위 알고리즘')" 나도 말했다. "선형공간의 공리에 의해, 행렬도 유리수도 대수 확대도 서로 다른 개념인데 같은 관점으로 정리할 수 있었지."

"그게 바로 수학의 힘이야." 미르카가 말했다. "'이것만 충족시키면 된다'라는 공리를 정하는 거지. 추상도가 높아서 오히려 이해하기 어려워지는 것 같지만, 그건 하늘로 날아오르고 있는 거야. 그리고 지상을 걷고 있을 때는 다른 것처럼 보이지만, 실상은 같은 구조를 가지고 있다는 걸 알게 되지. 같은 구조를 가지게 된다는 걸 알게 돼. 그게 논리의 힘인 거고."

"그렇지." 나도 말했다. "집합에 군이라는 구조를 넣은 거야. 집합에 선형공간이라는 구조를 넣은 거고. 그와 같이 열린 집합의 공리에 따라 집합에 위상이라는 구조를 넣은 거라는 말이구나."

"추상적인 '이웃사촌'이라는 열린 근방을 정의할 수 있고, 그에 따라 위상공간에 연속사상이라는 개념을 넣을 수 있었던 거지."

"재미있는데……. 위상기하학은 도형을 부드럽게 변형시키는 수학인데, 지금까지의 개념들도 부드럽게 변형시키고 있구나."

"아, 저는 아직 어질어질한데 큰 줄기는 잡은 것 같아요. 우리는 연속사상을 손에 넣었죠. 그럼 제가 생각하고 있던 '같은 형태', 즉 '동형'의 이야기로 넘어가죠!"

"아, 그랬지!"

"위상공간을 정의하고 연속사상도 정의했으니까 동형사상도 정의할 수 있지. 연속사상보다는 더 짧게 끝날 거야."

동형사상

동형사상의 정의

X, Y를 위상공간이라고 하자. f를 X에서 Y를 향한 전단사라고 한다. 사상 f도 역사상 f^{-1}도 연속일 때 f를 동형사상이라 한다. 또한 위상공간 X에서 Y로의 동형사상이 존재할 때 X와 Y는 동형이라고 한다.

"위상공간이란 위상구조가 들어간 집합을 말해. 즉 열린 집합이 정의된 집합을 생각하면 된다는 거지. 열린 집합을 정의하면 열린 근방을 정의할 수 있어. 열린 근방을 정의하면 연속사상을 정의할 수 있고. 이 사상 f가 만약 전단사라면 역사상 f^{-1}이 존재하는 거지. 그리고……."

위상공간 X에서 Y로의 전단사 f로
f와 f^{-1} 어느 쪽도 연속이 되는 사상이 존재할 때
X와 Y는 동형이다.

"이렇게 정의하는 거지."

"그러니까 전단사란……."

"X의 어떤 원소 x에 대하여도 Y의 유일한 원소 y가 정해져서 $y=f(x)$가 성립하고, 반대로 Y의 어떤 원소 y에 대하여도 X의 유일한 원소 x가 정해져서 $y=f(x)$가 성립하는 사상을 말해. 전단사 $y=f(x)$에 대하여는 역사상 $x=f^{-1}(y)$를 정의할 수 있어."

"그 f가 동형사상인 거지." 내가 말했다. "어느 쪽을 향하든 연속인 전단사를 써서 2개의 위상공간 사이에 대응 관계를 만들 수 있는……."

"그래. 동형인 2개의 위상공간은 위상적으로는 '같다'고 인식되지. '같은' 위상구조를 가진다는 거야."

"음……." 내가 입을 열었다. "여기저기 산재해 있는 것처럼 보이는 집합에 위상을 넣으면, 그러니까 열린 집합과 열린 근방을 정하면 연속을 정의할 수

있는 거지. 그리고 연속으로 동형을 정의할 수 있고. '실제의 거리'와는 관계없이 정의할 수 있다…… 잠깐만. 연속이 정의된다는 건 극한을 사용할 수 있다는 거잖아? 그렇다면 연속뿐 아니라 미분도 정의할 수 있다는 거 아니야?"

"그렇게는 힘들어. 미분을 정의하기 위해서는 위상구조뿐 아니라 미분구조를 넣을 필요가 있어. 그리고 미분까지 생각했을 때 '같은 형태'를 말하는 것을 **미분동형**(diffeomorphism)이라고 해. 푸앵카레는 미분동형의 의미로 동형이라는 용어를 썼던 것 같아." 미르카가 말했다. "그건 제쳐 두고, 위상동형이 정의되었으니 우리는 위상기하학에서 커다란 관심을 가진 것 중 하나를 알게 되지."

"관심?"

불변성

"위상동형사상을 정의했어. 위상기하학에서 '같은 형태'를 의미하는 '위상동형'이 정의되었다는 뜻이지." 미르카가 말했다. "위상동형사상은 중요해. 위상기하학에서는 동형사상에서 변화하지 않는 양에 큰 관심을 두지. 위상동형사상에서 변하지 않는 양, 즉 불변의 양. 이 같은 양을 **위상 불변량**이라고 해. 영어로는 'topological invariant'라고 하지."

"'변하지 않는 것에는 이름을 붙일 가치가 있다'라는 건가요?" 테트라가 물었다.

"변하지 않는 것에는 이름을 붙일 가치가 있다." 미르카가 되풀이했다. "도형을 이렇게 저렇게 변형시키면 형태도 변하는 것처럼 보여. 하지만 그래도 변하지 않는 성질이 있지. 변하지 않는 성질, 거기에 주목하는 거야. 아무리 늘리고, 아무리 줄여도 위상동형사상이 존재한다면 동형이니까 위상기하학으로는 '같은 형태'라고 할 수 있어. 그건 같은 형태끼리 유지하는 양, 그러니까 위상 불변량을 연구하는 거야."

"쾨니히스베르크의 다리다!" 내가 외쳤다. "어떤 그래프가 한붓그리기가 가능한 속성을 가졌는가? 이것도 그거지? 변을 늘리거나 줄여도 한붓그리기를 할 수 있는 게 있으니까!"

"한붓그리기 할 수 있는 그래프를 '오일러 회로'가 존재한다고 표현할게." 미르카가 말했다. "그래프에 오일러 회로가 존재하는가, 아닌가는 그래프의 동형에 대한 불변량이니까, 위상동형사상에 따른 위상 불변량과는 달라. 물론, 불변량이라는 의미에서는 비슷한 개념이라고 말할 수 있겠지만."

"오일러는 정말 등장하지 않는 곳이 없네." 내가 말했다.

"오일러는 대단해요." 테트라의 말.

"오일러 선생님은 대단하지?" 미르카가 웃으며 말했다.

미르카는 오일러를 항상 오일러 선생님이라고 부른다.

5. 테트라 가까이에서

귀갓길.

미르카가 서점에 들르겠다고 해서 먼저 헤어졌다.

나와 테트라는 역으로 향했다. 나는 테트라의 걸음에 맞춰 천천히 걸었다.

불변의 성질을 연구한다. 위상 불변량을 연구한다. 그것은 '형태'의 본질을 가르쳐 주고 있는 걸까.

가족의 본질은 뭘까. 변하는 것 같아도 변하지 않는다. 불변의 성질이란 무엇일까. 가족을 가족답게 만드는 성질이란…….

"미르카 선배는 다음 주도 미국에 간대요." 테트라가 말했다.

"그러게." 나도 답했다.

미르카는 일본 대학에 가지 않는다. 미국에서 대학을 다닌단다. 그녀의 미래의 '형태'는 벌써 보이기 시작했다. 그러면 나는 뭘까?

나는 점수와 등수를 노리며 입시에 매진하고 있다. 가을에는 모의고사. 가을이 지나면 겨울. 합격을 판정하는 모의고사에서 제1지망 합격 판정, A를 받을 수 있을까? 입시 전쟁은 이미 시작되었다.

"언제나 선배 시간을 뺏어 죄송해요." 테트라가 말했다.

"신경 쓰지 마. 기분 전환도 되고 좋아." 나는 답했다.

"같은 형태에 관한 이야기는 매우 재미있었어요. 합동, 닮음, 위상동형…… '같다'는 개념도 여러 형태가 존재하네요."

"그렇지. 오늘의 테트라는 언제나 '같은' 테트라일까?" 나는 테트라가 전에 했던 말을 떠올리며 농담을 던졌다.

"네!" 테트라는 나를 향해 활기차게 답했다. "하지만 이제 곧 '다른' 테트라가 될 거예요. 언제까지나 '같은' 테트라는 아닐 거예요!"

"오호, 뭔가 일어나는 거야?"

"아직 비밀이에요. 하지만 이름은 정했어요. 바로 오늘요. '오일렐리언즈'라는 이름으로 할래요!"

"이름? 무슨 이름?"

"그건, 아직, 비밀이에요."

테트라는 검지를 입술에 대고 그렇게 말했다.

게다가 이런 무한을 다루는 것이 불가능하기에,
모든 연역적 과학, 특히 기하학은
증명할 수 없는 어느 일정한 수의 공리에 근거하지 않으면 안 된다.
그러므로 모든 기하학 책은 이들 공리의 서술에서 시작한다.
_푸앵카레, 『과학과 가설』

트럼프로 만드는 위상공간과 연속사상

위상공간

트럼프의 잭(J)과 퀸(Q)과 킹(K)을 써서 위상공간과 연속사상을 만들자.

기본집합 S를,

$$S = \{J, Q, K\}$$

이라고 정한다. 이 S에 대하여 열린 집합 전체의 집합 $\mathbb{O}$를 예로 든다면,

$$\mathbb{O} = \big\{\{\ \}, \{Q\}, \{J, Q\}, \{Q, K\}, \{J, Q, K\}\big\}$$

이렇게 정하면, $\mathbb{O}$는 열린 집합의 공리 1~4(p.110)를 충족한다.

$\mathbb{O}$는 **공리 1**을 충족한다. 왜냐하면 $S = \{J, Q, K\} \in \mathbb{O}$이기 때문이다.

$\mathbb{O}$는 **공리 2**를 충족한다. 왜냐하면 $\{\ \} \in \mathbb{O}$이기 때문이다.

$\mathbb{O}$는 **공리 3**을 충족한다. 왜냐하면 열린 집합 2개의 교집합이 열린 집합이라는 것은 $\{J, Q\} \cap \{Q, K\} = \{Q\} \in \mathbb{O}$나 $\{\ \} \cap \{J, Q, K\} = \{\ \} \in \mathbb{O}$처럼 만들어 총체적으로 확인할 수 있기 때문이다.

$\mathbb{O}$는 **공리 4**를 충족한다. 왜냐하면 열린 집합 2개의 합집합이 열린 집합이라는 것은 $\{\ \} \cup \{Q, K\} = \{Q, K\} \in \mathbb{O}$나, $\{J, Q\} \cup \{Q, K\} = \{J, Q, K\} \in \mathbb{O}$와 같이 총체적으로 확인할 수 있기 때문이다. $\mathbb{O}$의 원소는 유한개밖에 없기 때문에 임의 개의 합집합을 취한다 해도, 2개 집합의 합집합으로 돌아온다.

따라서 $\mathbb{O}$는 집합 S에 위상구조를 넣어 $(S, \mathbb{O})$는 위상공간이 된다.

J의 열린 근방은 J를 원소로 가진 열린 집합으로서 $\{J, Q\}$, $\{J, Q, K\}$ 2개다.

Q의 열린 근방은 Q를 원소로 가진 열린 집합으로서 $\{Q\}$, $\{J, Q\}$, $\{Q, K\}$, $\{J, Q, K\}$ 4개다.

K의 열린 근방은 K를 원소로 가진 열린 집합으로서 $\{Q, K\}$, $\{J, Q, K\}$ 2개다.

연속사상 f

S에서 S로의 사상 f를 다음과 같이 정의한다.

$$f(\mathrm{J})=\mathrm{K}, \quad f(\mathrm{Q})=\mathrm{Q}, \quad f(\mathrm{K})=\mathrm{J}$$

이 사상 f는 위상공간 $(\mathrm{S}, \mathbb{O})$에서의 연속사상이 된다. 왜냐하면 S의 임의의 점 a에 대해 $f(a)$의 어떤 열린 근방 E에 대하여도 a의 열린 근방 D가 존재하며,

$$\forall x \left[\; x \in \mathrm{D} \Rightarrow f(x) \in \mathrm{E} \;\right] \qquad \cdots\cdots \heartsuit$$

이라고 할 수 있기 때문이다.

예를 들어, 사상 f가 J에서 연속이라는 것을 나타낸다.

- $f(\mathrm{J})=\mathrm{K}$의 열린 근방 $\mathrm{E}=\{\mathrm{J}, \mathrm{Q}, \mathrm{K}\}$에 대하여 $\mathrm{D}=\{\mathrm{J}, \mathrm{Q}, \mathrm{K}\}$라고 한다면 $\heartsuit$가 성립한다. 왜냐하면 D의 원소는 J, Q, K의 3개지만, $f(\mathrm{J})$도 $f(\mathrm{Q})$도 $f(\mathrm{K})$도 E의 원소이기 때문이다.
- $f(\mathrm{J})=\mathrm{K}$의 열린 근방 $\mathrm{E}=\{\mathrm{Q}, \mathrm{K}\}$에 대하여 $\mathrm{D}=\{\mathrm{J}, \mathrm{Q}\}$라 한다면 $\heartsuit$가 성립한다. 왜냐하면 D의 원소는 J와 Q 2개인데 $f(\mathrm{J})=\mathrm{K}$도 $f(\mathrm{Q})=\mathrm{Q}$도 E의 원소이기 때문이다.
- $f(\mathrm{J})=\mathrm{K}$의 열린 근방은 $\{\mathrm{J}, \mathrm{Q}, \mathrm{K}\}$와 $\{\mathrm{Q}, \mathrm{K}\}$의 2개이므로, 사상 f는 J로 연속으로 표시된다.

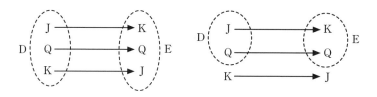

마찬가지로 Q와 K에 있어서도 사상 f가 연속이라는 것을 확인할 수 있다.

불연속사상 g

S에서 S로의 사상 g를 다음과 같이 정의한다.

$$g(J)=Q, \quad g(Q)=K, \quad g(K)=J$$

이 사상 g는 Q로 연속이지만, J와 K에서는 불연속이다.

예를 들어, 사상 g가 J에서 불연속이라는 것을 표시한다고 하자.

사상 g가 J에서 불연속인 것은 $g(J)$의 어떤 열린 근방 E에 대하여, J의 어떤 열린 근방 D를 선택해도,

$$\forall x \left[x \in D \Rightarrow g(x) \in E \right] \qquad \cdots\cdots \diamondsuit$$

이 성립하지 않는다는 것이다.

$g(J)=Q$의 열린 근방 중 하나인 $E=\{Q\}$에 대하여, $\diamondsuit$를 충족하는 J의 열린 근방 D는 ◎에는 존재하지 않는다. J의 열린 근방은 $\{J, Q\}$와 $\{J, Q, K\}$ 2개인데 $D=\{J, Q\}$라 해도, $D=\{J, Q, K\}$라 해도, D의 원소 중 하나인 Q에 대해 $g(Q)=K$이며, $g(Q)$는 E의 원소가 아니기 때문이다.

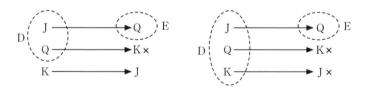

Q에 있어서 사상 g가 연속이라는 것, K에 있어서 사상 g가 불연속이라는 것도 확인할 수 있다.

비유클리드 기하학

……두 직선이 하나의 직선과 교차할 때
한쪽 내각의 합이 두 직각보다 작으면
그 두 직선이 계속 연장될 경우
두 각의 합이 두 직각보다 작은 쪽에서 반드시 교차한다.
_유클리드 기하학 제5공준

1. 구면기하학

지구 위의 최단 코스

"오빠, 미르카 언니는 아직 미국에 있어?" 유리가 물었다.

오늘은 토요일, 여기는 내 방. 평소처럼 유리가 놀러 와 있다. 내가 책상에서 공부하고 있고, 그녀는 방구석에서 뒹굴며 책을 읽고 있다.

"응, 다음 주엔 올 것 같긴 해." 나는 답했다.

미르카는 나와 같은 고3이지만 진로를 이미 결정했다. 고등학교를 졸업하면 미국으로 간다. 미국 대학에서 나라비쿠라 박사님과 수준 높은 수학을 공부하겠지. 아직은 예정이라 백 퍼센트 확신할 수는 없지만, 아마도 그럴 것이다. 아무튼 미르카와 함께하는 생활도 이제 얼마 후면 끝난다. 이것만은 확실하다. 그녀는 멀리 외국으로 떠나고 나는 여기에 남는다.

"미르카 언니, 너무 멋지다옹. 오빠를 버려두고 가는 거야?"

"그게 무슨 말이야." 평소와 같은 어조로 말하려고 했지만, 정곡을 찔리자 왠지 울컥한 목소리로 대꾸하고 말았다.

"비행기는 왜 이렇게 빙 돌아가는 걸까?" 유리가 책을 펼쳐 보였다. "똑바로 날아가면 될 텐데……."

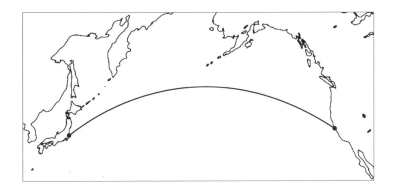

　"휘어진 것처럼 보이는 건 지도 때문이야. 실제로 비행기는 똑바로 날아가. 하지만 지구는 둥그니까 휘어져 보이는 거지." 나는 일부러 명랑하게 들리도록 말했다.

　"똑바로 날고 있는데 휘어져 보인다고? 뭐야 그게."

　유리는 포니테일로 묶은 갈색 머리를 흔들며 반론했다.

　"똑바로라고 말했지만 최단 코스라고 말하는 편이 적절하겠지." 나는 설명을 시작했다. "지도 위의 최단 코스가 지구 위의 최단 코스라고 할 수 없다는 말이야. 지구에는 **위선**과 **경선**이 있지? 둘 다 원이지만, 위선이 만드는 원은 적도가 제일 크고, 북극이나 남극에 가까워질수록 작아지지. 경선이 만드는 원은 모두 같은 크기야."

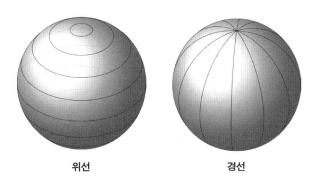

위선　　　　　　　　　　경선

"메르카토르 도법으로 그린 지도라면 위선이 가로선이고, 경선이 세로선인데, 지도 위에서는 모두 같은 길이로 보이고, 경선도 같은 길이로 이루어져 있어."

위선　　　　　　　　　　　　　　　경선

"응."

"그렇다는 건 지도 위에서 위선은 북극이나 남극에 가까워질수록 실제보다 더 길게 그려지게 된다는 거지. 반대로 말하면, 지도 위에서 같은 거리를 이동하고 있는 것처럼 보여도 적도에 가까워질수록 긴 거리를 이동한 것처럼 보이지."

"호오, 그래서?"

"만약 비행기가 같은 위도로 동쪽으로 이동한다면, 지도 위에서는 위선을 따라 똑바로 오른쪽으로 이동하게 돼."

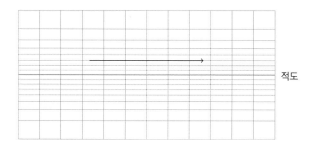

적도

"그러네. 그게 최단 코스지?"

"꼭 그렇다고 할 수 없어. 지도 위에서 같은 거리를 이동한 것처럼 보여도, 적도에 가까운 곳은 먼 거리를 이동한 게 되지. 그렇기 때문에 적도에서 떨어져 이동하는 편이 실제로 거리가 짧아. 지구본에 두 점을 핀으로 표시해서 연결해 보면 이해가 갈 거야. 같은 위도에 있는 두 점 사이에 실을 연결하면 실의 중앙은 위선보다는 조금 올라가. 수학적으로는 이게 최단 코스야. 실제 비행기로는 제트 기류의 영향으로 코스가 바뀔지도 모르지만."

"지구 위의 최단 코스라⋯⋯."

"출발지와 도착지, 지구의 중심. 이 세 점을 통과하는 평면으로 지구를 자르면, 그때 단면이 만드는 원, 그게 최단 코스야. **대원**(大圓)이지."

"대원."

"지면 위에서는 대원이 '직선' 역할을 해. 대원의 일부를 이루는 호가 '선분'에 해당하고. 지구 위에서 제일 알기 쉬운 대원은 적도야. 적도는 위선에 있는 유일한 대원이야. 두 점이 적도 위에 있다면 같은 위도에서 이동하는 게 최단 코스지. 위선에서 대원이 되는 건 적도밖에 없어. 경선은 전부 대원이 되고."

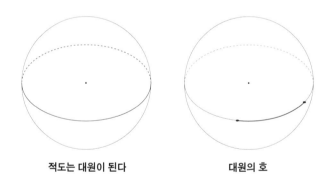

적도는 대원이 된다   대원의 호

"이해는 가는데, 아무래도 이상해." 유리가 말했다.

"뭐가?"

"직선이라면 똑바로 이어지는 거잖아. 근데 대원은 빙글 돌아서 되돌아오니까 무한대로 이어지진 않네!"

"네 말대로야. 구면에서의 '직선'은 무한히 이어지지 않아. 무한대로 늘어난다는 성질은 없는 거지. 대원을 '직선'이라고 불렀던 건 '최단 코스를 통과

하는 곡선'이라는 의미로 말했던 거야. 그런 의미에서 **측지선**(測地線)이라고
하는 게 더 정확한 말이겠지."

"측지선?"

"구면은 평면과 달라. 재미있는 성질이 있지. 예를 들어, 평면 위의 두 직
선이 서로 다른 두 점에서 만나는 일은 없잖아?"

"평면 위의 두 직선?" 유리가 고개를 갸웃했다. "그건, 한 점에서 만나는
게 뻔하잖아. 아, 아니지. 평면 위의 두 직선은 만나지 않거나, 혹은 한 점에서
만나거나 일치하거나…… 이 중 하나야!"

만나지 않는다　　　　　**한 점에서 만난다**　　　　　**일치한다**

"그건 평면 위의 직선이 갖는 성질이지. 그럼, 구면의 경우를 생각해 보자.
구면 위의 '직선', 즉 대원은 어떨까? 2개의 대원은……."

"앗, 그렇구나! 잠깐만! 나 알았어. 2개의 대원은 두 점에서 만나던가, 아
니면 일치할 수밖에 없어!"

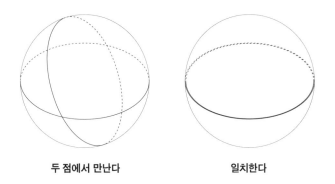

두 점에서 만난다　　　　　　　**일치한다**

"맞았어. 그러니까 구면 위에서 '평행선'은 존재하지 않아."

"평행선?"

"평면에서는 직선 l 밖의 점 P를 지나서 원래의 직선 l과 만나지 않는 직선을 딱 1개만 그릴 수 있지."

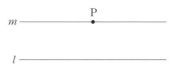

l 밖의 점 P를 지나서 l과 만나지 않는 직선은 단 하나

"아, 평행선이지?"

"그럼 구면에서는 어떨까? 대원 l 밖에 있는 점 P를 지나 원래의 대원 l과 만나지 않는 대원을 그릴 수 있을까?"

"그야, 안 되지. 반드시 두 점에서 만나니까."

"이런 건 어때? 봐, 대원 l 밖의 P를 지나서 l과 만나지 않는 원 m이 그려지는데?"

"아니, m은 대원이 아닌걸. m의 중심은 구의 중심에서 벗어나 있으니까 m은 직선이 아냐."

"맞아. 잘 아네."

"오빠, 좀 더 재미있는 이야기 없어? '대원은 구면 위의 직선이다' 같은 거."

"왜 이래, 갑자기 달라붙고……. 뭐, 이런 건 있어. 평면에서 '삼각형의 내각의 합'은 항상 180°지만 구면에서는 '삼각형'의 세 각의 합은 180°보다 커진다는 것!"

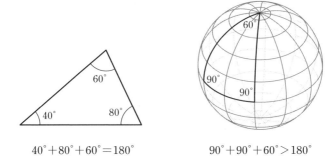

$$40° + 80° + 60° = 180°$$ $$90° + 90° + 60° > 180°$$

"부풀어 오르니까 세 각의 합이 180°보다 커지는 건가?"

"그렇지. 하나의 구면 위에 그린다면, 삼각형이 클수록 세 각의 합도 커지지."

"설마, 세 각을 정하면 삼각형의 크기도 정해지는 거야?"

"바로 그거야. 구면 위에 대원을 써서 삼각형을 그렸을 때 3개의 각을 정하면 삼각형의 형태가 정해지지. 평면 위의 삼각형은 형태를 바꾸지 않고 크기를 키울 수 있지만, 구면 위의 삼각형은 형태를 바꾸지 않고 크게 할 수는 없어. 다시 말하면, 구면기하학에서는 합동과 닮음이 같아지지."

"오호, 재미있는데!" 유리가 외쳤다. "나중에 '그 녀석' 만나면 써먹어야지!"

2. 현재와 미래 사이에서

고등학교

이곳은 학교. 지금은 월요일 점심시간.

테트라와 함께 옥상에서 점심을 먹고 있다. 나는 구면 위의 삼각형에 대해 이야기했다. 유리와 토론했던 구면기하학 이야기다.

"구면기하학은 합동과 닮음이 같네요! 흥미로워요." 테트라는 고개를 끄덕이며 말했다. "대원을 '직선'으로 보는 관점도 신선해요. 구면 위에서 최단 경로를 만들면 '직선'은 무한이 되지 않는 거죠?"

"그렇지."

"유리가 부러워요. 항상 선배한테서 재미있는 이야기를 들을 수 있다니!"

"내가 하는 이야기는 대부분 책에서 읽은 걸 인용하는 건데, 뭘. 나 스스로 발견한 게 아니잖아." 나는 말했다.

"하지만 지금까지 몰랐던 걸 안다는 건 소중하니까. 스스로 발견했든, 책에서 읽었든, 다른 사람이 알려준 것이든." 테트라는 조금 힘주어 말했다.

"그렇군, 그런데 여기 좀 춥지 않니?" 내가 말했다. 옥상의 바람은 기분 좋은 수준을 넘어 이제 조금 추웠다. 벌써 계절이 바뀌었다.

"전 요즘 협력이라는 것에 대해 생각하고 있어요." 테트라는 내 질문에 답하지 않고 다른 말을 꺼냈다. "자신 있는 건 각자 달라요. 협력을 하면 혼자 할 수 없는 일도 할 수 있게 돼요. 그리고 지금 제가 할 수 없는 것도 미래의 저는 할 수 있게 될지도 몰라요. 다른 사람과의 관계에서 배우는 거죠."

"다른 사람과의 관계에서 배운다고?"

"네."

"미안, 더 이야기하고 싶지만 너무 춥다. 들어가자."

"봄바람과 가을바람은 다르네요." 테트라가 도시락을 정리하며 말했다. "봄바람은 기쁨을 실어다 주지만, 가을바람은 쓸쓸함을 남겨 주는 느낌이에요."

"그러네, 가을바람이라기보다 이건 거의 겨울바람인데……." 나는 말했다.

"너무 추우니까 옥상에서 점심 먹는 건 이제 그만두자."

"그러네요. 아쉬워요."

"그럼, 오늘이 고등학교에서 마지막으로 옥상에서 먹는 점심이 되는 셈인가?" 내가 말했다. 내년 봄바람이 불어올 무렵이면 나는 졸업 이후일 것이다.

"네엣?" 테트라가 큰 소리로 말했다.

오후 예비 종소리가 들려왔다.

3. 쌍곡기하학

배운다는 것

고교 생활도 곧 끝난다. 모든 행동에 '고등학교에서 마지막'이라는 말이 붙는 것이 그 증거다.

이제 몇 개월 앞으로 닥쳐 온 입시와 그 결과에 상관없이 나는 졸업하게 된다. 고등학생으로서 내가 할 일은 앞으로 몇 개월 만에 모두 끝나는 것이다.

그 시간을 나는 입시 공부로 채우고 있다. 그것이 싫다는 게 아니다. 대학 입학은 지금의 나에게는 필요한 일이다. 지금 걸어가는 길 앞에 또다시 배움이 있다. 또 다른 만남이 있다. 만남?

그런 생각을 하게 된 것은 아까 테트라가 말한 '다른 사람과의 관계에서 배운다'라는 한마디가 왠지 마음에 남아서일 것이다.

확실히 나는 배우고 있다. 미르카와 테트라와 무라키 선생님과 고등학교에서 만난 사람들과 함께. 대학에 가면 새로운 사람과의 만남, 새로운 배움의 기회가 펼쳐지게 될 것인가.

이런 생각을 하며 나는 학교에서의 배움에 더 집중했다.

비유클리드 기하학

방과 후. 나는 도서실로 향했다.

도서실에서 미르카와 테트라가 열심히 무언가를 이야기하고 있었다.

"비유클리드 기하학에 대해 이야기하려면 당연히 유클리드 기하학 공부부터 시작해야 해." 미르카가 강의를 시작했다.

◆◆◆

우리가 배우는 기하학은 기원전 300년에 유클리드가 저술한 13권에 이르는 『원론』 내용을 기초로 해. 그 책에 기하학만 있는 건 아니지만.

『원론』은 **정의**와 **공준**을 시작으로 계속 증명하는 방식으로 쓰여 있어. 『원론』의 방식은 수학적인 주장을 전개하는 본보기가 되었지. 다음과 같은 정의가 있어.

1. 점이란 부분을 갖지 않는 것이다.

2. 선이란 폭이 없는 길이를 말한다.

3. 선의 끝은 점이다.

4. 직선이란 그 위에 있는 점을 똑바로 가로지르는 선이다.

5. 면이란 길이와 폭만을 가지는 것을 말한다.

6. 면의 끝은 선이다.

7. 평면이란 그 위에 있는 직선을 똑바로 가로지르는 면이다.

⋮

23. 평행선이란 동일한 평면 위에서 양 방향으로 한없이 연장된다 해도, 어떤 방향에 있어서든 서로 만나지 않는 직선을 말한다.

'점이란 부분을 갖지 않는 것이다'는 정의로 보이지 않지? 이건 '점'이라는 전문 용어를 쓰겠다고 선언한 것이라고 봐야 해.

중요한 것은 공준이야. 공준은 증명하지 않고 쓰는 명제라고 할 수 있어. 공준에 의해 점이나 직선을 써서 할 수 있는 것이 정해진다고 생각해도 되고, 전문 용어의 의미가 정해지는 거라고 생각해도 돼. 공준은 **공리**라고도 불려.

더 구체적으로 보자.

유클리드 기하학의 5가지 공리

1. 임의의 점에서 임의의 점으로 직선을 그을 수 있을 것

2. 그리고 직선을 무한히 연장할 수 있을 것

3. 그리고 임의의 점을 중심으로 일정 거리를 반지름으로 하는 원을 그릴 수 있을 것

4. 그리고 모든 직각은 서로 같을 것

5. 또한 한 직선이 두 직선과 교차하고 같은 방향의 내각의 합이 2직각보다 작다면, 이 두 직선이 무한히 연장되면 2직각보다 작은 내각 쪽에서 교차할 것

유클리드의 『원론』에서 공리는 매우 중요해. 뭐니 뭐니 해도 모든 정리는 이들 공리를 기본으로 증명되고 있으니까. 하지만 이 중에서 큰 문제가 생겼어.

"큰 문제라니, 뭐죠?" 테트라가 물었다.

"**평행선 공리** 말이야?" 내가 끼어들었다. 비유클리드 기하학이라면 평행선 공리에 대한 이야기다.

"맞아. 5번째 공리를 읽어 볼래, 테트라." 미르카가 말했다.

"아, 네, 그러니까……."

한 직선이 두 직선과 교차하고 같은 방향의 내각의 합이 2직각보다 작다면, 이 두 직선이 무한히 연장되면 2직각보다 작은 내각 쪽에서 교차할 것.

"꽤 기네요. 이것이 평행선 공리……."

"그림으로 그려 보면 이해하기 쉬워." 내가 말했다. "우선, 한 직선이 두 직선과 만나는 모양을 그려 볼게. 한 직선 n이 두 직선 l, m과 교차하는 경우……."

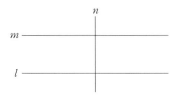

"같은 쪽의 내각의 합을 2직각보다 작게 하면……."

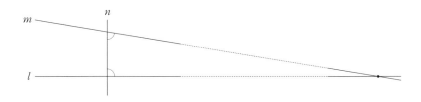

"그러면 2직각보다 작은 각이 있는 쪽에서 l과 m이 교차하게 돼."

"확실히 맞아요." 테트라가 말했다. "근데 이게 왜 문제죠?"

"이건 평행선 공리의 주장을 설명하고 있는 그림에 불과해." 미르카가 말했다. "이 평행선 공리가 참인지, 아닌지가 문제가 아니라, 이 평행선 공리를 '공리'라고 해야 하는지가 문제인 거지."

"공리는 좀 더 간결해야 하기 때문인가요?"

"확실히 이 평행선 공리는 너무 길어. 다른 4개의 공리에 비해 이것만 이상하게 길지. 그렇다고 길어서 문제인 것도 아니야. 수학자들은 이 공리를 다른 공리에서 증명할 수 있지 않을까를 생각했어. 유클리드는 공리를 전제로 증명을 풀어 나갔지. 만약 다른 공리에서 이 평행선 공리를 증명할 수 있다면, 평행선 공리를 '공리'로서 특별 취급할 필요가 없어져. 기본이 되는 공리는 적은 편이 좋으니까. 유클리드는 평행선 공리를 '공리'로 전제할 필요가 있었지. 하지만 유클리드가 틀린 건 아닐까? 만약 평행선 공리를 다른 4개의 공리로 증명할 수 있다면, 유클리드의 생각이 틀렸다는 걸 보여 줄 수 있어."

"그게 큰 문제였던 거군요."

"평행선 공리를 다른 4개의 공리로 증명하려고 많은 수학자가 노력했어. 만약 그것을 증명할 수 있다면 엄청난 대발견이니까. 하지만 아무도 해내지 못했어."

"미해결 문제?" 테트라가 물었다.

"18세기 수학자 **사케리**는 귀류법으로 평행선 공리를 증명하려고 시도했어. 평행선 공리가 성립하지 않는다고 가정하고 모순을 끌어내려고 했던 거야. 사케리는 연구 막바지에 직관적으로 기묘한 결과를 도출해 내고 모순을 이끌어 냈다고(평행선 공리를 증명했다고) 생각했지만, 실은 논리적 모순을 발견한 건 아니었지. 그 기묘한 결과가 '사케리의 예언적 발견'이야."

"사케리의 예언적 발견?" 나는 중얼거렸다. 비유클리드 기하학의 개요는 나도 알고 있었다. 하지만 사케리의 예언적 발견은 처음 들었다.

"이런 발견이야." 미르카가 노래하듯 말했다.

평행선 공리가 성립하지 않는다고 가정하면,
'평면' 위에 있는 2개의 '직선'은,

- 양 방향으로 끝없이 멀어진다. 또는,
- 한 방향으로 끝없이 멀어지지만, 다른 방향으로는 한없이 가까워진다.

이런 성질을 갖게 된다.

"수수께끼 같네요." 테트라가 중얼거렸다.

"그 밖에도 사케리는 평행선 공리를 가정하지 않고 평면기하학을 만들면, 삼각형의 내각의 합이 180°보다 작아진다고 말했지만, 그렇다고 해서 평행선 공리의 논리적인 모순을 발견한 건 아니야. 또 **람베르트**도 닮음이지만 합동이 아닌 삼각형이 존재한다면 평행선 공리가 도출된다는 것을 알아냈지만, 그렇다고 평행선 공리를 증명할 수 있었던 것은 아니었어."

"그러고 보니 닮음이지만 합동이 아닌 삼각형은 구면에서는 만들 수 없구나." 내가 말했다.

"어쨌든……." 미르카는 계속했다. "평행선 공리가 성립한다는 것을 증명한 사람은 없었고, 성립하지 않는다는 것을 증명한 사람도 없었어. 그리고 드디어, 19세기에 이르러 **보여이**와 **로바체프스키**가 비유클리드 기하학을 발견했지."

"그렇군요!" 테트라가 고개를 흔들며 말했다. "혼자는 못 해도 보여이와 로바체프스키 두 사람이 협력해서 증명한 거네요!"

"아니, 두 사람은 서로의 연구에 대해 몰랐어. 각각 발견을 한 거지. 비유클리드 기하학은 거의 같은 시기에 발견되었어. 두 사람 이전에 대수학자 가우스도 비유클리드 기하학을 발견했다고 전해져."

"그럼, 결국……." 테트라가 말했다. "평행선 공리가 성립한다는 것이 증명된 건가요? 아니면 성립하지 않는다는 것이 증명된 건가요?"

"둘 다 아니야." 미르카가 말했다.

"둘 다 아니라고요?!"

보여이와 로바체프스키

미르카의 이야기는 계속되었다.

"사케리는 평행선 공리가 성립하지 않는다고 가정하고 모순을 찾았지. 그에 반해 보여이와 로바체프스키는 평행선 공리와 다른 공리를 써서 유클리드 기하학과는 다른 기하학의 체계를 세우기로 했어. 그게 비유클리드 기하학이야. 유클리드 기하학은 평행선 공리를 포함하는 5개의 공리를 출발점으로 만들어진 체계야. 보여이와 로바체프스키는 평행선 공리를 제거하고, 다른 공리를 포함한 5개의 공리를 출발점으로 유클리드 기하학과는 다른 체계를 만들어 냈지. 보여이와 로바체프스키가 생각해 낸 기하학은 **쌍곡기하학**이라고 불려. 직선의 개수를 써서 정리하면 이렇게 되지."

- **구면기하학**
  직선 l 밖의 점 P를 지나 l과 만나지 않는 직선은 존재하지 않는다.
- **유클리드 기하학**
  직선 l 밖의 점 P를 지나 l과 만나지 않는 직선은 1개 존재한다.
- **쌍곡기하학**
  직선 l 밖의 점 P를 지나 l과 만나지 않는 직선이 2개 이상 존재한다.

"질문 있어요." 테트라가 손을 들었다. "구면기하학하고 유클리드 기하학, 쌍곡기하학 중 어떤 기하학이 진짜라고 할 수 있나요?"

"어느 하나만 진짜라고 할 수 없어, 테트라." 내가 말했다. "그렇다기보다 다 진짜지. 유클리드 기하학도 비유클리드 기하학도, 둘 다 진짜 기하학이야. 공리를 기초로 하고 어떤 정리를 증명할 수 있는가, 즉 어떤 수학적 주장을 할 수 있는가를 생각하는 게 수학이니까 다 진짜지. 기초로 한 공리가 서로 다를 뿐이야."

내 말에 테트라는 손톱을 깨물며 잠시 생각하다 이윽고 "이것도 '모른 척하기 게임'인 거죠!"라고 말했다. "반복이네요. 같은 패턴의 반복. 군을 배울 때도(『미르카, 수학에 빠지다』 제2권 '우연과 페르마의 정리'), 수리논리학을 배울 때도(『미르카, 수학에 빠지다』 제3권 '망설임과 괴델의 불완전성 정리'), 확률을 배울 때도(『미르카, 수학에 빠지다』 제4권 '선택과 무작위 알고리즘'), 위상공간을 배울 때도, 우리는 계속 같은 말을 했어요. 공리에서 무엇을 도출할 수 있는가를 중시하고 있다고. 기하학도 그런 거죠?"

"그래." 나는 답했다.

"수학자들은 공리를 세우지." 미르카는 말했다. "공리에서 증명할 수 있는 것을 정리라고 하지. 그렇기 때문에 이 세계에 속박되지 않고 수학 연구를 할 수 있어. 단, 유클리드가 거기까지 생각했는지는 현재로선 알 수 없어."

"기하학은 우리 주변의 형태를 연구하는 분야라고 생각했어요. 하지만 현실하고는 상관없는 걸까요?"

"상관없다는 건 좀 너무하고." 미르카가 말했다. "역사적으로 기하학은 우리 주변의 형태를 이해하기 위해 시작되었을 거야. 하지만 수학은 현실(우리의 우주)이 어떤 기하학 위에서 성립되고 있는지를 탐구하는 학문은 아니야."

"……." 테트라가 다시 생각에 잠겼다.

나도 미르카도 말없이 생각에 잠겼다.

우리는 도서실 안에 있다. 도서실 밖에는 학교가 있고, 마을이 있고, 나라가 있고, 지구가 있고, 우주가 있다. 우주 전체에서 보면 작디작은 지구의, 작은 나라의, 또 작은 마을의, 더 작은 학교의, 작은 도서실에서 우리 셋이 생각하고 있다. 하지만 우리가 생각하고 있는 것은 우주를 초월한 형태에 대한 것이다.

"우리는 정말로 알고 있는 걸까?"

미르카는 그렇게 말하고 갑자기 자리에서 일어나 고개를 들었다. 그녀의 긴 검은 머리가 뒤늦게 몸의 움직임에 따라 크게 흔들렸다.

◆◆◆

우리는 정말로 알고 있는 걸까?

직선이라는 걸 알고 있어. 평행선이라는 것도 알고 있어. 알고 있다고 생각하고 있지. 하지만 정말로 알고 있는 걸까?

직선이라는 말을 들으면 우리는 무언가를 떠올리지. 평행선이라는 말을 들으면 또 무언가를 떠올리고. 직선 밖에 점 하나를 찍고, 그 점을 지나는 다른 직선을 생각하라고 하면 우리는 '그걸' 생각해서 그려 낼 수가 있어. 설령 여러 개일 경우에도 무한의 끝까지 계속되는 존재라도 우리는 '그것'을 그려 낼 수가 있어.

직선 밖의 한 점을 지나는 평행선이 존재할까 생각해 보면, 존재한다고 말하고 싶어지지. 그 평행선이 유일한 것인지를 묻는다면 유일하다고 말하고 싶어져. 도중에서 직선이 휘어지지 않는다면, 평행선은 유일하게 존재하는 거라고 말하고 싶어져.

이 정도로 선명하게 떠올릴 수 있는데, 평행선이 존재하지 않는 기하학을 왜 생각하는 걸까? 혹은 평행선이 2개 이상 존재하는 기하학을 왜 생각하는 걸까?

수학자들은 현실에서 눈을 돌리고 있는 공상론자들일까?
—그렇지 않아.
무한의 저편에서 무슨 일이 일어나고 있는지 모르는 불가지론자들일까?
—그렇지 않아.
직관은 반드시 틀린 거라고 믿는 비관주의자들일까?
—그렇지 않아.
엄밀한 평행선은 그릴 수 없다고 주장하는 현실주의자들일까?
—아니, 그렇지 않아.

수학자들은 논리를 중시하는 사람들일 뿐이야. 평행선 공리를 다른 공리와 바꿔 넣으면, 다른 기하학이 생겨나. 이런 발상은 거대하지.

비유클리드 기하학은 좀처럼 세상에 받아들여지지 않았어. 그건 '갈릴레오의 망설임'(『미르카, 수학에 빠지다』 제4권 '망설임과 괴델의 불완전성 정리') 때와 같아. '자연수와 제곱수를 대응시킬 수 있다'니, 갈릴레오가 아니라 누구라도 불합리하다고 느낄 거야. 하지만 전체와 부분 사이에 일대일 대응이 가능하다는 개념을 써서 무한을 정의할 수 있었지.

평행선 공리도 같아. 평행선 공리를 증명할 수 없다면, 평행선 공리 이외의 명제를 써서 '다른 기하학'을 만들 수 있는 거잖아. 이건, 엄청난 발상의 전환이야.

'평행선은 유일하다'는 공리를 발견해 유클리드 기하학이라는 하나의 기하학이 생겨나고, '평행선은 유일하지 않다'는 공리를 발견해 다른 새로운 기하학이 생겨난 거야.

◆◆◆

"기하학은 일련의 공리에서 도출된 건축물이라고 할 수 있어."

"아, 알고 있어." 나는 미르카의 얼굴이 가까이 다가오자 몸을 약간 뒤로 빼며 답했다.

"질문 있어요!" 테트라가 나와 미르카 사이에 손을 뻗으며 말했다. "유클리드 기하학은 그냥 평면기하학이고, 구면기하학도 지구본을 상상하면 되니까 알겠어요. 하지만 쌍곡기하학이란 건 구체적으로 어떤 기하학인가요? 구면기하학은 금방 이미지가 떠올랐어요. 구면 위에 도형을 그리는 거죠? 하지만 쌍곡기하학은 대체 어떤 건지……."

"비유클리드 기하학이 환영받지 못했던 이유 중 하나는 유클리드 기하학의 평행선 공리가 자명한 진리라고 사람들이 믿었기 때문이야. 클라인이나 푸앵카레, 베르톨로미 같은 수학자들이 기하학의 '모델'을 구축하고 나서야 비유클리드 기하학이 조금씩 이해받기 시작했지."

"모델……이 어떤 거죠?"

"퇴실 시간입니다."

갑작스러운 목소리에 우리는 화들짝 놀랐다. 미즈타니 선생님의 퇴실 선언. 벌써 시간이 이렇게 되다니. 정신을 차려 보니 창밖은 이미 어두워진 후였다. 미르카의 설명에 완전히 빠져들어 눈 깜짝할 새에 시간이 지나가 버렸다.

집

저녁 시간의 집. 엄마와 저녁식사를 마쳤다. 엄마는 주방에서 설거지를 하기 시작했다.

"아빠는 오늘도 늦으셔?" 나는 식탁에서 식기를 나르며 물었다.

"그러게." 엄마는 접시를 닦으며 말했다.

아빠는 오늘도 야근인 모양이다. 엄마가 건강을 되찾자 아빠의 직장 생활도 다시 원위치였다. 우리 집은 이제 완전히 예전으로 돌아왔다.

"미안해. 입시 공부로 바쁜데 이런저런 일이 생겨서……."

"괜찮아, 아무렇지도 않아."

"아빠도 일 때문에 바쁜데 괜히 무리하게 만들고, 돈도 꽤 많이 들어갔어."

"그렇게나?"

"걱정 안 해도 된단다. 그런데 네 일은 어떠니?" 밝은 목소리로 엄마가 물었다.

"내 일이라니?"

"지금은 입시 공부가 네 일이잖니?"

"그저 그래."

"이제 설거지는 됐어. 코코아라도 타 줄까? 루이보스 차 어떠니?"

"아니, 내가 마시고 싶을 때 커피 타 마실게." 나는 답했다. "잘 먹었습니다."

"밤에는 카페인을 줄이는 게 좋아. 왜냐하면……."

엄마의 말을 한 귀로 흘리면서 나는 방으로 돌아왔다.

전부 원래대로 돌아온 것은 아니었다. 퇴원 후 엄마의 피곤해하시는 모습과 눈가 주름이 신경 쓰이기 시작했다. 엄마가 변했는지, 내 관점이 변했는지는 모른다. 아무튼 엄마도 늙는다는 현실이 내 가슴에 깊이 새겨졌다. 시간은 자비 없이 흘러간다.

2시간 후.

방에서 문제집을 풀고 있다가 나는 테트라에 대해 생각했다. 그녀는 서로 협력한다는 것에 대해 말했다. 혼자는 할 수 없는 것도, 여러 사람이 힘을 합치면 할 수 있다고. 하지만 입시 공부는 어떨까. 종국에는 스스로 힘을 내어 스스로 시험 문제를 풀어야만 한다. '내 일'이기 때문이다.

수학의 발견도, 정리의 증명도 그렇다. 미르카도 오늘 이야기한 바 있다. 비유클리드 기하학은 보여이와 로바체프스키와 가우스가 발견했지만, 그것들은 서로 독립적인 발견이었다고.

아무튼 지금은 '내 일'을 해야 한다. 내 입시 공부는 순조롭게 진행되고 있는 걸까. 무한의 저편까지 꿰뚫어 볼 수 있다면 지금 순조로운지 아닌지를 알수 있을 텐데…….

무한의 저편이라니, 바라지도 않는다.

내년 봄까지라도 좋다.

최소한 합격인지 아닌지, 그 한 가지만이라도 알았으면 좋겠는데…….

4. 피타고라스의 정리를 비틀다

리사

다음 날 방과 후. 교실을 나서자 빨강머리 여자애가 내 앞에 서 있었다. 노트북을 옆구리에 끼고. 가위로 아무렇게나 자른 듯한 헤어스타일의 소녀, 리사다.

"데리러 왔어." 그녀는 허스키한 목소리로 말했다.

"데리러…… 나를? 누가 부르는데?"

"미르카 언니."

그녀는 짧게 대답하더니 앞서 걷기 시작했다. 미르카의 친척인 고등학교 1학년생 리사. 프로그래밍이 특기이고, 머리 색깔과 같은 새빨간 컴퓨터를 늘 들고 다닌다.

그녀가 나를 데리고 간 곳은 시청각실이었다. 칠판 앞에는 커다란 스크린이 천장에서부터 내려와 있었다.

"왔네." 교탁 위에 걸터앉아 긴 다리를 꼬고 앉아 있던 미르카가 말했다.

"바쁘신데 죄송해요." 제일 앞줄에 앉아 있던 테트라가 말했다.

"뭘 하려고?" 내가 물었다. "도서실로 곧장 가려고 했는데…….."

"어제 했던 이야기. 비유클리드 기하학의 모델에 대한 이야기를 하려고." 미르카가 말했다. "너한테도 흥미로운 주제가 아닐까 해서. 금방 끝나."

그렇게 대화하는 사이에 리사는 컴퓨터를 시청각실의 기계에 연결하고 뭔가를 조작하기 시작했다.

"조명 오프." 리사가 말하며 키보드를 두들겼다. 그와 동시에 창문의 암막 커튼이 자동으로 닫히기 시작하면서 천장의 불이 꺼졌다. 그리고 프로젝터가 스크린에 영상을 쏘기 시작했다.

거리의 정의

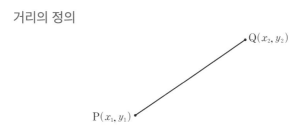

"평면 위 점 P에서 점 Q로 가는 최단 코스를 구하고 싶을 때 똑바로 나아가게 되지. 여기에 그려진 선분 PQ처럼." 어둠 속에서 미르카가 말했다. 완전한 암흑은 아니다. 스크린에서 나오는 빛이 모두의 얼굴을 비추어 주었다. "최단 코스니까 두 점 간의 거리는 정의되어 있는 셈이지. 거리가 정의되어 있지 않다면 최단이라고는 할 수 없으니까. 자, 두 점 간의 거리를 어떻게 정의하면 좋을까? 테트라."

"두 점의 좌표에서 계산할 수 있어요." 테트라가 답했다. "$P(x_1, y_1)$과 $Q(x_2, y_2)$로 하면, 두 점 간의 거리는…….."

$$거리 = \sqrt{(x_2 - x_1)^2 + (y_2 - y_1)^2}$$

"이렇게 구할 수 있어요."

"그 식의 배후에는 **피타고라스의 정리**가 있지." 미르카가 말했다.

$$거리^2 = (x_2 - x_1)^2 + (y_2 - y_1)^2$$

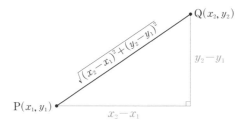

"여기서는 x좌표의 변화와 y좌표의 변화에 따라 거리를 정의하고 있어. 아무리 미세한 변화라도 변화는 변화니까, x좌표의 미세 변화를 dx라 하고, y좌표의 미세 변화를 dy라 해서 미세한 거리 ds를 정의할 수 있어. 이 ds를 **선 요소**라고 해. dx, dy, ds의 관계는 다음과 같아."

$$ds = \sqrt{dx^2 + dy^2}$$

"그리고 다음과 같이 표현할 수 있지."

$$ds^2 = dx^2 + dy^2$$

"이처럼 유클리드 기하학에서는 피타고라스의 정리를 기초로 거리를 정의해. 다시 말하면 피타고라스의 정리로 거리를 측정하는 게 유클리드 기하학인 거지. 그럼 여기서 피타고라스의 정리를 조금 비틀어서 새로운 거리를 정의할 거야."

"피타고라스의 정리를 비튼다고?" 내가 물었다.

"응. 새로운 거리를 정의하면 유클리드 기하학 안에서 새로운 기하학을 만들 수 있어. 유클리드 기하학상의 모델을 만드는 거지."

◆◆◆

피타고라스의 정리로 거리를 정의했다면, 최단 코스를 만드는 점은 똑바로 이동하게 돼. 그렇지만 거리의 정의가 바뀐다면 최단 코스를 만드는 점은 우리 눈에는 휘어져 이동하는 것처럼 보이지.

그건 지구 위의 대원이 최단 코스임에도 불구하고, 지도에서는 휘어져 보이는 것과 같은 이치야.

보여이와 로바체프스키가 발견한 쌍곡기하학을 유클리드 기하학상의 모델로 구축해 보자. 그중 하나가 **푸앵카레 원판 모델**.

푸앵카레 원판 모델

"이것이 푸앵카레 원판 모델이야." 미르카가 말하자 스크린에 커다란 원이 표시되었다.

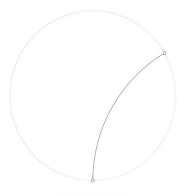

푸앵카레 원판 모델

"'평면'에 '직선'이 하나 그어져 있는 그림이지. '평면'은 좌표평면 위에서 원점을 중심으로 반지름 1인 원의 내부를 말해. 원의 원주는 '평면'에는 포함되지 않아. 그 말의 의미는……."

$$D = \{(x, y) \mid x^2 + y^2 < 1\}$$

"여기서 D 영역이 푸앵카레 원판 모델에서의 '평면'에 해당해."

"원의 내부가 평면……."

"그리고 푸앵카레 원판 모델에서 '점'은 이 원판 내부의 점이라고 하는 거야. 푸앵카레 원판 모델에서 '직선'은 원판의 바깥 경계와 직교하는 원의 호라고 할 거야. 또 특별한 경우인 지름에 상당하는 선분도 푸앵카레 원판 모델에서의 직선이라고 할 거야. 호의 경우에도 지름의 경우에도, 원판과의 교차점은 직선에 포함되지 않아."

평면   점   2개의 직선

"제일 오른쪽 그림에는 '직선'이 2개 그려져 있어. 그중 하나는 원의 호를 만들었고 최단 루트로 보이지는 않아. 하지만 푸앵카레 원판 모델에서 정의하는 거리에 따르면, 이게 최단 코스야."

"휘어져 보이는데 최단 코스라고요……." 테트라가 말했다. "휘어져 보이는 직선이라는 건, 원판의 바깥 경계와 직교하고 있는 다른 원의 호인 거네요."

"그래." 미르카가 고개를 끄덕였다. "그럼 여기 푸앵카레 원판 모델에서 '평행선'이 어떻게 그려지는지 보자. 직선 l과 l 위에 없는 점 P를 생각해 보고, 그 점 P를 지나는 다른 직선을 그리면…… 리사?"

리사가 컴퓨터를 조작하자 스크린에서 그림이 바뀌었다.

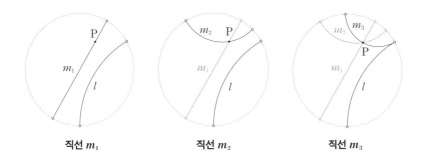

| 직선 m_1 | 직선 m_2 | 직선 m_3 |

"왼쪽부터 순서대로 l과 만나지 않는 직선으로 m_1, m_2, m_3을 그려 봤어. m_1, m_2, m_3은 l 밖에 있는 P를 지나는 직선이지만, l을 공유하고 있는 점은 아니야. m_1, m_2, m_3 여기서는 3개만 그려져 있지만, 실제로는 무수히 그릴 수 있어. 유클리드 기하학에서는 하나밖에 그릴 수 없지. 그러나 쌍곡기하학에서는 무수한 평행선을 그릴 수 있는 거야."

"잠깐만요." 테트라가 말했다. "m_3하고 l은 원주 위에 딱 붙어 있죠? 이건 공유하고 있는 점을 가지는데요?"

"그렇지." 미르카는 고개를 끄덕였다. "그리고 푸앵카레 원판 모델은 '사케리의 예언적 발견'도 밝히고 있어. l과 m_1의 관계, 혹은 l과 m_2의 관계는 '양쪽에서 한없이 멀어지는' 양상을 표시하고, l과 m_3의 관계는 '한쪽에서는 제한 없이 멀어지지만, 다른 쪽에서는 제한 없이 가까워지는' 양상을 나타내지."

"죄송한데…… 잠깐만요." 테트라가 말했다. "제한 없이 멀어진다고 해도 원판 밖으로 나가는 건 아니니까 유한한 거리만큼만 멀어질 수 있는 거죠. 거기다 아까부터 신경이 쓰였는데, 푸앵카레 원판 모델의 직선은 무한하게 늘어나지 않아요. 쌍곡기하학에서는 구면기하학과 같이 직선이 유한한 건가요?"

"아니, 푸앵카레 원판 모델의 직선은 유클리드 기하학에서의 직선처럼 무한하게 계속돼." 미르카가 말했다. "왜냐하면 푸앵카레 원판 모델에서는 '거리'의 정의가 다르기 때문이야."

"거리의 정의가 다르다고요……?" 테트라가 고개를 갸웃했다.

"유클리드 기하학에서의 평면, 그러니까 유클리드 평면의 경우, 선 요소 ds는 피타고라스의 정리대로 표시되지."

$$ds^2 = dx^2 + dy^2$$

"그에 반해 푸앵카레 원판 모델로 나타난 쌍곡기하학에서의 평면의 경우, 선 요소 ds가 이런 식으로 표시돼."

$$ds^2 = \frac{4}{(1-(x^2+y^2))^2}(dx^2+dy^2)$$

"이 식을 살펴보면……."

$$\frac{4}{(1-(x^2+y^2))^2}$$

"이런 인수가 걸려 있다는 걸 알 수 있을 거야. 이 인수만큼 피타고라스의 정리에서 비틀렸다는 거지. 일반적으로 공간에서 거리를 정하기 위한 함수를 **계량**이라고 불러. 선 요소를 정하는 것으로 공간에 계량을 넣을 수 있고, 그 공간 내에서의 거리를 계산할 수가 있지."

유클리드 기하학 좌표평면 모델에서의 선 요소

$$ds^2 = dx^2 + dy^2$$

쌍곡기하학 푸앵카레 원판 모델에서의 선 요소

$$ds^2 = \frac{4}{(1-(x^2+y^2))^2}(dx^2+dy^2)$$

"점이 원판의 바깥 경계에 가까워질수록 ds는 커지는군." 내가 말했다.

"점이 원판의 바깥 경계에 가까워지면, 분모인 $1-(x^2+y^2)$가 0에 가까워지는 셈이니까."

"그래. 원점에서 유클리드 거리 $\sqrt{x^2+y^2}$로 얼마만큼 멀어져 있는가에 따라, 선 요소 ds는 변화해. 가령, 푸앵카레 원판 모델의 안을 '같은 속도'로 움직이는 점이 있다고 할 때 그 점을 관찰하려면 바깥 경계에 가까워질수록 느려지는 것처럼 보여. 그리고 바깥 경계에는 언제까지나 도달할 수 없어."

"같은 속도인데 느려지나요?" 테트라가 물었다.

"같은 속도라고 한 것은 푸앵카레 원판 모델에서의 '거리'를 써서 나타낸 '속도'를 말하는 거야." 미르카가 답했다. "느려진다고 한 것은 유클리드 기하학의 거리를 통해 본 관점이야. 점이 이동하는 거리는 적분으로 정의할 수 있어."

◆◆◆

시간을 나타내는 t라는 순간에 점이 $(x(t), y(t))$의 위치에 있다고 치자. 시간 t가 변화하면 점은 이동하면서 곡선을 그리지. x 방향과 y 방향의 속도는 각각 $\dfrac{dx}{dt}$와 $\dfrac{dy}{dt}$가 돼. 여기서 이동속도 $\dfrac{ds}{dt}$는,

$$\left(\frac{ds}{dt}\right)^2 = \left(\frac{dx}{dt}\right)^2 + \left(\frac{dy}{dt}\right)^2$$

이고,

$$\frac{ds}{dt} = \sqrt{\left(\frac{dx}{dt}\right)^2 + \left(\frac{dy}{dt}\right)^2}$$

이 되는 거지.

유클리드 기하학에서 $\dfrac{ds}{dt}$를 t로 적분하면 이동 거리를 구할 수 있어. 시간 t가 a에서 b까지 이동할 때 그리는 곡선의 길이, 즉 점이 $(x(a), y(a))$에서 $(x(b), y(b))$까지 그리는 곡선의 길이야. 구체적으로는 이런 적분으로 정의할 수 있어.

$$\int_a^b \sqrt{\left(\frac{dx}{dt}\right)^2 + \left(\frac{dy}{dt}\right)^2} \, dt$$

여기까지를 똑같이 쌍곡기하학의 푸앵카레 원판 모델로 생각해 보자. 그러면 곡선의 길이는 이런 적분으로 정의할 수 있어.

$$\int_a^b \frac{2}{1-(x^2+y^2)}\sqrt{\left(\frac{dx}{dt}\right)^2+\left(\frac{dy}{dt}\right)^2}\,dt$$

푸앵카레 원판 모델의 선 요소 ds는 푸앵카레 원판의 바깥 경계에 가까워질수록 커지게 돼. 그렇다는 건, 유클리드 기하학의 관점으로 보아 같은 길이라고 해도, 쌍곡기하학의 관점에서 보면 바깥 경계에 가까워질수록 길어지게 돼. 그건 메르카토르 도법으로 그려진 지도 위의 거리가 북극이나 남극에 가까워질수록 길어지는 것과 같은 이치지.

아까 테트라가 푸앵카레 원판 모델에 있어서의 직선은 무한하게 늘어나지 않는다고 말했었지. 유클리드 기하학에서의 길이를 생각하면 그렇지. 하지만 푸앵카레 원판 모델의 길이를 생각한다면 틀렸어. 쌍곡기하학 세계의 주민에게 원판의 바깥 경계는 무한의 저편에 있는 지평선과 닮았어. 결코 그곳까지 도달할 수 없어.

◆◆◆

"이게 푸앵카레 원판 모델이야." 미르카가 말했다. "이미지를 확장해 볼까? 유클리드 평면에 정삼각형, 정사각형, 정육각형의 타일을 채운다고 생각해 봐."

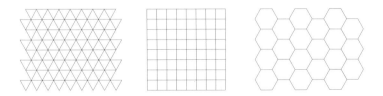

정n각형으로 유클리드 평면을 채운다

"푸앵카레 원판에 정n각형 타일을 채워 넣는 거야."

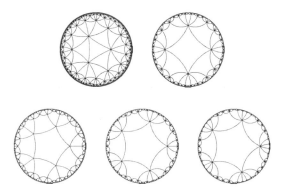

정n각형에 푸앵카레 원판을 채워 넣었다

"에셔의 판화 같네요!"

"그렇지. 판화가 에서는 쌍곡기하학의 푸앵카레 원판 모델을 모티브로 삼아 판화를 많이 남겼어." 미르카가 답했다.

"그랬구나……." 내가 말했다.

"사케리가 발견했듯이 쌍곡기하학에서 삼각형 내각의 합은 확실히 180°보다 작아졌어. 그리고 정n각형의 각 변은 푸앵카레 원판의 계량상으로는 '같은 길이'야."

"바깥 경계에 가까워지면 변이 매우 짧아지는 것처럼 보여요."

"그래. '같은 길이'의 '선분'은 푸앵카레 원판 모델의 중심 부근에서는 길어 보이고, 바깥 경계 근방에서는 짧아 보이지. 푸앵카레 원판 모델 계량에서는 중심으로부터 유클리드 거리에 따라 '길이'가 정해지기 때문이야."

"우리는 푸앵카레 원판에서 무한의 저편까지 보고 있는 셈이네요!"

"그렇군." 내가 응수했다. "생각해 보면 우리가 유클리드 평면 위에서 지평선을 바라볼 때도 유한한 시야 안에 무한의 저편이 포함되어 있는 셈이지. 원리적으로 그것과 같은 걸까……?"

이윽고 테트라가 말했다. "리사는 컴퓨터로 그런 그림을 잔뜩 그릴 수 있겠네요."

"별거 아니야." 리사가 말했다. "드로잉 라이브러리를 쓰면 돼."

"이 그림도 꼭 넣을 거예요." 테트라는 결심한 듯 말했다.

상반평면 모델

"쌍곡기하학 모델은 푸앵카레 원판 모델뿐만이 아니야." 미르카가 말했다. "다음과 같이 **상반평면 모델**에서 아까 푸앵카레 원판 모델에서 한 것처럼 2개 직선을 그려 넣어 보자."

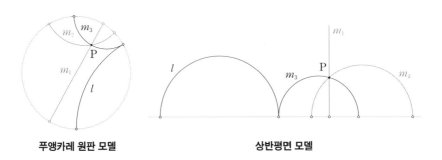

푸앵카레 원판 모델   **상반평면 모델**

"상반평면 H^+를 다음과 같이 정의할 거야."

$$H^+ = \{(x, y) \mid y > 0\}$$

"그리고 선 요소 ds를 다음과 같이 정의한 게 상반평면 모델이야."

쌍곡기하학 상반평면 모델에서의 선 요소

$$ds^2 = \frac{1}{y^2}(dx^2 + dy^2)$$

"이 식을 보면 알겠지만 ds는 y에 의존해. y가 0에 가까워질수록, 그러니까 x축에 가까워질수록 선 요소 ds는 커지게 돼. 쌍곡기하학 세계의 주민에게 상반평면 모델의 x축은 무한원에 있어. 도달할 수 없는 지평선인 거야."

"도달할 수 없는 지평선……." 테트라가 읊조렸다.

"푸앵카레 원판 모델에서는 '원판의 바깥 경계'가 다다를 수 없는 지평선이 었지. 상반평면 모델에서 그에 대응하는 건 'x축과 무한원점'을 만나는 거야."

5. 평행선 공리를 넘어

"그렇구나." 내가 말했다. "선 요소 ds라는 건 좌표평면 위의 점 (x, y)에 대응해서, 즉 위치에 대응해서 미세한 거리를 결정해 주는 거지? 같은 쌍곡 기하학에서도 선 요소의 정의에 따라 푸앵카레 원판 모델이나 상반평면 모 델처럼 다른 관점이 되는 거야. 그건 메르카토르 도법이나 몰바이데 도법이 나 정거방위도법처럼 같은 지구인데 여러 도법이 존재하는 것과 같아."

"바로 그거야." 미르카가 손가락을 들어 나를 가리켰다. "선 요소의 결정 방식, 즉 계량의 결정 방식에 의해 기하학을 일반화시켜서 생각할 수 있어."

"일반화?" 기하학의 일반화라니, 대체 무슨 뜻이지?

"유클리드 기하학으로부터 비유클리드 기하학이 나오게 된 경위를 떠올 려 보면, 거기에는 평행선 공리가 있어." 미르카가 말했다. "로바체프스키와 보여이는 평행선 공리를 대신할 공리를 도입해 쌍곡기하학을 만들어 냈어. 쌍곡기하학에서는 직선 밖의 점을 지나는 평행선이 무수히 있어."

"그러네요." 테트라가 고개를 끄덕였다. "평행선이 몇 개 존재하느냐에 따라 세 종류의 기하학이 있었죠. 구면기하학, 유클리드 기하학, 쌍곡기하학……."

"그렇지만 리만은 평행선 공리에서 얽매이지 않고 한 걸음 떨어져서 보았 어." 미르카가 말했다. "계량을 어떻게 정했는지를 일반화시켜서 생각했어. 그는 기하학을 어떤 하나로 생각하지 않고, 기하학을 만들어 내는 계량에 주 목했어. 계량을 바꾸면 기하학도 바뀌지. 계량을 연구해서 무수한 기하학을 구상한 거야. 계량을 도입해서 일반화한 기하학을 **리만 기하학**이라고 해."

"리만 기하학이라고 들어본 적은 있는데 그거였구나. 나는 리만 기하학은 비유클리드 기하학의 하나라고 생각했어."

"리만 기하학이라는 용어는 2개의 다른 의미로 사용되기도 해. 그 하나는,

리만이 생각한 구체적인 비유클리드 기하학을 리만 기하학이라고 하는 거야." 미르카가 말했다. "하지만 리만 기하학에서 중요한 것은 계량을 도입해서 일반화한 기하학이라는 점이야. 이건 무수한 기하학의 총칭이지."

"이런 건가요?" 테트라가 물었다. "리만 기하학이라는 것은 유클리드 기하학도 비유클리드 기하학도, 앞으로 우리가 모르는 무수한 기하학도 포함하는 기하학……이라는 건가요? 리만 기하학은 유클리드 기하학이 'one of them'이란 걸 증명한 기하학인 거죠?"

"그렇지." 미르카가 말했다.

◆ ◆ ◆

푸앵카레 원판에서의 선 요소를,

$$ds^2 = \underbrace{\frac{4}{(1-(x^2+y^2))^2}}_{g(x,y)}(dx^2+dy^2)$$
$$= g(x,y)(dx^2+dy^2)$$

이라고 표현해. 그리고 dx^2과 dy^2을 각각 $dxdx$와 $dydy$라고 쓰고, 거기다 $dxdy$와 $dydx$도 명시적으로 쓴다면 ds^2은 이렇게 표시할 수 있어.

$$ds^2 = g(x,y)dxdx + 0dxdy + 0dydx + g(x,y)dydy$$

게다가 이 $g(x,y), 0, 0, g(x,y)$라는 계수를 $g_{11}, g_{12}, g_{21}, g_{22}$라 하고, x, y를 각각 x_1, x_2라고 하자.

$$ds^2 = g_{11}dx_1dx_1 + g_{12}dx_1dx_2 + g_{21}dx_2dx_1 + g_{22}dx_2dx_2$$

즉, ds^2는 이렇게 쓸 수 있어.

$$ds^2 = \sum_{i=1}^{2}\sum_{j=1}^{2}g_{ij}dx_idx_j$$

이때 g_{ij}는 어떤 점이 있는 방향에 대해, 유클리드 기하학의 길이와 얼마나 틀어져 있는지를 나타내는 함수야. g_{ij}에 조건이 더 붙긴 하지만, 이런 형태의 계량을 **리만 계량**이라고 해. 리만 계량에 의해 선 요소 ds가 결정되고, 그걸 적분하면 그 공간 위에 있는 곡선의 '길이'를 구할 수 있는 거지.

계량과 두 점을 잇는 곡선이 주어지면 적분을 써서 곡선의 길이를 정의할 수 있어. 곡선의 길이를 기초로 두 점 간의 거리를 정의할 수 있는 거지. 유클리드 공간의 경우에는 그 두 점 간의 거리는 두 점을 잇는 선분의 길이가 돼.

계량은 거리의 일반화라고 할 수 있어. 유클리드 기하학이나 구면기하학, 쌍곡기하학에서도 방향에 따라 계량이 변화하지 않았어. 우리는 공간의 어떤 방향에 대하여도 같은 거리를 생각했지만, 방향이나 위치로 변화하는 거리에 대해서도 생각할 수 있는 거지.

보여이와 로바체프스키는 평행선 공리를 증명하려 시도하다가 쌍곡기하학을 발견했어. 쌍곡기하학은 비유클리드 기하학의 한 부분이지.

계량을 정하면 유클리드 기하학상의 쌍곡기하학 모델을 만들 수 있어. 푸앵카레 원판 모델이나 상반평면 모델이 바로 그거야. 리만은 한 발 더 나아가 그 아이디어를 취임 강연에서 이야기하고, 이를 들은 가우스는 완전히 흥분했었대. 그때 리만은 27세, 가우스는 77세. 가우스는 기하학의 미래를 본 걸지도 몰라.

평행선 공리를 시작으로 한 기하학 체계는 평행선 공리가 아닌 공리를 가지고도 기하학을 만들 수 있다는 방향으로 발전했지. 그리고 평행선 공리에 얽매이지 않고, 계량에 의해 무수한 기하학을 만들어 낼 수 있다는 것을 리만이 보여 주었어. 이것이 공간 그 자체를 연구하는 방향으로 나아가는 첫걸음이 되었는데, 그 연구 대상을 통틀어 현대 수학에서는 **리만 다양체**라고 불러.

◆ ◆ ◆

그때 하교 시간 종이 울렸다.

"철수 개시." 리사가 말했다.

집

그날 밤.

내 책상 위에는 따뜻한 루이보스 차가 담긴 머그컵이 놓여 있었다. 아까 엄마가 갖다 주신 것이다.

나는 오늘 들은 미르카의 이야기를 떠올렸다.

비유클리드 기하학에 대해 알고 있다고 생각했다. 수학 이론서에 매우 자주 등장하는 이슈였기 때문이다. 보여이와 로바체프스키, 리만의 이름도 알고 있었다. 구면기하학이나 이상한 형태를 한 도형들도 많이 보았다. 평행선 공리가 무엇을 의미하고 있는지도 안다.

하지만 평행선 공리를 떠나 피타고라스의 정리를 비튼다는 발상을 해 본 적은 없었다. 에서의 판화를 본 적은 있었지만 쌍곡기하학의 푸앵카레 원판 모델과 관련이 있다는 것은 몰랐다. 계량만으로 전혀 다른 무수한 기하학, 무수한 공간을 연구할 수 있다는 것도 몰랐다.

이게 대체 무엇인가. '모른 척하기 게임'이 아니다. 나는 정말로, 아무것도 몰랐다!

초조하다.

나는 아무것도 모른다. 세계는 내가 모르는 것으로 가득하다. 나는 아직 세계와 맞설 준비가 되어 있지 않다. 눈앞의 입시 공부만으로 벅찰 만큼 스스로에게 아무 힘이 없다는 것을 깊이 통감했다.

그런 초조함을 느끼면서 거의 기계적으로 머그컵을 입으로 가져갔다. 따스한 루이보스 차가 목구멍을 넘어가는 것이 느껴졌다.

아니야, 아니야. 발상이 거꾸로다. 힘이 없기 때문에 배울 수 있는 것이다. 준비가 되어 있지 않기 때문에 철저하게 준비하는 것이다.

언제였는지 몰라도 나는 유리에게 '수학은 도망가지 않아'라고 말한 적이 있다. 걱정하지 않아도 된다. 조급해하지 않아도 된다.

수학은 도망가지 않는다.

나는 오늘도 문제와 마주한다.
그것은 나의 내일을 위해서, 내 미래를 위해서다.

기하학의 공리는
선천적 종합 판단도 아니고,
실험적 사실도 아니다.
그것은 규약이다.
_푸앵카레, 『과학과 가설』

다양체의 세계로

나는 '몇 겹으로 펼쳐진 것'이라는 개념을
일반적인 양의 개념으로 구성하는 것에서 찾았다.
그리고 '몇 겹으로 펼쳐진 것'이
몇 종류나 되는 양적 관계를 생성할 수 있다는 것,
따라서 공간이 '3중으로 펼쳐진 것'의
특별한 경우에 지나지 않는다는 결론을 도출할 수 있었다.
_리만

1. 일상에서 탈출하다

스스로를 평가하는 시간

우리 학교는 대학 진학을 목표로 하는 고등학교이기에 입학 때부터 입시를 강조한다. 부모에게 제공되는 학교 팸플릿에서도 어떤 대학에 몇 명의 합격자를 배출했는지를 적극적으로 홍보한다. 명문대 의학부 합격률, 국·공립 대학 진학률 등.

상급생들이 시험을 치고 졸업하는 것을 지켜보았던 우리 학년도 드디어 본격적인 입시 시즌에 들어섰다. 기온이 내려가고 바람이 차가워지는 것과 동시에.

입시는 밖에서 보는 것과 직접 부딪히는 것은 엄청나게 다르다. 제3자는 입시를 부담 없이 바라볼 수 있고, '어떻게 되겠지' 하는 낙관적인 예측도 할 수 있다. 하지만 당사자가 되면 이런 편안한 입장이 될 수 없다. 자신의 주변, 세계의 일부밖에 볼 수 없게 되는 것이다. 지금 자신이 처해 있는 위치도 알 수 없을뿐더러 미래도 불확실하다. 그저 발버둥 치며 나아갈 수밖에.

그리고 새삼 놀라게 된다. 먼저 졸업한 상급생들 모두가 이런 소용돌이를 헤쳐 나갔다는 것이 말이다. 입시 당사자가 되니 졸업생들이 대단하다는 것을 깨닫게 된다. 대학 입시를 맞닥뜨리는 것이 두렵다. 스스로 평가받을 시간이 되었다는 것은 무서운 일이다.

나는 왜 이렇게 어리석을까. 이렇게 당사자가 될 때까지 이런 사실을 상상도 못 하고 있었다니.

드래건을 무찌르자

"오빠, 내 얘기 듣고 있는 거야?"

멍하니 생각에 잠겨 있다가 유리의 큰 목소리에 정신을 차렸다.

지금은 토요일. 이곳은 내 방.

평소처럼 사촌동생 유리가 놀러 와 있다.

"넌 태평해서 좋겠다." 나는 한숨을 쉬며 말했다. "난 연습 문제 해설 보느라 바쁜데."

"이미 풀었잖아, 그럼 된 거 아니야?"

"연습 문제는 풀 수 있는지 없는지가 중요한 게 아니야. 내가 이해한 게 맞는지, 더 좋은 풀이가 있는지를 봐야지. 해설을 읽으면 자기 약점을 파악하기 쉬워. 약점이 발견되면 거기에 집중하는 거지. 스스로에 대한 피드백이 중요한 거야."

"우와 진지하기도 하셔라. 입시 공부는 잘 진행되고 있나요?"

"잘 되고 있습니다. 때로 사촌동생이 방해하긴 하지만요."

"입시 공부란 거, 연습 문제만 잘 풀면 돼."

"연습 문제하고 똑같은 문제가 시험에서 나올 거라는 보장이 어디 있니? 가을에는 실력 테스트도 있고 크리스마스 직전에는 합격 판정 모의고사가 있다고. 모의고사는 확실히 대비해 둬야 해. 그때까지 시간이 별로 없으니까." 내가 중학생을 상대로 무슨 소릴 하고 있는 건지. "너도 고등학교 입시 준비 모의고사 같은 거 있지 않아?"

"뭐, 어떻게든 되겠지. 아, 중학생이라서 참 다행이다!" 유리는 포니테일로 묶은 머리를 풀어 땋으며 느긋하게 말했다. "진지하고 성실한 우리 오빠, 드래건이라도 잡으러 가는 것 같네."

유리의 질문

"드래건이 뭘 어쨌다고? 우리가 무슨 얘기 중이었더라?" 내가 물었다.

"4차원 주사위가 어떤 거야?" 유리가 다른 주제를 물었다.

"4차원 주사위?"

유리가 책을 들어 보였다. 내가 중학생 때 많이 읽었던 수학책이다.

"이 책에 쓰여 있어. 4차원 주사위를 3차원으로 가지고 오는 건 불가능하다고. 그 4차원 주사위가 대체 뭔지 모르겠어."

"4차원 주사위가 4차원 주사위지 뭐야?"

"아 진짜, 그러니까 4차원 주사위가 대체 뭐냐고?"

"생각해 보면 알겠지. 나는 중학생 때 혼자 생각한 적이 있어. 우리 세계는 3차원이고, 주사위가 어떤 형태인지 알고 있지. 그렇다면 4차원 주사위는 어떤 모양이며, 어떤 모양이어야 할까?"

"4차원 세계라니, 생각만 하면 알 수 있어?"

"나도 너처럼 책을 읽다가 4차원 세계에 대한 내용을 접했어. 4차원은 3차원에 또 하나의 차원이 더해진 거라고…… 어, 내가 예전에 얘기하지 않았나?(『미르카, 수학에 빠지다』제5권 '사랑과 갈루아 이론')"

"다 좋으니까 설명만 해 줘."

"나도 이해가 잘 안 갔어. 4차원 세계에 있는 건 눈에 보이지 않으니까. 그래서 이미 알고 있는 사실을 기초로 4차원 주사위를 유추한 거야."

"알고 있는 사실이라니, 뭘 알고 있는데? 4차원의 뭐를 알고 있는데?"

"갑자기 4차원이라고 하니까 모르는 거지. 그러니까 좀 더 낮은 차원에서부터 생각을 해 보자는 거야. 중학생 때 1차원에서 3차원까지는 감각적으로 이해하고 있었어. 다음과 같이……."

- 1차원 … 선의 세계
- 2차원 … 면의 세계
- 3차원 … 입체의 세계

"1차원, 2차원, 3차원, 3가지 세계는 대체로 이해하고 있었어. 그러니까 각 세계를 파고들어 가면 4차원도 유추할 수 있지 않을까 생각했던 거야."

"호오, 그런 생각을 중학생 때 했다고?"

"내가 말 안 했나?"

"안 했어. 얘기해 줘!"

곧 우리는 4차원 주사위를 찾는 여행으로 뛰어들었다.

낮은 차원을 생각하다

"중학생 때 생각했던 걸 차근차근 얘기해 줄게." 내가 말했다.

"좋았어." 유리가 답했다.

"처음엔 3차원 세계에 있는 **정육면체**를 생각해 봤어. 주사위는 정육면체니까. 정육면체는 어떤 형태일까, 하고."

◆◆◆

물론, 구체적인 정육면체 모양은 이미 알고 있지. 거기서 더 나아가 구체적으로 3차원 정육면체를 그려 보는 거야. 그리고 그 설명을 4차원으로 끌고 가면 4차원 정육면체도 설명이 가능하겠지? 나는 그렇게 생각했어.

나 나름대로 열심히 생각을 거듭해 나온 결론은,

<u>정육면체</u>는 <u>정사각형</u>을 서로 붙인 형태다.

라는 거였어.

주사위를 상상해 보면 이해하기 쉬워. 1부터 6까지 면이 있잖아. 각 면은 모두 **정사각형**이고. 6개의 면을 서로 붙이면 주사위가 만들어져. 그러니까 정육면체는 6개의 정사각형을 서로 붙여 만든 형태라고 할 수 있어.

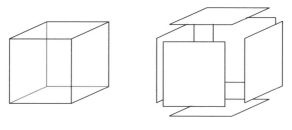

정육면체는 정사각형을 서로 붙인 형태

그다음에 나는 곧바로 발견했어. 그건,

정사각형은 2차원 정육면체라고 할 수 있다!

라는 발견이었어. 정사각형을 정육면체라고 부르는 건 이상하지만 오히려 '정사각형은 2차원 정육면체다'라고 생각해 봤어. 이 발견을 하고 엄청나게 흥분했었지.

어째서 흥분했냐면,

정육면체는 정사각형을 서로 붙인 형태

라는 걸,

3차원 정육면체는 2차원 정육면체를 서로 붙여 만든 형태

라고 바꿔 말할 수 있다는 걸 알았으니까.

중학생 때 4차원 정육면체에 관해 알고 싶다고는 생각했지만, 4차원 정육면체는 몰랐지. 하지만 3차원 정육면체가 2차원 정육면체를 붙여 만들어진다면 생각의 차원을 높일 수 있어. 왜냐하면 차원이 하나 올라가면,

4차원 정육면체는 3차원 정육면체를 이어 붙인 형태

라는 생각을 진전시킬 수 있으니까!

4차원 정육면체를 만들고 싶으면 3차원 정육면체를 이어 붙이면 돼! 이런 생각이 맞을 거라고 보았어. 바르고, 자연스럽고, 아름답다고 생각했지. 수학엔 일관성이 있으니까.

◆◆◆

"오빠, 재미있다냥!"

"나는 그 생각에 홀딱 빠져 있었으면서도 무서웠어."

"왜 무서워?"

"내 생각이 틀릴 수도 있으니까." 나는 말했다. "4차원 정육면체는 3차원 정육면체를 이어 붙인 모양이라고 생각했지만, 그건 내가 마음대로 상상한 거니까. 내 생각이 정말 옳은지 확인해 보고 싶었어."

"호오……."

"그래서 나는 차원을 하나 내려서 생각해 본 거야."

◆◆◆

3차원 정육면체는 항상 보는 정육면체라는 것. 2차원 정육면체는 정사각형이라는 것.

그렇다면 1차원 정육면체는 대체 뭘까? 그리고 1차원 정육면체를 이어 붙이면 2차원 정육면체가 정사각형이 될까?

나는 바로 알았지. 1차원 정육면체는 정사각형의 한 변을 말하는 것임을. 그러니까 선분 말이야. 그리고 확실히 1차원 정육면체, 즉 선분을 이어 붙이면 2차원 정육면체, 즉 정사각형이 만들어지잖아!

정사각형은 선분을 서로 이은 형태

나는 완전히 흥분했지. 차원을 하나 내린,

2차원 정육면체는 1차원 정육면체를 이어 붙인 형태

라는 건 확실히 말할 수 있었어. 하지만 거기에 중대한 문제가 있다는 걸 발견했지.

◆◆◆

"중대한 문제……가 있었어?"

"내용물이 가득 찬 것인지 어떤지를 모른다는 거야. 주사위라고 하니까 하나의 이미지만 떠올리고 있었다는 걸 깨달은 거지. 점토로 만들어서 내용물이 꽉 차 있는 입체인지, 종이로 만들어서 표면만 있고 안은 비어 있는 입체인지, 그건 서로 다르잖아."

"어느 쪽이든 상관없지 않아? 둘 다 정육면체잖아, 내용물이 중요해?"

"중요해. 중학생 때는 '정육면체는 정사각형을 이어 붙인 형태'라는 생각에서 출발했지. 하지만 나무판자처럼 안이 꽉 차 있는 정사각형을 이어 붙여 만들 수 있는 것은 안이 비어 있는 정육면체잖아. 안이 비어 있는지, 아닌지에 따라 차이가 생겨."

"그렇군. 안이 꽉 찬 2차원 정육면체를 이어 붙이면, 안이 꽉 차 있지 않은 3차원 정육면체가 되는구나! 이거 이상한데! 내 얘기가 맞아?"

"바로 그거야. 중학생 때는 유추만으로 승부를 보려고 했거든. 그러니까 안이 차 있는지 비어 있는지의 차이가 중대했던 거지."

"오빠, 똑똑한데? 그래서 어떻게 해결했어?"

"안이 차 있는 것과 표면만 있는 걸 구별하면 돼. 즉……."

- 안이 꽉 차 있는 것을 **주사위체**라고 부르고
- 표면만 있고 안이 비어 있는 걸 **주사위 면**이라고 부르는 거야.

"이렇게 생각했어. 아까 내가 말했던 발견을 수정할 필요가 있었어."

- 1차원 주사위 면은 1차원 주사위체 4개를 이어 붙인 형태

    (정사각형의 변은 4개의 선분으로 이루어진다.)
- 2차원 주사위 면은 2차원 주사위체 6개를 이어 붙인 형태

    (정육면체의 표면은 안이 차 있는 6개의 정사각형으로 만든다.)

"아하, 그렇군!"

"이만큼 증거가 모였기 때문에 나는 꽤나 확신을 가지고 4차원의 세계로 뛰어들 수 있겠다고 생각했지. 그러니까 이렇게 말이야."

- 3차원 주사위 면은 3차원 주사위체를 이어 붙인 형태다!

"멋진데!" 유리는 외쳤다. "근데 좀 이상한데? 만들고 싶은 건 3차원 주사위 면이 아니라 4차원 주사위 면이잖아?"

"그건 주의 깊게 생각할 필요가 있어. 내가 이름 붙인 방식이라면, 3차원 주사위 면이라고 하면 돼. 왜냐하면 종이로 만든 주사위는 2차원 주사위 면이잖아? 표면만 있는 주사위라는 건 3차원 세계에 존재하지만 어디까지나 2차원 주사위 면인 거야."

"아⋯⋯."

"그러니까 거기서 1차원을 올린 게 3차원 주사위 면이라는 것은 틀림없어. 내가 생각하고 싶은 건 4차원 세계에 놓인 3차원 주사위 면이야."

"그렇구나!"

"그다음에는 3차원 주사위체를 어떻게 이어 붙일 것인지 생각했지."

"잠깐만." 유리가 눈을 빛내며 끼어들었다. "3차원 주사위체를 어떻게 이어 붙이면 3차원 주사위 면이 될까? 그거 나도 알 것 같아!"

"그래?"

"그러니까⋯⋯." 유리는 하나하나 말을 고르듯이 생각하며 말했다. "오빠가 생각했던 건 이거지?"

- 3차원 주사위 면을 만드는 데
  3차원 주사위체를 어떻게 이어 붙일 것인가?

"그러면 중학생 때 오빠가 생각했던 것처럼 다음 문제를 알아보면 되는 거잖아?"

- 2차원 주사위 면을 만드는 데
  2차원 주사위체를 어떻게 이어 붙일 것인가?

"너 대단한데! 맞아, 저차원으로 생각하는 거야!"

"헤헤." 유리는 쑥스러운 듯 뺨을 긁적였다. "그러니까 2차원 주사위체라는 건 안이 꽉 차 있는 정사각형을 말하는 거지. 그걸 이어 붙여서 2차원 주사위 면을 만든다……. 이때 정사각형은 전부 옆에 있는 정사각형과 변이 딱 맞물려 있는 거야."

"그렇지."

"정사각형 옆의 정사각형과 이어 붙이는 게 2차원 주사위 면을 만드는 방법이지. 이 정도 설명이면 돼?"

"응, 충분해. 2차원 주사위체를 6개 모아서 변끼리 이어 붙이면 2차원 주사위 면을 만들 수 있어. 2차원 주사위 면을 만드는 2차원 주사위체 중 하나에 색을 칠하면 이런 느낌이지."

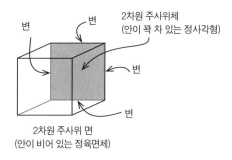

변   변   2차원 주사위체
(안이 꽉 차 있는 정사각형)

변

변

2차원 주사위 면
(안이 비어 있는 정육면체)

2차원 주사위체의 변끼리 이어 붙인다

"그럼 똑같이 3차원 주사위체로 하면 되잖아. 3차원 주사위체에는 6개의 면이 있고, 그 6개의 면을 옆에 있는 3차원 주사위체에 딱 붙이면, 3차원 주사위 면이 만들어진다. 아, 근데 이거 무리 아냐?"

"뭐가?"

"3차원 주사위체는 안이 꽉 차 있는 정육면체잖아? 그걸 몇 개 모아서 전부 이어 붙인 다음, 붙이지 않은 면이 한 개도 남아 있지 않을 때 그걸 구부려야 하잖아."

"그렇지. 네 말대로야."

"안 되잖아. 주사위를 구부리면 정육면체가 아니니까."

"3차원에서는 말이지."

"……?"

어떻게 구부릴 것인가?

"지금 우리는 3차원 정육면체, 즉 안이 꽉 차 있는 주사위를 이어 붙이려고 하고 있어. 안이 꽉 찬 정육면체 면끼리를 붙여서, 4차원에 놓인 3차원 주사위 면을 만들고 싶은 거야. 하지만 그걸 3차원으로 보기는 어렵지. 어쩔 수 없으니까 형태를 일그러뜨리자."

"그러면 형태를 알 수 없게 되잖아."

"중학생 때는 나도 너처럼 형태를 바꾸면 안 된다고 생각했어. 하지만 바로 알게 되었지. 애초에 우리는 항상 주사위를 휘어진 채로 보고 있으니까."

"뭐?"

"그러니까 이런 거야. 우리는 지금 다음과 같은 걸 시도하고 있는 거야."

4차원에 놓인 3차원 주사위 면을 3차원에서 본다.

"거기서 차원을 하나 내려보자. 그러니까 이렇게 생각해 보자는 거지."

3차원에 있는 2차원 주사위 면을 2차원에서 본다.

"어떻게 해야 할까?"

"2차원에서 본다니? 종이에 그려 보면 되잖아?" 유리가 말했다.

"2차원 주사위 면을 2차원에서 보면 이렇게 비틀려 보이지."

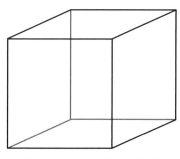

2차원 주사위 면을 2차원에서 본다

"휘어져 있는 게 아닌데? 전부 정사각형이잖아."

"아니야. 머릿속에서 마음대로 정사각형이라고 생각해 버리면 안 되지. 전부 6개가 있는 정사각형 가운데 정사각형으로 보이는 면은 정면에 있는 것하고 안쪽에 있는 것 2개밖에 없어. 남은 상하좌우 4개는 모두 비틀린 평행사변형이야. 비틀려 보인다는 걸 정리하면……."

- 3차원 위에 놓여 있는 2차원 주사위 면을 2차원에서 보면
  2차원 주사위 면을 만드는 2차원 주사위체 중 몇 개는 비틀린다.

"그러니까……."

- 4차원에 놓인 3차원 주사위 면을 3차원에서 보면
  3차원 주사위 면을 만드는 3차원 주사위체 중 몇 개는 비틀린다.

"이렇게 되는 거야."

"그렇군…… 거기까진 알겠어. 하지만 실제로 해 봐. 비틀어도 되니까 3차

원 주사위체를 이어 붙여서 3차원 주사위 면을 만들어 줘!"

"이런 입체를 생각할 수 있어."

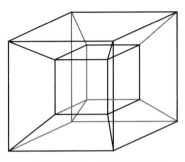

3차원 주사위 면을 3차원에서 본다

"어?"

"이걸 볼 때는 꽤 상상력이 필요하긴 한데, 사실은 이건 입체 모형이야. 하지만 이건 그림으로 그린 거지. 다시 엄밀하게 말하면, 4차원에 있던 것을 3차원으로 떨어뜨린 다음 다시 2차원으로 떨어뜨린 셈이야."

"음……."

"여기에 주사위가 8개 있고, 어떤 주사위의 어떤 면을 보아도, 옆에 있는 주사위 면에 찰싹 붙어 있어. 제일 알기 쉬운 건 중앙에 보이는 조그만 주사위야. 이 주사위의 6개 면은 주위에 있는 비틀린 주사위 면에 달라붙어 있어. 비틀린 주사위는 사각뿔대 형태로 비틀려 보이고 말이야. 사각뿔대는 이 그림 속에 서로 방향을 바꿔 가면서 6개가 그려져 있지. 예를 들면 사각뿔대 중 하나는 이거야."

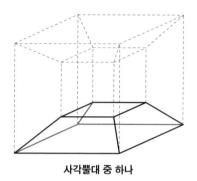

사각뿔대 중 하나

"……."

유리는 입을 다물었다. 가을 햇살을 받아 땋아 내린 갈색 머리가 금빛으로 빛났다. 그녀는 집중 모드였다. 그녀가 다시 일상의 세계로 돌아오기를 조용히 기다렸다.

"오빠……." 이윽고 입을 뗐다. "이거 이상해. 정육면체가 비틀려 보이는 것도 알겠고, 중앙에 있는 작은 주사위 면이 전부 주변에 있는 사각뿔대에 달라붙어 있다는 것도 알겠어. 그런데 이걸 보면, 사각뿔대 아래쪽에 있는 커다란 정사각형은 어디에도 붙어 있지 않잖아?"

"그렇지 않아. 사각뿔대 밑은 바깥쪽에 보이는 제일 큰 주사위에 붙어 있어."

"어? 바깥쪽에 보이는 제일 큰 주사위라니…… 다른 주사위를 전부 안에 넣고 있잖아. 그러니까 여기에 있는 건 전부 7개의 주사위뿐인데? 중앙에 있는 주사위 하나랑, 사각뿔대 6개."

"너도 내가 갔던 길을 똑같이 따라가는구나. 나도 중학생 때 그것 때문에 엄청 골머리를 썼어. 하지만 이 그림에는 8개의 주사위가 있어. 작은 정육면체 하나, 사각뿔대가 6개, 그리고 제일 바깥쪽에 있는 커다란 정육면체 하나."

"무슨 말인지 모르겠어."

"2차원 주사위 면을 똑같이 그려 보면 이해하기 쉬워. 주사위 하나의 정사각형을 꾹 눌러 납작하게 그려 보자. 그러면 3차원으로 그려진 2차원 주사위 면을 2차원으로 집어넣을 수 있잖아? 눌러 넓힌 정사각형은 바깥쪽 커다란 정사각형 ⑥이야."

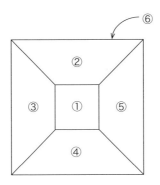

3차원 위에 놓인 2차원 주사위 면을 눌러 넓혀서 2차원으로 본다

"그런 거구나……."

"아까 3차원 주사위 면하고 똑같이 생각하는 거야. 그러니까 4차원에 놓인 3차원 주사위 면을 눌러 넓혀서 3차원으로 본 결과 바깥쪽에 있는 정육면체가 커졌다는 거지."

"하지만 역시 안에 들어가 있는 것과 바깥쪽 것이 겹쳐 있는 게 신경 쓰여."

나와 유리의 하루는 그렇게 지나가고 있었다.

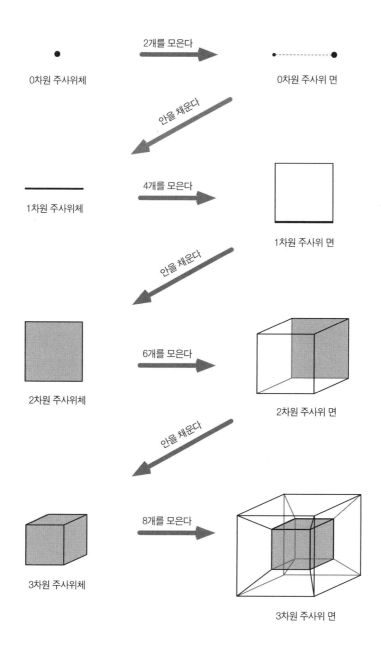

0차원 주사위체   2개를 모은다   0차원 주사위 면

안을 채운다

1차원 주사위체   4개를 모은다   1차원 주사위 면

안을 채운다

2차원 주사위체   6개를 모은다   2차원 주사위 면

안을 채운다

3차원 주사위체   8개를 모은다   3차원 주사위 면

2. 4차원 우주를 상상하다

벚꽃나무 아래에서

학교. 월요일 아침에는 조회가 있다. 매주 전교생들이 강당에 모여 교장 선생님의 연설을 들어야 한다.

깊은 가을, 공부에 집중하기에 최적의 계절. 특히 고등학교 3학년생에게 는 마지막 계절.

어째서 뻔히 아는 이야기를 이렇게 들어야만 할까. 나는 안경을 고쳐 쓰는 척을 하며 하품을 눌러 참았다.

조회가 끝나고 교실로 향하다가 나는 살짝 학교 건물을 빠져나왔다. 첫 교 시는 어차피 자습 시간이다. 뒤쪽에 있는 가로수 길을 따라 천천히 걸었다. 주변에 아무도 없었다.

눈앞에 다른 나무보다 눈에 띄게 큰 나무가 보였다. 나는 가까이 가서 나 무 위를 올려다보았다. 그때 그 나무다.

봄이 오면 사방을 벚꽃으로 물들여 존재감을 강하게 내뿜는 나무.

하지만 지금은 가을이다. 그저 커다란 나무에 지나지 않는다.

"기억해?"

들려온 소리에 뒤를 돌아보니 바로 뒤에 미르카가 서 있었다.

"물론." 나는 답했다.

고등학교 1학년 봄, 나는 이 벚나무 아래에서 미르카와 처음 만났다.

그녀는 나와 나란히 서서 나무를 올려다보았다. 감귤 향기가 내 코를 간지 럽힌다.

"나도 기억해." 미르카가 말했다.

우리는 아무 말도 하지 않고 서 있었다. 누군가의 목소리가 학교 건너편에 있는 운동장에서부터 희미하게 들려왔다. 어떤 반은 체육 시간인 모양이다. 이 벚나무 옆에는 나와 미르카밖에 없다.

"있잖아." 나는 침묵을 참지 못하고 말을 꺼냈다. "미르카는 최단 코스로 진 로를 향해 가는 거지?"

"최단 코스?" 미르카는 똑바로 내 눈을 보며 말했다.

'시선도 최단 코스로 향해 오는구나' 하고 나는 생각했다.

"빈즈라도 갈까?" 그녀가 말했다.

'신발을 갈아 신으러 교실에 가야 하나?' 하고 생각은 했지만, 나는 아무 말도 하지 않았다. 미르카가 가면 나도 간다. 지금 바로.

뒤집어보다

우리는 역 앞의 카페 '빈즈'에 들어가 마주 앉았다.

"입시 공부는 어때?" 그녀가 물었다.

"그저 그래. 엄마처럼 물어보지 말아 줄래?" 나는 말했다. 모두가 하는 똑같은 질문에 지쳤다.

"나는 너희 엄마처럼 멋지지 않아." 주문한 커피를 마시며 미르카가 말했다. 그녀의 금속 테 안경에 살짝 김이 서렸다.

"건강하셔?"

"응, 괜찮으신 것 같아." 그녀는 엄마가 입원하셨을 때를 말하는 거다.

"유리는 어찌고 있어? 요즘 만나지 못해서."

"여전해. 책을 읽거나 수학에 대해 이야기하거나." 나는 대답하고 나서, 저번에 이야기했던 4차원 주사위…… 그러니까 3차원 주사위 면에 대해 짧게 설명했다. "8개의 3차원 주사위체를 이어 붙여서 3차원 주사위 면을 만들었어. 하지만 유리는 차원을 내려갈 때 서로 겹치는 게 신경 쓰이는 모양이야."

"응…… 무한원점을 만족한 다음 **뒤집어보는** 건 어때?"

"뒤집어본다고?"

내가 되묻자 미르카는 쓰는 시늉을 했다. 필기도구를 내놓으라고 신호를 보내는 것이다. 필기구는 교실에 있어서…… 나는 빈즈의 점장에게서 종이와 펜을 빌렸다.

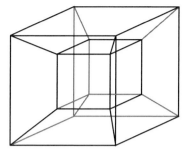

3차원 주사위 면을 3차원에서 본다

"여기서 커다란 정육면체는 **뒤집혀 있는 것**으로 생각해야 해."

"무슨 말이야?"

"너는 이 도형 바깥쪽 전체를 정육면체의 '밖'이라고 인식하고 있어. 하지만 정육면체의 '안'이라고 생각해 보는 거지. 3차원 주사위체의 '안'에 전체가 들어 있는 거야."

"아직 잘 모르겠는데."

"무한하게 넓은 우주를 상상해 봐. 그 안에, 유리로 된 이 입체가 떠 있다고 치자고. 그때 주변의 우주 전체가 8개째 정육면체의 '안'이 되는 거야. 그리고 이 우주 전체를 '안'에 포함하고 있는 뒤집힌 정육면체는 정사각형의 면을 6개 가지고 있으며, 그게 6개의 사각뿔때의 밑에 달라붙어 있다는 거지."

"아!" 나는 이상한 신음 소리를 냈다. 뭐지, 이 발상은 대체!

"이제 보여?"

"보여. 빙글 뒤집힌 정육면체라는 거지!"

"맞아. 3차원 주사위 면을 3차원으로 무리하게 집어넣은 모양은 그렇게 그릴 수 있어. 위상적으로는 무한원점을 더해 줄 필요가 있지만."

"제법인데."

"차원을 낮춰서 똑같이 할 수 있어. 그러니까 2차원 주사위 면을 2차원으로 무리하게 집어넣어 보자고."

"그건 알겠어. 하나의 정사각형을 크게 만들어서 누르는 거지."

"그러면 겹치니까, 정사각형의 주변 전체를 '안'이라고 생각하기로 하자.

6개째 정사각형의 '안'은 ⑥이라는 번호를 붙인 영역 전부를 말해."

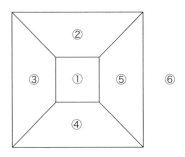

"이게 2차원 판인 건가?"

전개도

"누르거나 뒤집는 것도 좋지만 구부리지 않는 방법도 좋아." 미르카가 말했다.

"구부리지 않는 방법이라니?"

"3차원 주사위 면의 전개도를 만들어 보자." 그녀는 재빨리 그림을 그렸다. "우선은 2차원 주사위 면의 전개도를 그리고, 2차원 주사위 면에서는 원래 붙어 있지 않은 변을 몇 개 잘라 내. 그리고 평면으로 넓히는 거지. 그렇게 하면 정사각형을 구부리지 않고 평면에 전개할 수 있어. 변을 잘라 냈으니까 전개도에서는 하나의 변이 두 곳으로 나뉘게 되지만. 이 그림에는 원래 같은 면끼리를 화살표로 연결하고 있어."

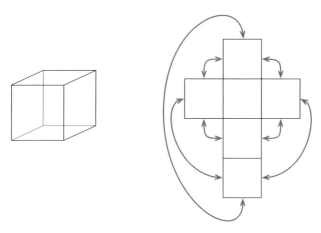

2차원 주사위 면의 전개도(2차원 주사위체 6개)

"그렇군. 이것처럼 3차원 주사위 면에서 해 보자는 거지? 2차원 주사위 면의 전개도는 정사각형의 집합이 되지. 그렇다는 건 3차원 주사위 면의 전개도는 정육면체의 집합이 된다는 거구나!"

"그래. 차원을 올려도 이야기는 똑같이 진행돼." 미르카는 고개를 끄덕였다. "3차원 주사위 면의 전개도야. 3차원 주사위 면으로 원래 붙어 있는 면을 몇 개 잘라 내. 그리고 공간을 넓히는 거지. 그렇게 하면 정육면체를 구부리지 않고 공간으로 전개할 수 있어. 면을 잘라 냈으니까 전개도에서는 1개의 면이 2개의 장소로 나뉘는 거긴 하지만. 이 그림에서는 같은 면끼리를 화살표로 연결해."

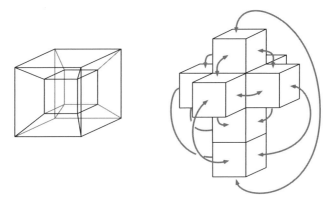

3차원 주사위 면의 전개도(3차원 주사위체 8개)

"3차원 주사위 면의 전개도는 알겠어. 확실히 재미있네."

"뛰어들어서 이동시켜 보면 '유한하며 끝이 없는' 모양도 상상해 볼 수 있어."

"유한하고 끝이 없다고? 3차원 주사위 면이 '유한'한 것은 그렇다 치고 '끝이 없다'는 건 무슨 뜻이야?"

"3차원 주사위 면에 사는 생물들이 있다면, 어떤 방향으로 어디까지나 뻗어 나갈 수 있다는 의미야. 정육면체 중 하나에 뛰어들어서, 거기서 옆에 있는 정육면체로 가는 거지. 예를 들면, 서로 마주 본 면을 뚫고 빠져나가는 거야. 그걸 계속하면 어떻게 될까?"

나는 미르카가 그린 3차원 주사위 면의 전개도를 보며 생각했다.

"그렇군. 4개의 정육면체를 통과해도 원래대로 돌아오는 건가?"

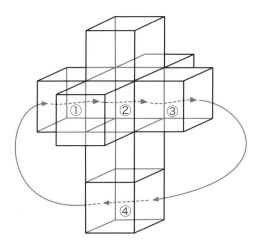

3차원 주사위 면 안을 계속해서 돌고 도는 모양

"자신이 똑바로 나아가고 있다고 생각하겠지만……." 미르카가 말했다. "실제로는 유한한 범위를, 여기서는 4개의 정육면체 안을 빙글빙글 돌고 있을 뿐이야. 3차원 주사위 면에 사는 3차원의 생물은 3차원 주사위 면의 '밖'으로는 절대 나갈 수 없어. 어떤 방향으로 나가도 반드시 면으로 붙어 있는 옆의 정육면체가 존재하니까."

"확실히 그러네. 마치 이건 2차원 주사위 면에 사는 2차원 생물이 2차원 주사위 면의 '밖'으로 나갈 수 없다는 말과 똑같네."

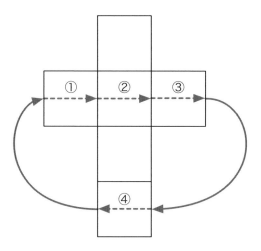

2차원 주사위 면 안을 계속해서 나아가는 모양

"그런 거지." 미르카가 말했다. "2차원 주사위 면을 이동하고 있는 2차원 생물은 주사위 면의 '밖'으로는 나갈 수 없어. 어떤 방향으로도 반드시 변으로 이어 붙여진 옆의 정사각형이 존재하니까."

"공간 안을 그렇게 이동하다니 신선한데……."

"그래? 뫼비우스의 띠나 클라인 병으로 우리는 입체 표면을 만져 보았어. 그건 2차원 공간을 이동했다는 말이지. 2차원 공간이라면 '만져 볼 수' 있어. 하지만 3차원 공간에서는 '만져 본다'는 표현을 쓰기 힘들지. 우리 의식에서는 3차원 공간의 '안'으로 들어가 버리니까. 4차원의 생물이라면 혹시 3차원 공간을 '밖'에서 본 도형처럼 생각하면서 '만지는' 것이 가능할 수도 있지만 말이야."

"3차원 생물이 3차원 공간을 '밖'에서 보기 어려운 건, 2차원 생물이 2차원 공간을 '밖'에서 보기 어려운 이유와 비슷하지."

"세계를 아무리 걸어도 세계의 끝에 도착할 수 없다고 한다면……." 미르카가 흥분한 듯 말했다. "그건 '끝이 없다'는 거야. 단, '무한하고 끝이 없는' 경우하고 '유한하고 끝이 없는' 경우 두 가지가 있지. 유클리드 평면이나 유클리드 공간은 '무한하고 끝이 없는' 경우야. 2차원 구면이나 3차원 구면은

'유한하고 끝이 없는' 경우지."

"2차원 구면은 그렇지만 3차원 구면은 다르지 않아?" 내가 반론했다. "2차원 생물은 2차원 구면 밖으로는 나갈 수 없지만, 3차원 생물은 3차원 구면 밖으로는 나갈 수 있어."

"그게 진짜라면 대단한걸." 미르카가 책을 읽는 것처럼 딱딱하게 말했다. "하지만 그건 네 착각이야. 3차원 구면이라는 공간을 오해하고 있어. 3차원 구면은 3차원 다양체의 일종이야."

"다양체?"

"n차원 다양체라는 건, n차원 유클리드 공간과 국소적으로 위상동형인 공간을 말해. 2차원 구면은 2차원 다양체의 한 종류. 3차원 구면은 3차원 다양체의 한 종류. 3차원 구면의 어떤 점에서도 근방을 둘러보면 3차원 유클리드 공간으로 보여. 2차원 구면도, 3차원 구면도 경계가 없는 닫힌 다양체이기 때문에 3차원 구면의 안에 있는 3차원 생물은 '밖'으로 나올 수 없지."

"그러면…… 난 3차원 구면을 착각하고 있는 건가?"

"너, 푸앵카레 추측 몰라?"

푸앵카레 추측

"푸앵카레 추측은 알아. 텔레비전에서 본 게 다이지만."

"푸앵카레 추측에서는 S^3이라고 불리는 **3차원 구면**이 나와. 많은 사람들은 3차원 구면 S^3을 2차원 구면 S^2로 잘못 생각하고 있지. 3차원 구면이라고 하면 공 같은 입체를 상상하는 거지. 어떤 사람들은 3차원 구면을 안이 꽉 차 있는 공처럼 오해하는 경우도 있어."

"나도 그랬어. 3차원 구면을 안이 꽉 차 있는 공이라고 생각했어."

"이 3차원 구면은 네가 중학생 때 생각했던 3차원 주사위 면과 비슷하게 이름 지은 건데?"

"그렇구나." 나는 혼란을 느끼고 있다는 사실을 자각했다. "공을 상상한 이유는 푸앵카레 추측을 다뤘던 텔레비전 프로그램에서 공에 끈을 감는다는 말이 나와서 그랬을 거야. 그런 이미지가 머릿속에 남아 있었어."

"그건 차원을 하나 낮춘 설명이지." 미르카가 말했다. "공의 표면은 2차원 구면이나 3차원 구면과는 완전히 달라. 2차원 주사위 면은 3차원 주사위 면 하고 완전히 다르잖아?"

"그렇지."

"푸앵카레 추측에 등장하는 3차원 구면은 공의 표면이 아니고, 안이 꽉 차 있는 공도 아니야. 3차원 구면은 우리 언어로는 공간이라고 불러야 해."

"음…… 3차원 주사위 면을 구부린 정육면체나 전개도는 상상할 수 있지 만 3차원 구면은 전혀 이미지가 떠오르지 않아."

"3차원 구면은 3차원 주사위 면과 위상동형이고, 3차원 다양체 중 하나지. 3차원 구면도 3차원 주사위 면과 똑같이 생각할 수 있어."

2차원 구면

"하지만 우선 2차원 구면에 대해 생각해 보자. 고무풍선으로 만들어진 지 구본을 상상해 봐. 그건 2차원 구면이지. 지구본을 적도 부분에서 잘라. 그리 고 북반구와 남반구 원둘레를 각각 넓혀 봐. 그러면 원판 두 장이 되지. 이어 붙일 때는 적도라는 원주, 즉 1차원 구면을 쓰는 거지."

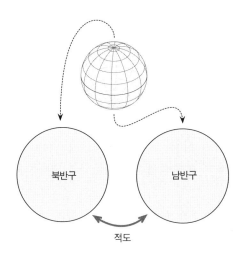

지구본의 표면을 2개의 원판으로 만든다

"2차원의 생물이 2차원 구면을 이동할 때 북반구에서 출발해서 적도를 넘어 남반구로 가지. 거기서 좀 더 나아가면 또 적도를 넘어 북반구로 돌아가게 돼. 생물은 어디까지나 나아갈 수 있지만 유한하다는 걸 알 수 있어. 이건 지구에 사는 우리들도 알 수 있는 사실이지. 지구의 표면은 '유한하며 끝이 없는' 세계니까."

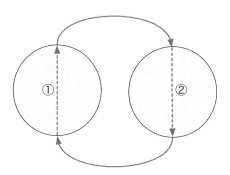

2차원 생물이 2차원 구면을 일주하는 모양

3차원 구면

"2차원 구면은 알겠어. 적도에서 잘라서 늘리면 원판 2개가 되지. 그럼 3차원 구면은?"

"안이 꽉 차 있는 원판 2개를 그 원주끼리 붙이면, 2차원 구면과 위상동형이야. 차원을 올려서 똑같은 일을 하는 거지. 그러니까 안이 꽉 찬 구체 2개를 그 표면끼리 이어 붙이면 3차원 구면과 위상동형이 되는 거야."

"구체를 표면에서 이어 붙인다고?"

"상상력을 발휘하면 그다지 어렵지 않아. 2차원 생물이 2개의 원판을 적도 넘어 여행했던 것처럼, 3차원 생물이 2개의 구체를 구면을 넘어 여행하는 이미지를 떠올려 봐."

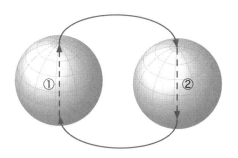

3차원 생물이 3차원 구면을 일주하는 모양

"꽤 어려운데…… 한쪽 구체의 '안'을 이동하면서 표면으로 나온 순간 다른 구체의 '안'으로 들어간다고?"

"그렇지." 미르카가 고개를 끄덕였다. "이 그림에서는 루프 한 개만 그렸지만, 다른 쪽 구체의 어느 표면으로 나와도 그와 동시에 다른 구체의 '안'으로 들어간다는 것에 주의해야 해."

"그렇군…… 구체 2개의 표면이 붙어 있으니까. 구체 표면을 붙인다는 말이 이제 이해가 가네."

"2개의 구체를 사용해 3차원 구면의 이미지를 그릴 수 있지. n차원 구면은 일반적으로 S^n이라고 표기해. 수식을 쓰면 일관되게 S^n을 표현할 수 있지."

$$x^2 = 1 \qquad \text{0차원 구면 } S^0\,(2점)$$
$$x^2 + y^2 = 1 \qquad \text{1차원 구면 } S^1\,(원)$$
$$x^2 + y^2 + z^2 = 1 \qquad \text{2차원 구면 } S^2\,(구)$$
$$x^2 + y^2 + z^2 + w^2 = 1 \qquad \text{3차원 구면 } S^3$$
$$\vdots \qquad\qquad \vdots$$

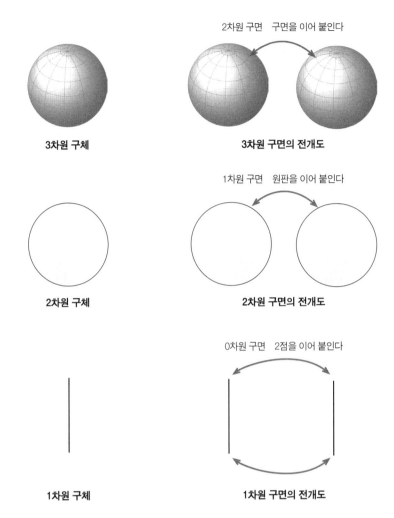

2차원 구면　구면을 이어 붙인다

3차원 구체

3차원 구면의 전개도

1차원 구면　원판을 이어 붙인다

2차원 구체

2차원 구면의 전개도

0차원 구면　2점을 이어 붙인다

1차원 구체

1차원 구면의 전개도

"아까 너는 n차원 다양체 이야기를 했지? 3차원 구면은 3차원 다양체의 일종이라고."

완전히 식어 버린 커피를 마시면서 그녀는 시선을 내게로 돌렸다. "그게 왜?"

"3차원 다양체가 국소적으로 유클리드 공간과 위상동형이라고 하는 건, 3차원 구면 안에서 주변을 보는 것과 3차원 유클리드 공간 안에서 주변을 보는 것 사이에는 위상기하학적 관점에서 구분이 안 가는 거잖아?"

"크게 보면 그렇지." 미르카가 답했다. "어디까지나 국소적으로만 그래. 2차원 구면은 국소적으로는 2차원 유클리드 평면과 위상동형이지만 전체를 보면 달라. 3차원 구면도 국소적으로는 3차원 유클리드 공간과 위상동형이지만 전체를 보면 다르지."

"국소적으로는 구별이 안 되는데 전체를 보면 구별이 된다니, 어렵군. '전체를 본다'는 건 '밖'에서 도형을 보는 거잖아? 2차원의 곡면이면 몰라도 3차원 이상은 우리가 그 속으로 뛰어들지 않으면 상상할 수 없는 거라서…… 근데 어떻게 전체를 본다는 거야? 유클리드 공간 안에서 잠들어 3차원 구면 안에서 눈을 뜬다고 하면 주변을 둘러봐도 전혀 구분이 안 간다는 말이잖아."

"너, 갑자기 시적으로 변했네. 구별하기 위해 '형태를 알아내는 도구' 하나를 쓰는 방법이 있긴 있지." 미르카가 말했다.

"형태를 알아내는 도구?"

"'군' 말이야."

나와 미르카의 하루는 이렇게 지나가고 있었다.

3. 뛰어들까, 뛰쳐나올까?

깨달았을 때

"선배?"

나는 흠칫 놀라 고개를 들었다.

내 앞에 큰 눈망울을 한 짧은 머리 여자애가 서 있다. 그녀가 걱정스러운 표정으로 나를 바라보고 있다.

"테트라?"

나는 주위를 둘러보았다. 많은 책상. 눈에 익은 책장들. 뒤로는 청동으로 만들어진 철학자의 흉상이 보였다. 그 옆에는 책이 쌓여 있는 바퀴 달린 수레…… 그렇구나, 이곳은 도서실이다.

"선배?" 테트라가 다시 나를 불렀다. "바쁘신데 죄송해요. 이제 조금 있으면 하교 시간이라서…….”

“벌써 그렇게 됐나.” 확실히 창밖은 꽤 어두워진 후였다.

방과 후 도서실에서 나는 연습 문제를 풀고 있었다. 계산에 흠뻑 빠져 있어서 테트라의 목소리를 듣고서야 현실로 돌아왔다. 사고의 세계에서 뛰쳐나와 순식간에 현실 세계로 돌아온 것 같다. 아니면 자고 있었던 건가.

“곧 미즈타니 선생님이 나오실 것 같아요. 선배도 이제 갈 거죠? 그럼, 저어…….” 테트라는 양손을 쥐었다 폈다 하면서 말을 꺼내지 못했다.

“응, 같이 갈까?”

“네!”

오일렐리언즈

나는 테트라와 역을 향해 걸었다.

그러고 보니 최근 테트라와 둘만 남는 일이 별로 없었다. 옥상에서 점심을 먹기에는 너무 춥고, 수학 이야기를 할 때는 미르카와 셋이 하는 경우가 많았다. 무엇보다 나는 입시 공부로 정신이 없다.

지그재그로 뻗은 주택가 골목길을 지나며 테트라가 말문을 열었다.

“저, 오일렐리언즈 만들려고요.”

“아, 요전에 말했지? 그런데 오일렐리언즈란 게 뭐니?”

“수학 동아리예요.”

“수학 동아리? 수학 할 사람들을 모으려고?”

“네, 그렇다 해도 저하고 리사 둘밖에 없어요. 오일렐리언즈는 저와 리사의 그룹 이름이에요. 오일러 애호가들의 모임이요! 리사는 컴퓨터 프로그램으로 푸앵카레 원판 같은 그래픽도 만들고요. 저도 만들고 싶지만 아직 능숙하진 못해서요. 그래서 저는 문장 쓰는 걸 담당하려고요.”

테트라는 손짓, 발짓을 섞어 이야기했지만 나는 그녀가 무슨 생각을 하고 있는 건지 전혀 감이 오지 않았다.

“우리는 ‘오일렐리언즈’라는 동아리 책자를 만들어 활동을 담으려고 해요. 동아리 책자, 소책자, 회지…… 뭐가 됐든 작은 책으로요. 몇 쪽이 될지 모르지만 저희들이 생각한 거랑 했던 일들을 모아서 발행하고 싶은 거죠!"

"정말 동인지 같은 거네?" 나는 말했다. 이 사랑스러운 발랄 소녀가 그런 생각을 하고 있었구나.

"저는 배운 걸 눈에 보이는 형태로 만들고 싶어요." 테트라는 열심히 이야기했다. "작년에 나라비쿠라 도서관에서 무작위 퀵 정렬(무작위 알고리즘)에 대해 발표했잖아요? 아이오딘 강당에 중학생, 고등학생들이 많이 모여서…… 너무 긴장하는 바람에 실수도 했지만 발표 경험이 제겐 매우 소중한 기억이 되었어요. 많은 사람들이 좋아해 주었고 제 자신도 많이 배울 수 있었어요. 그리고 뭔가 반응을 느꼈어요. 제가 여기에 있다는 반응이요."

"……." 나는 말없이 기다렸다.

"하지만……." 테트라가 말을 계속했다. "제 발표를 들어 준 사람들은 그때 강당에 모인 사람들뿐이에요. 말로 발표할 수 없었던 부분들은 종이로 전달했지만 시간이 한정되어 있어서 상세하게는 쓰지 못했어요. 그래서 그날의 발표는 공중으로 흩어져 버렸어요."

테트라는 그렇게 말하고 공중으로 무언가를 뿌리는 듯 양손을 밤하늘로 뻗었다. 마치, 전 세계를 향해 선언하는 것처럼.

교차점. 빨간 불에서 우리는 멈추어 섰다. 나는 계속 침묵한 채였다. 테트라는 커다란 제스처로 자기 생각을 계속해서 말하고 있었다.

"저는 아는 것을 형태로 만들고 싶어요. 생각한 것을 형태로 만들고 싶어요. 배운 것을 형태로 만들어 내고 싶어요. 하지만 저 혼자는 한계가 있어요. 그래서 리사의 도움을 받아서 오일렐리언즈를 만들려고 결심했던 거예요. 저번 발표 때도 리사가 많이 도와줬고……."

초록 불로 바뀌자 우리는 다시 걷기 시작했다. 나는 여전히 침묵. 발랄 소녀의 말은 계속 이어졌지만, 나는 아무 말도 하지 않았다. '그거 괜찮네! 응원할게!'라고 말하려 했지만 나오지 않았다.

"그래서 말인데요, 피보나치 사인 말고 새로운 손가락 사인을…… 선배?"

아무도 없는 공원을 둘이 통과하다가 테트라는 내가 아무 말도 하지 않는다는 것을 알아차렸다. 그녀는 멈춰 서서 나를 올려다보았다.

나는 말문이 막혔다. 테트라의 계획을 솔직히 기뻐할 수 없다.

"난 여유가 없어."

입에서 나온 말은 이 따위뿐이었다. 그런 말을 할 작정은 아니었는데.

"아니에요. 선배한테 폐를 끼치지는 않을 거예요. 선배는 입시로 바쁘니까요. 저는 그저……."

"난 약점투성이야."

"선배?"

"난 무서워."

"……."

"나도 너같이 반응이 필요해. 여유가 없고 약점투성이고 겁쟁이 주제에 반응이 필요해. 하지만 그건 '제1지망 합격 판정' 같은 사소한 거야. 난 그것밖에 생각하고 있지 않아."

나는 공원 가로등 빛이 비치는 벤치에 앉아 혼잣말처럼 말했다.

"테트라가 결심한 오일렐리언즈 계획은 멋져. 응원할게. 너에 비하면 내 생각은 사소하고 정말이지 꼴사나워."

테트라는 내 옆에 앉았다. 내 등에 손의 감촉이 느껴졌다. 달콤한 향기.

"선배…… 그런 말 하지 마세요. 저는 선배와 미르카 선배까지 만나서 정말 많은 걸 배웠어요. 배운다는 건 정말 멋진 일이에요. 재미있고 즐겁고 아름답고 감동적인 일이란 걸 깨달았어요. 그래서 그 감동을 다른 사람에게도 전하고 싶다고 생각한 거예요. 선배가 여러 가지를 가르쳐 주셨으니까 전 좀 더 배우고 싶다고 생각하게 되었고요. 그러니까 그런 말 하지 마세요."

테트라는 울먹였고, 내 등을 감싼 손의 희미한 떨림이 전해졌다.

나는 밤하늘을 올려다보았다.

그곳에는 별이 있다.

하늘의 별들은 같은 곳을 돌고 있는 것처럼 보인다.

하지만 같은 곳을 돌고 있는 것은 바로 나다.

나는 빙글빙글 돌고 있다.
뛰어들어 온 이 공간 안에서,
허우적대면서,
같은 자리를 계속 돌고 있다.

공간의 구성을 측정할 수 없을 정도로 크게 확장시킬 때는
끝이 없는 것과 무한을 구별해야만 한다.
전자는 확장의 문제에 속하며, 후자는 양의 문제에 속한다.

_리만

보이지 않는 형태를 찾아서

내가 연구 목표로 삼은 것은
근호를 중심으로 방정식을 풀 때
어떤 성질을 가져야 할까, 하는 것이었다.
순수해석 문제 가운데 이만큼 다루기 어렵고
이만큼 다른 모든 문제로부터 고립된 문제는 없을 것이다.
_갈루아

1. 형태를 파악하다

침묵의 형태

F1 레이서는 경기를 앞두고 스스로를 컨트롤한다. 나는 시험 전의 자신을 컨트롤한다. 미리 화장실에 가고 가벼운 스트레칭을 한다. 필기도구와 수험표, 알람이 울리지 않는 시계를 책상 위에 놓는다. 모든 것을 정리한 다음 시험 시간엔 문제를 푸는 데 정신이 집중되도록 한다.

모의고사를 반복적으로 보면 이런 과정에 익숙해진다. 하지만 익숙해지지 않는 것이 있다. 바로 침묵이다. 시험이 시작될 때까지의 침묵. 아무리 해도 그것만은 익숙해지지 않는다.

선생님들은 시험지를 나누어 주기 위해 시험장을 돈다. 교실에 가득 찬 수험생들은 그 움직임을 머릿속으로 좇는다. 귀에 들리는 것은 긴장한 학생의 기침 소리. 마음은 엄청나게 술렁이고 있다. 이 소란스러운 침묵에 좀처럼 길들여지기 힘들다.

시험이 일단 시작되면 신경이 쓰이지는 않는다. 두뇌를 풀가동하여 그저 생각하는 일밖에 할 수 없기 때문이다. 하지만 시작하기까지는 아무것도 할 수 없다. 침묵 속에서 생각할 거리가 없어진 내 두뇌는 쓸데없는 것을 생각하기 시작한다.

예를 들면, 내가 테트라에게 보인 추태…… 저번에 공원에서 꼴사나운 모습을 보이고 말았다. 다음 날 학교에서 아무 일 없었던 것처럼 웃는 얼굴로 다가온 그녀는 마치 천사 같았다. 이렇게 표현하면 오버일까. 성실하고, 활발하고, 내 이야기를 열심히 들어 준다. 조금 덜렁거리기는 하지만 순진하다. 덜렁이 천사.

벨이 울렸다. 모두 일제히 시험지를 펼쳤다.

모의고사 시작!

문제의 형태

문제 6-1 귀납적으로 정의한 식

$\theta = \dfrac{\pi}{3}$이라고 한다.

실수의 순서쌍 (x, y)를 실수의 순서쌍 $(x\cos\theta - y\sin\theta, \ x\sin\theta + y\cos\theta)$으로 옮기는 사상을 f라 할 때,

$$f(x, y) = (x\cos\theta - y\sin\theta, \ x\sin\theta + y\cos\theta)$$

이라 한다. 수열 $\langle a_n \rangle$과 $\langle b_n \rangle$의 각 항은,

$$\begin{cases} (a_0, \ b_0) & = (1, \ 0) \\ (a_{n+1}, \ b_{n+1}) & = f(a_n, \ b_n) \end{cases} \quad (n = 0, 1, 2, 3, \cdots)$$

이라는 식을 충족한다고 한다. 이때,

$$(a_{1000}, \ b_{1000})$$

을 구하라.

시간이 한정된 시험에서 복잡한 수식이 나오면 초조해진다. 그것은 당연하다. 하지만 침착하게 식의 형태에 주목한다면 금방 길이 열린다.

이 문제도 그렇다. 다음과 같이,

$$f(x, y) = (x\cos\theta - y\sin\theta, \ x\sin\theta + y\cos\theta)$$

이라는 식의 형태를 파악하는 게 중요하다. 이 사상 f는 좌표평면의 점 $(x,$ $y)$를 점 $(x\cos\theta-y\sin\theta,\ x\sin\theta+y\cos\theta)$로 이동하는 것이라고 볼 수 있다. 이 사상 f로 좌표평면의 점은 원점을 중심으로 θ만큼 회전하게 된다. 나에게는 익숙한 식이다. 사상 f는,

$$\begin{pmatrix} \cos\theta & -\sin\theta \\ \sin\theta & \cos\theta \end{pmatrix}$$

이라는 행렬을 써서 나타낸 식이 훨씬 보기 편하다. 행렬과 종벡터의 곱은,

$$\begin{pmatrix} \cos\theta & -\sin\theta \\ \sin\theta & \cos\theta \end{pmatrix}\begin{pmatrix} x \\ y \end{pmatrix}=\begin{pmatrix} x\cos\theta-y\sin\theta \\ x\sin\theta+y\cos\theta \end{pmatrix}$$

이 되므로, 확실히 점은,

$$\begin{pmatrix} x \\ y \end{pmatrix}\overset{f}{\longmapsto}\begin{pmatrix} x\cos\theta-y\sin\theta \\ x\sin\theta+y\cos\theta \end{pmatrix}$$

으로 이동하고 있다. 밤의 성좌가 북극성을 중심으로 회전하는 것처럼, 점은 원점을 중심으로 회전해 간다.

여기까지 파악했다면 이후는 간단하다. 요컨대 이 문제는 사상 f를 1000번 적용한다는 말이다.

$$\begin{pmatrix} 1 \\ 0 \end{pmatrix}\overset{f}{\longmapsto}\begin{pmatrix} a_1 \\ b_1 \end{pmatrix}\overset{f}{\longmapsto}\cdots\overset{f}{\longmapsto}\begin{pmatrix} a_{999} \\ b_{999} \end{pmatrix}\overset{f}{\longmapsto}\begin{pmatrix} a_{1000} \\ b_{1000} \end{pmatrix}$$
$$\underbrace{\phantom{\begin{pmatrix} 1 \\ 0 \end{pmatrix}\overset{f}{\longmapsto}\begin{pmatrix} a_{1000} \\ b_{1000} \end{pmatrix}}}_{f\text{를 1000번 적용}}$$

회전 각도는 $\theta=\dfrac{\pi}{3}$ 즉 $60°$이므로, 6번 회전하면 $360°$가 되어 다시 돌아온다. 1000번이라는 큰 수에 놀라지 않아도 된다. 처음 6번으로 돌아오므로 결국에는 1000을 6으로 나눈 나머지를 계산하면 되는 문제다. 1000을 6으로 나눈 나머지는 4다. 나머지를 구하는 mod의 계산이다!

$$\begin{pmatrix} a_{1000} \\ b_{1000} \end{pmatrix} = \begin{pmatrix} a_{1000 \bmod 6} \\ b_{1000 \bmod 6} \end{pmatrix}$$

$$= \begin{pmatrix} a_4 \\ b_4 \end{pmatrix}$$

θ의 4회전은 4θ의 1회전에 해당하므로, 점 $\begin{pmatrix} a_0 \\ b_0 \end{pmatrix} = \begin{pmatrix} 1 \\ 0 \end{pmatrix}$ 을 4θ회전하면 된다.

$$\begin{pmatrix} a_{1000} \\ b_{1000} \end{pmatrix} = \begin{pmatrix} \cos 4\theta & -\sin 4\theta \\ \sin 4\theta & \cos 4\theta \end{pmatrix} \begin{pmatrix} a_0 \\ b_0 \end{pmatrix}$$

$$= \begin{pmatrix} a_0 \cos 4\theta - b_0 \sin 4\theta \\ a_0 \sin 4\theta + b_0 \cos 4\theta \end{pmatrix}$$

$$= \begin{pmatrix} 1 \cdot \cos 4\theta - 0 \cdot \sin 4\theta \\ 1 \cdot \sin 4\theta + 0 \cdot \cos 4\theta \end{pmatrix} \qquad a_0 = 1, b_0 = 0 \text{이므로}$$

$$= \begin{pmatrix} \cos 4\theta \\ \sin 4\theta \end{pmatrix}$$

이 된다. 됐다. 답은 $(\cos 4\theta, \sin 4\theta)$이다. 그럼, 다음 문제는?

발견

시험 종료를 알리는 종이 울렸다.

온 힘을 다해 작성한 답안지를 거두어 갈 때 말로 할 수 없는 안도감을 느꼈다. 특히 수학 시험이 그랬다. 수식이 익숙했기 때문에 그다지 어렵게 느껴지지 않았다. 테트라의 표현을 빌리자면 '수식과 친구가 된 수준'이라고 말할 수 있다. 다른 과목은 제쳐 두고 이번 수학은 만점일 것이다.

모의고사 시험장이었던 학원에서 돌아오는 길. 나는 최고의 기분을 느끼며 역으로 향했다. 바람은 약간 차가웠지만 한껏 고양된 기분과 붉어진 뺨을 식히기에 딱 좋은 온도였다.

주어진 식의 형태를 파악하는 것은 중요하다. 이번 수학은 첫 문제부터 그랬다. 회전을 나타내는 식인가를 파악할 수 있는가, 없는가다.

회전에서 나는 미르카를 떠올렸다. 꽤 예전의 일이다. 그때 '진동은 회전의 그림자(정사영)'라는 것을 알아채지 못했던 나는 그녀에게서 머리가 딱딱하다는 말을 들었다. 융통성이 없다는 핀잔이었다. 나와 미르카는 많은 문제를 함께 풀고, 많은 수학을 함께 생각해 왔다. 이번 문제는 6번 회전하면 처음으로 다시 돌아가니까 순환군 C_6을 생각했겠지.

군의 정의(군의 공리)

다음 공리를 충족하는 집합 G를 **군**이라 한다.

- **연산 ★**에 관하여 닫혀 있다.
- 임의의 원소에 대하여 **결합법칙**이 성립한다.
- **항등원**이 존재한다.
- 임의의 원소에 대하여 그 원소에 대한 **역원**이 존재한다.

회전행렬 전체의 집합이 행렬의 곱에서 군을 이룬다는 것은 바로 알 수 있다. 행렬의 곱에 대해 닫혀 있고, 결합법칙은 행렬의 곱으로 성립된다. 항등원은 $\begin{pmatrix} 1 & 0 \\ 0 & 1 \end{pmatrix}$이라는 항등행렬이 존재하고, 이것은 $\theta = 0$의 회전행렬이다. 그리고 역원은…… 물론 역행렬이다. 회전행렬의 역행렬은 역회전이 된다. 회전시킨 결과를 원래대로 되돌리는 조작이다. θ의 회전행렬과 $-\theta$의 회전행렬의 곱은 항등행렬이 된다.

$$\begin{pmatrix} \cos\theta & -\sin\theta \\ \sin\theta & \cos\theta \end{pmatrix}\begin{pmatrix} \cos(-\theta) & -\sin(-\theta) \\ \sin(-\theta) & \cos(-\theta) \end{pmatrix}$$
$$= \begin{pmatrix} \cos\theta & -\sin\theta \\ \sin\theta & \cos\theta \end{pmatrix}\begin{pmatrix} \cos\theta & \sin\theta \\ -\sin\theta & \cos\theta \end{pmatrix}$$
$$= \begin{pmatrix} \cos^2\theta + \sin^2\theta & \cos\theta\sin\theta - \sin\theta\cos\theta \\ \sin\theta\cos\theta - \cos\theta\sin\theta & \sin^2\theta + \cos^2\theta \end{pmatrix}$$
$$= \begin{pmatrix} 1 & 0 \\ 0 & 1 \end{pmatrix}$$

따라서 $-\theta$의 회전행렬은 확실히 θ의 회전행렬의 역행렬이다.

$$\begin{pmatrix} \cos\theta & -\sin\theta \\ \sin\theta & \cos\theta \end{pmatrix}^{-1} = \begin{pmatrix} \cos(-\theta) & -\sin(-\theta) \\ \sin(-\theta) & \cos(-\theta) \end{pmatrix}$$

회전행렬 전체의 집합이 행렬의 곱에 관하여 군을 이룬다는 것을 위 식으로 알 수 있다. 나는 미르카의 선언을 떠올렸다. "이와 같은 집합을 **군**(group)이라 불러." 그녀의 선언과 숨소리까지 기억난다.

집에 돌아간 나는 현관문을 열고 경악했다. 나를 맞이해 준 사람이 미르카였기 때문이다.

"안녕. 늦었네."

2. 형태를 군으로 파악하다

수를 실마리로

거실. 미르카는 내 맞은편에 앉아 엄마가 재차 권하는 홍차를 마다했다.

"정말 괜찮아요." 미르카는 미소 지으며 말했다.

"그럼 케이크는 어떠니?" 엄마가 말씀하셨다.

미르카가 우리 집에 온 건 매우 오랜만이다. 그녀가 있는 것만으로 주변 공기가 바뀌었다. 긴장감과는 약간 다르다. 왠지 꾸밈없는 분위기가 만들어진다고 할까.

"케이크는 이제 됐어요." 내가 말했다. "미르카, 무슨 일이야?"

"한참 재미있게 이야기하는 중이었는데." 엄마가 끼어들었다.

"어머님 병문안 겸 오랜만에 유리 얼굴도 보고 싶어서. 그런데 유리는 매일 안 오나 봐? 그건 그렇고 시험은?"

"그저 그래. 수학은 만점이겠지만."

"그렇겠지." 미르카는 가볍게 고개를 끄덕였다.

"뇌가 꽤 부드럽게 움직였었던 것 같아." 나는 미르카의 핀잔을 떠올리며 말했다. "오늘은 귀납 식 문제가 나왔어. $\frac{\pi}{3}$의 회전행렬을 생각해 냈지."

"기분이 좋네." 그녀가 말했다.

"얘는 수학 문제 풀 때 항상 기분이 좋아진다더라."

케이크 접시를 가지고 온 엄마가 끼어들었다. 그러는 엄마도 왠지 기분이 좋아 보였다.

"엄마, 그만 좀."

"알았다, 알았어. 엄마는 이제 말 안 하련다." 엄마는 주방으로 들어가셨다.

"회전행렬에서 순환군을 생각해 냈구나." 미르카가 말을 계속했다.

"응, 저번에 군을 '형태를 알아내기 위한 도구'라고 했었지?"

"군은 형태를 조사하고, 형태를 알아내고, 형태를 분류하는 도구지." 그녀가 말했다.

"형태의 분류라니, 삼각형이나 사각형 말이니?"

내 홍차를 내오시던 엄마가 또 끼어들었다.

"어머님 말씀대로요." 미르카가 말했다. "형태의 분류에서는 수가 도움이 될 때가 있죠. 다각형은 꼭짓점의 수로 분류할 수 있고요."

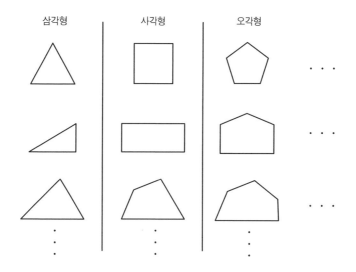

"그러네." 엄마는 미르카에게 응수했다.

"엄마. 이제 그만……."

"미르카는 친절하게 대답해 주는데, 우리 아들은 매정하기도 하지." 엄마는 토라진 듯 말씀하시고는 사라졌다.

"다각형을 분류할 때 꼭짓점의 수를 쓰는 건 자연스럽지." 미르카가 말했다. "n각형이라는 이름 자체가 꼭짓점의 수가 같은 형태를 같은 종류로 본다는 표현이야. 꼭짓점의 수를 기준으로 한 '분류'라고 할 수 있지. 하지만 유별의 기준은 하나가 아니야. 예를 들어, 삼각형은 둔각삼각형, 직각삼각형, 예각삼각형의 세 종류로 분류할 수 있는데, 이때는 최대각의 크기를 기준으로 분류하고 있는 거니까."

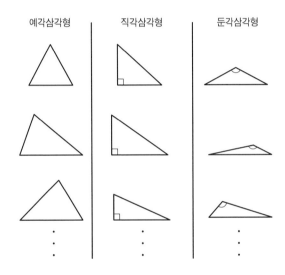

"그건 그렇고…… 군이 형태를 알아내는 도구라는 건 구체적으로 무슨 뜻이야?"

"응용력 없네." 미르카가 말했다. "지금 넌 회전행렬이라는 예를 들었잖아? $\frac{\pi}{3}$의 회전행렬은 정육각형의 특징을 잘 드러내고 있지. '원점 중심으로 반시계 방향으로 $\frac{\pi}{3}$ 회전한다'는 조작을 a라고 나타내고, 그 조작의 반복을 곱으로 나타낸다고 하자. 그렇게 하면 a가 생성되는 군 $\langle a \rangle$를 만들 수 있어. 이때 항등원 e는?"

"항등원 e는 회전하지 않는다는 조작으로 $e = a^0$이 되지."

"a의 역원 a^{-1}은?"

"역원 a^{-1}은 '원점 중심이고 반시계 방향으로 $-\dfrac{\pi}{3}$ 회전한다'는 조작이야. 그렇게 하면 $aa^{-1}=e$가 되지. 결합법칙도 성립해. n을 정수라 하면, a^n 전체의 집합은 군을 만들지."

"그 군의 위수(位數)는?" 마치 구두 면접을 보는 것처럼 미르카가 물었다.

"군의 위수는 군을 이루고 있는 집합의 원소 수지? 물론 6이고, 정육각형을 돌리는 방식의 경우의 수가 되는 거지." 나는 답했다.

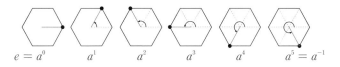

$$e = a^0 \qquad a^1 \qquad a^2 \qquad a^3 \qquad a^4 \qquad a^5 = a^{-1}$$

"이 군은 다음과 같이 쓸 수 있어."

$$\{e, a, a^2, a^3, a^4, a^5\}$$

"다음과 같이 쓸 수도 있고."

$$\{a^0, a^1, a^2, a^3, a^4, a^5\}$$

"또 다음과 같이 쓸 수도 있겠지."

$$\{a^{n \bmod 6} \mid n\text{은 정수}\}$$

"그건 알아. 그래서 문제도 풀었고."

"$\dfrac{\pi}{3}$ 각도로 6번 회전하면 a^6에 해당하고, a^0과 같아. 하나의 원소 a에서 모든 원소가 생성되는 군을 순환군이라고 하고, $\langle a \rangle$라고 쓰지. 여기서 군 $\langle a \rangle$는 위수가 6인 순환군 C_6과 동형이 돼."

"그건 6이라는 수로 분류했다고도 할 수 있겠네. 군을 끌어들일 필요도 없이 말이야. 6번으로 빙 돌아오는 느낌."

"그 '빙글 돌아오는 느낌'은 형태가 가지는 측면 중 하나야. 순환군은 그 감각을 수학적으로 나타내 주지."

"순환군이 형태를 알아내는 데 도움이 된다는 거야?"

"순환군뿐만이 아니지. 순환군은 제일 단순한 군 중 하나야. 군은 더 복잡한 조작도 나타낼 수 있어. 예를 들면, 회전뿐 아니라 뒤집는 조작을 생각하면 어떨까? 이번에는 나란히 있는 꼭짓점 2개에 다른 표시를 해 두면 돼."

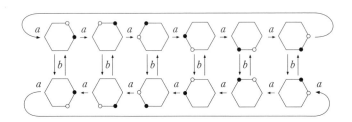

"그렇군. 회전 a와 뒤집기한 b가 만들어 내는 전체 조작도 군이 되는구나. a가 만드는 군은 순환군 C_6이고, b가 만들어 내는 군은 순환군 C_2…… 그 양쪽이 합쳐진 군……."

"이 그림에서 보고 있는 건 그 조작이 생성하는 패턴 전체야. 우리는 지금 정육각형이라는 형태를 확인할 때 회전과 반사를 썼지. 형태를 바꾸지 않는 조작 전체를 군으로 나타낼 수 있어. 이걸 일반적으로 이면체군이라고 해. 앞과 뒤 2개의 면을 구별하는 다각형이 만들어 내는 군이야. 꼭짓점의 수를 세는 것도 좋고, 각의 크기를 봐도 좋아. 하지만 군을 쓰면 보다 복잡한 형태를 포착할 수 있고, 표현할 수 있어. 군은 형태를 알아내는 좋은 도구야. 군을 이용해서 형태 분류가 가능하지."

"그렇군."

"'회전한다' '뒤집는다' 같은 도형에 관한 표현도 군에서 대수적으로 표현할 수 있어. 도형을 실제로 쓰지는 못해도, 군을 써서 표현할 수 있는 거지. 예를 들어, 대수적 위상기하학에서는 대수적 방법으로 위상공간을 연구해. 거기서 군이 중요한 역할을 수행해."

"군으로 위상공간을 연구한다…… 그건 좀 이상하지 않아? 지금도 정육각형을 회전시킬 때나 반사시킬 때 변의 길이는 변하지 않았어. 위상기하학이라면 변의 길이는 자유롭게 조절할 수 있을 텐데? 어떻게 군을 쓴다는 거야?" 나는 문제를 제기했다.

"군의 공리를 충족하기만 하면 군은 만들 수 있어. 회전시키거나 반사시키는 조작을 군의 연산으로 보는 건, 군의 한 예에 지나지 않아. 대수적 위상기하학에서는 또 다른 군을 만들어. 그걸 써서 연구하는 거지. 위상기하학의 관심사는 위상 불변량에 있으니까 진행 방향은 명확하지. 즉 위상동형사상에 따라 불변인 군을 만들고 싶어지겠지. 혹시 위상동형사상이고 불변인 군이 있다면, 무엇을 알 수 있을 거라고 생각해?" 미르카가 재미있다는 듯 질문했다.

"뭘 알 수 있겠느냐?……뭘 알 수 있을까?"

"2개의 다각형이 있다고 할 때 꼭짓점의 수를 각각 조사해 보자. 만약 꼭짓점의 수가 다르다면 같은 다각형이라고 할 수 없다."

"그야 그렇지."

"그거랑 똑같아. 2개의 위상공간이 있다고 할 때 위상동형사상이며 불변인 군을 각각 조사해 보는 거야. 혹시 군이 동형이 아니라면, 위상공간은 위상동형이라고는 할 수 없지. 테트라의 표현을 빌리자면, 군이 위상공간을 식별하는 무기가 된다! 그럴지도 몰라."

"……."

"위상공간에는 어떤 군이 포함될까? 위상공간의 형태를 찾기 위해 도움이 되는 군은 무엇일까? 어떤 군을 써야 위상기하학의 어떤 문제를 대수학으로 가지고 올 수 있는 걸까? 그게 대수적 위상기하학이야. 연구할 게 무수히 많지."

이윽고 우리가 존재하는 공간이 사라졌다. 집도 거실도 의식에서 사라졌다. 나는 그저 미르카의 강의에 가만히 귀를 기울였다.

실마리는 무엇?
밤이 되었다.

나는 미르카를 역까지 바래다주었다.

"어머님은 참 다정하셔."

"우리 엄마는 미르카를 아주 좋아하니까."

"응……."

엄마가 미르카에게 저녁식사를 권하는 바람에 집을 나올 때까지 한바탕 실랑이를 해야 했다. 저녁식사를 함께한다면 즐겁겠지만 무리하게 붙잡을 수는 없다.

우리는 역까지 보행자 도로를 천천히 걸어갔다.

"군이라는 아이디어를 낸 건 갈루아였나?" 나는 물었다.

"싹틀 여지는 예전부터 있었겠지." 미르카는 조용히 답했다. "형태의 대칭성, 패턴의 발견, 규칙적인 운동, 음악의 리듬, 거기에는 군이 감춰져 있으니까. 갈루아는 거기에 빛을 비추었고, 군을 수학 전면에 내세우려고 했지. 갈루아는 방정식을 대수적으로 풀 수 있는지 판정하기 위해 계수체를 알아보려고 했고, 체(field)를 알아보기 위해 대응하는 군을 조사했지."

"그랬구나." 나는 갈루아 페스티벌에서 했던 모험(『미르카, 수학에 빠지다』 제5권 '사랑과 갈루아 이론')을 떠올리며 맞장구를 쳤다.

"갈루아는 방정식의 해에 대한 문제를 '순수해석의 문제 가운데 이만큼 다루기 어렵고, 또 이만큼 다른 모든 문제로부터 고립된 문제는 없을 것'이라고 했어. 실제로 그가 생성시킨 군론은 당시 수학자들에게는 완전히 새로운 것이었으니까. 하지만 현대 수학자들에게 군은 기본적 도구의 하나로 인식되고 있지. 수학적 대상이 가지는 대칭성과 상호 관계를 표현하는 개념으로 군을 빼놓을 수 없으니까. 그런 의미에서 갈루아의 말은 옳지 않아. 다른 모든 문제에서 고립되어 있지 않으니까. 오히려 군은 모든 문제와 관련되어 있다고 할 수 있지."

"확실히 그렇긴 하지." 나는 말했다. "갈루아는 군을 당시의 문제에서 고립되어 있다고 말하고 싶었던 게 아닐까? 그러니까 당시 수학자들과는 다른 차원의 문제의식을 가지고 있었던 거야. 누구도 깨닫지 못했던 관련성을 간파했을 수도 있지."

"그렇군."

내 말에 미르카의 눈이 빛났다.

"갈루아가 체를 알아내기 위해 군을 조사한 것처럼 대표적 위상기하학에서는 위상공간을 알아내기 위해 군을 살펴보게 되는 거지! 수학에서 자주 나오는 이야기야. 수학자는 양쪽 세계에 다리 놓기를 좋아하니까."

우리는 역 앞 육교를 건넜다. 바로 아래 도로에서는 차들이 마치 강처럼 흐르고 있었다. 미르카는 육교 중간에 멈춰 서서 내 쪽을 돌아보았다.

"수학자들은 세계에 다리 놓기를 좋아하지. 그건 확실히 맞는 얘기야. 하지만 그것만으로는 부족해. 시시하지. 최소한 한 걸음 더 수학적으로 나아가고 싶다고는 생각하지 않아?"

나는 고개를 끄덕였다.

그렇다. 지금까지 몇 번이나 똑같은 일이 있었다. 모처럼 여기까지 왔으니 최소한 한 걸음 정도는 더 나아가고 싶다.

"물론이지. 한 걸음 더 나아가고 싶어." 나는 말했다.

미르카는 한 발 내게 다가와 내게 손을 뻗었다.

가느다란 손가락 끝이 내 뺨에 닿았다.

따뜻하다.

그녀의 손가락이 내 뺨에서 부드럽게 원을 그리며 돌았다.

"너는 이런 형태를 하고 있지. 이렇게 쓰다듬으면 형태를 짐작할 수 있어. 우리는 위상공간의 형태를 알고 싶어. 그러면 위상공간을 어떻게 만져야 할까?"

나는 아무 말도 하지 않았다.

그녀는 내 볼을 힘껏 잡아당겼다.

"아파!"

"위상공간은 어떻게 만져야 할까?" 그녀는 질문을 반복했다. "어떻게?"

"루프를 만들자. 내일 도서실에서."

검은 머리 천재 소녀는 그 말을 남기고 바로 육교를 건너 역 앞 인파 속으로 사라졌다.

볼이 아팠다.

3. 형태를 루프로 파악하다

루프

다음 날 방과 후. 나와 미르카, 테트라는 도서실에 모였다.

"위상공간에 넣을 군 중의 하나, **기본군**에 대해 설명할게." 미르카가 말했다. "기본군을 쓰면 위상공간을 쓰다듬을 수 있지."

"쓰다듬어요?" 테트라는 자기 뺨을 양 손바닥으로 쓸어내리며 되물었다.

"손바닥 말고 손가락으로. 토러스나 구면을 손가락으로 쓰다듬는 거야. 형태를 알아내기 위해." 미르카는 자기 팔을 검지로 쓸어내렸다.

"우리가 지금 수학에 대해 얘기하는 거 맞지?" 내가 물었다.

"기본군을 구성하려면 위상공간 안에 우선 **루프**를 만들어."

"루프…… 링이요?" 테트라는 양손 엄지손가락과 검지를 붙여 하트를 만들어 보였다.

"루프는 이거야." 미르카는 검지를 빙글 돌렸다. "위상공간의 한 점을 시작점이라 하고, 그 시작점에서 위상공간 안으로 곡선을 그리는 거야. 그리고 곡선의 종착점과 시작점을 일치시키는 거야. 그게 루프야. 루프에서는 시작점과 종착점이 일치하니까 그 점을 **기점**이라고 부르자."

"빙 도는 거네요."

"위상공간 안에 곡선을 그린다는 것은 위상공간에 속한 원소, 즉 점을 연속적으로 연결하는 것을 의미해. 연속적으로 연결시키기 위해서 '가까움'의 개념이 필요하기는 한데, 위상공간이니까 큰 문제는 안 돼. '가까움'은 위상공간의 열린 근방을 써서 정의할 수 있으니까."

"죄송한데…… 예를 좀 들어 주세요." 테트라가 말했다.

"예를 들어, 도넛의 표면, 즉 토러스 위에 한 점 p를 고정해서 생각한다고 하자. 그리고 그 점 p를 기점으로 이런 루프를 그릴 수 있어."

"콕 찍은 것처럼 생겼네요. '**콕 루프**'……."

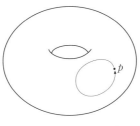

토러스에 그린 '콕 루프'

"루프라고 하니까 이런 거라고 생각했는데." 내가 그렸다.

"세세한 곳을 도는 '**미니 루프**'네요."

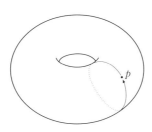

토러스에 그린 '미니 루프'.

"응, '큰 루프'라도 괜찮지." 그렇게 말하고 나는 그림을 하나 더 그렸다.

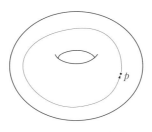

토러스에 그린 '큰 루프'

"지금 그린 건 모두 토러스라고 하는 위상공간에 그린 루프야." 미르카가 말했다. "시작점과 종착점이 일치해야만 하고, 도중에서 끊겨도 안 되고, 토러스 바깥쪽으로 빠져나가서도 안 돼. 그게 루프야."

"루프의 이미지는 알겠어요." 테트라가 고개를 끄덕였다.

"그럼, 그 이미지를 수학적으로 표현해 보자." 미르카가 계속했다.

"'0, 1'이라는 닫힌 구간을 생각하는 거야. 닫힌 구간 '0, 1'은 $0 \leq t \leq 1$을 충족하는 실수 t 전체의 집합을 말해. 이 닫힌 구간 '0, 1'에서 위상공간에서의 연속사상 f를 생각하는 거야. 그러니까 $0 \leq t \leq 1$을 충족하는 실수 t에 대해, $f(t)$는 위상공간 내의 한 점을 나타내. 사상 f는 거기에 $f(0) = f(1)$이라는 조건을 충족한다고 하자. 이 연속사상 f가 수학적으로 표현된 루프가 되는 거야."

"어, 그러니까 이 $f(0) = f(1)$이라는 조건은 어디서 온 건가요?" 테트라가 물었다.

"시작점과 종착점이 일치한다는 것을 나타내는 거 아닐까?" 내가 물었다. "$f(0) = f(1) = p$라는 거지?"

"맞았어. '큰 루프'를 그림으로 보여 줄게." 미르카가 말했다.

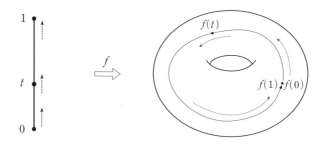

큰 루프를 연속사상 f로 표현한다

"하아…… 그런 뜻이군요. $f(0)$은 시작점이고 $f(1)$은 종착점을 나타내는 거네요. t를 0부터 1로 움직이면, 토러스 위의 점 $f(t)$가 이동한다는 거죠. 정말 손가락을 빙 돌리는 것하고 비슷하네요." 테트라는 아까 미르카처럼 검지를 돌렸다.

"점 $f(t)$가 움직여 토러스를 쓸며 돌고 있는 거네." 나도 말했다.

"그런데 토러스에 그릴 수 있는 루프는 무수하게 존재해." 미르카가 말했다.

"거기다 루프를 중간에 조금 구부리는 것만으로 다른 루프가 되어 버리지. 거기서 루프를 연속적으로 변형하여 생기는 루프는 모두 '동일시'하고 싶은데. 연속적으로 변형시킨 루프끼리는 같은 것으로 보는 거야. 우리는 지금 루프를 연속사상으로 표현했으니까 루프를 연속적으로 변형한다는 것은 연속사상을 연속적으로 변형시키는 것이 돼."

"연속사상을 연속적으로 변형한다고?"

"**호모토픽 루프**의 관계에 대해 이야기해 보자." 미르카가 말했다.

호모토픽 루프

"우리는 위상공간 위의 루프를 떠올릴 수 있어. 토러스에 붙인 고무 밴드처럼." 마르카가 말했다. "위상공간 위의 루프를 연속적으로 변형시키는 모양은 고무 밴드를 미끄러뜨리는 모양을 떠올리면 돼. 그리고 그건 곱 $[0, 1] \times [0, 1]$에서 위상공간의 연속사상 H를 생각하는 것과 같아. 예를 들어, 토러스 위의 루프 f_0에서 루프 f_1에, H를 써서 연속적으로 변형시켜 보는 거야. 여기서 생각하는 루프는 모두 공통의 기점을 가진다고 하자."

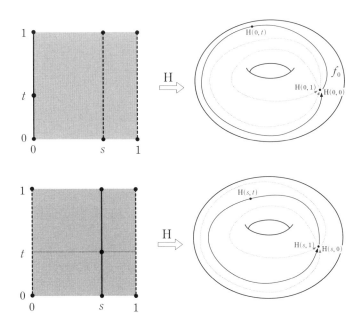

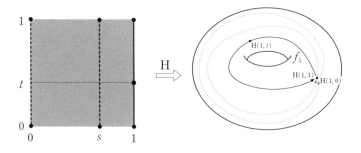

나와 테트라는 미르카가 그린 그림을 잠시 바라보았다.

"그렇구나. 연속사상으로 표현한 루프를 '연속적으로 변형한다'는 의미를 이해했어." 나는 말했다. "위상기하학 책에 나오는 쭉 늘어난 변형은 이렇게 생각하면 되는 건가? '연결되어 있다'는 연속사상을 생각하면 되고, '연결되어 있는 것을 잘라 내지 않고 변형한다'는 건 연속사상이 연속적으로 변화한다고 생각하면 되는 거네."

"죄송한데…… 이 연속사상 H라는 게 아직 이해가 안 가요." 테트라가 말했다.

"우선 $[0, 1] \times [0, 1]$이란 $[0, 1]$과 $[0, 1]$을 곱한 것이고, 이런 집합을 나타내." 미르카가 말했다.

$$[0, 1] \times [0, 1] = \{(s, t) \mid s \in [0, 1], t \in [0, 1]\}$$

"이건 0부터 1까지 이동하는 2개의 실수를 (s, t)라고 할 때 그런 조합을 모두 모은 집합이라는 거죠?"

"그래. 그리고 (s, t)에 대응하는 위상공간의 점을 $H(s, t)$로 나타내."

"모르겠어요."

"테트라." 내가 설명하기 위해 끼어들었다. "$H(s, t)$란 우선은 s를 고정하고 생각하는 게 좋아. s를 고정해 두고 t를 이동시켜서 $H(s, t)$가 루프가 되도록 하는 거야. 그리고 f_0과 f_1 각각을 루프로 하고……."

- $s=0$일 때 $H(0, t)=f_0(t)$가 되고,
- $s=1$일 때 $H(1, t)=f_1(t)$가 되지.

"이런 $H(s, t)$를 생각하는 거야. 그리고 s를 0부터 1까지 움직이면, f_0에서 f_1까지 루프가 연속적으로 변형돼. t를 변화시키면 점이 움직여 루프가 된 것과 같은 원리야. 이번에는 s를 변화시켜서 루프를 변형시켜 갈 거야."

"루프를 변형…… 루프인 채로 말인가요?"

"물론이지." 미르카가 고개를 끄덕이며 말했다. "지금은 기점 p를 고정해서 생각하고 있으니까 H에 대해 $0 \leq s \leq 1$인 어떤 s에 대해서도 $H(s, 0)=H(s, 1)=p$라는 조건이 붙게 돼."

"이런 건가요? $H(0, t)$에서 t를 움직이는 것은 하나의 루프 f_0이 되고, $H(1, t)$에서 t를 움직이는 것은 다른 루프 f_1이 된다. 그리고 $H(s, t)$에서 s를 이동시키면, f_0에서 f_1까지 도달할 수 있다……?" 테트라는 손가락을 빙글빙글 돌리며 말했다.

"그걸로 충분해. 위상공간, 예를 들면 토러스를 생각할 때 거기에는 무수한 루프를 만들 수 있어. 그야말로 모든 만지는 방식 말이야. 그 무수한 루프는 연속적으로 변형시켜서 일치시킬 수 있는지 어떤지로 분류할 수 있어."

"그렇군. 동일시란 말이지. 늘리거나 줄여서 일치시킨다면, 즉 연속사상 H가 존재한다면 같은 걸로 보자는 거지?"

"그렇지. 기점 p를 고정해서 생각하고, 루프 f_0과 f_1이 만날 수 있게 하는 연속사상 H를 **호모토피**(homotopy)라고 불러. 그리고 호모토피 H가 존재한다고 할 때 f_0과 f_1은 **호모토픽 루프**라고 말할 수 있어. 호모토픽 루프라는 건, f_0에서 f_1으로 루프를 연속적으로 변형시킬 수 있다는 거야. f_0과 f_1이 호모토픽 루프라는 것을 다음과 같이 표기해."

$$f_0 \sim f_1$$

"$\sim$는 동치 관계를 뜻하니까 기점을 p로 하는 루프 전체의 집합 F를 동치

관계로 나눠. 그렇게 해서 **호모토피류**가 생겨나지. 하나의 호모토피류는 동일시한 루프를 포함한 하나의 집합이야."

호모토피류

"위상공간을 생각해서 그 위상공간 위에 루프를 상상한 다음……" 테트라는 생각을 정리하는 듯 중얼거렸다. "루프는 많이 만들 수 있으니까 연속적으로 변형 가능한 루프는 동일시한다……?"

"그래." 미르카가 호응해 주었다.

"아, 우리 아직 기본군 이야기는 안 한 거죠? 제가 못 듣고 지나친 건 아니죠?"

"응, 아직 기본군에 대한 건 안 했어. 지금은 기본군을 만들기 위한 원소에 대해 이야기하는 단계야."

"루프가 기본군의 원소군요." 테트라가 말했다.

"루프 그 자체라는 말이 아니야. '연속적으로 변형시켜 동일시할 수 있는 루프를 하나로 정리한 것'이 기본군의 원소가 돼. 루프 전체의 집합을 호모토픽 루프라는 동치 관계로 나누면 되지. 그렇게 하면 호모토피류를 몇 개 구할 수 있어."

"죄, 죄송한데 토러스의 예라고 하면……?"

"토러스 위에서 호모토픽 루프인 것끼리를 하나의 집합으로 정리할 거야. 그게 하나의 호모토피류가 되지. 예를 들어, '큰 루프'의 호모토피류는 점 p를 지나는 '큰 루프'를 모두 모은 루프의 집합이 되는 거야."

'큰 루프' 호모토피류

"아하…… 중요한 건 연속적으로 변형시킨 루프를 모두 모으면 되는 거네요. 알겠어요! 그러면 '미니 루프'의 호모토피류는 이런 걸까요?"

'미니 루프'의 호모토피류

"'콕 루프'의 호모토피류는 이런 거지?" 내가 물었다.

'콕 루프'의 호모토피류

"잠깐만요. 맨 왼쪽에는 루프가 없는데요?"

"아니, 루프는 있어. 이건 한 점에서 비롯된 루프. $f(0)=f(1)$를 충족하고 있으니까. 도중에 이동하면 안 된다는 규칙은 없잖아?"

"그렇구나…… 루프라는 단어에 얽매이면 안 되는 거였네요. 그렇다는 건, 토러스의 경우 호모토피류는 '큰 루프', '미니 루프', '콕 루프' 이 세 가지라는 거네요."

"그렇지."

"아니, 틀렸어." 미르카는 고개를 저었다. "토러스 위의 호모토피류는 무수히 있어. 이들 루프를 놓치면 안 되지."

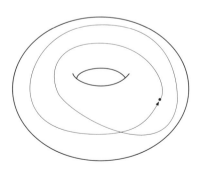

"앗! 2중 루프!" 테트라가 눈을 크게 떴다.

"그렇군……." 나는 신음했다. "토러스 위의 2중 루프를 연속적으로 1중 루프로는 만들 수 없는 건가?"

"또 이런 루프도 있지." 미르카가 그림을 그렸다.

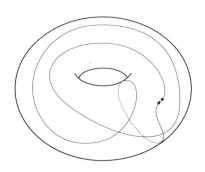

"그러네요."

"잠깐, '큰 루프'와 '작은 루프'를 연결한 루프는 별도의 호모토피류를 생성하지 않을까?"

"그렇다는 건, 몇 겹을 돌거나, 연결시켜 돌거나…… 여러 패턴이 있을 수 있겠네요!"

"맞았어. 그 발상에서 **호모토피군**이 생겼던 거야."

호모토피군

루프는 '연결하는' 조작을 군의 연산으로 하는 거야. 순서를 따라가면 이렇게 되지.

- 위상공간 X 위의 한 점을 고정하고 기점을 p라 한다.
- p를 기점으로 하는 루프 전체의 집합 F를 생각한다.
- 호모토픽 루프의 동치 관계 ~로 집합 F를 나누고, 호모토피류 전체의 집합 F/~를 구한다.

- 집합 F/∼의 원소는 '연속적으로 서로 변형되는 루프를 동일시한 루프의 집합'이 된다.
- 군의 연산을 넣어 집합 F/∼를 군으로 한다. 집합 F/∼의 원소, 즉 호모토피류끼리를 '연결한다'는 조작을 생각하고, 그것을 군의 연산이라고 하자. 루프는 모두 기점 p를 공유하고 있으니까 반드시 '연결하는' 것이 가능하다.
- 이처럼 만들어진 군을 '위상공간 X의 기점을 p로 하는 **기본군**'이라고 하고, $\pi_1(X, p)$라고 쓴다.

◆ ◆ ◆

"잠깐만요! 이거 원주율 아니죠?"

"원주율하고는 상관없어. $\pi_1(X, p)$의 파이는 단순히 알파벳 대신 쓰고 있는 것뿐이야." 미르카가 말했다.

"순간 깜짝 놀랐어요."

"$\pi_1(X, p)$가 군의 공리를 충족하는가를 확인하는 건 어렵지 않아." 미르카는 계속했다. "예를 들면, 항등원은?"

미르카가 테트라를 가리켰다.

"항등원은 연결시켜도 변하지 않는 루프니까 콕 루프?"

"콕 루프의 호모토피류지?" 내가 보충했다.

"그렇지." 미르카가 답했다. "다시 말하면, 점 p만으로 생성되는 루프가 속해 있는 호모토피류가 항등원이 되는 거야."

"그 항등원은……." 내가 말했다. "직관적으로는 '연속적인 변형으로 한 점 p까지 눌러 버릴 수 있는 루프 전체의 집합'이라는 거지?"

"좋아." 미르카가 끄덕였다. "여기까지는 '연결하는' 연산을 만들기 위해 기점 p를 고정시켰지만, 실은 기점 p를 고정하지 않아도 기본군을 생각할 수 있어. 어떤 기점 p와 별도의 기점 q를 생각하고, p와 q를 오가는 곡선을 생각하기만 하면 되니까. 단, 그때는 위상공간 X의 임의의 두 점을 곡선으로 연결할 수 있다는 조건을 넣을 필요가 있어. 위상공간 X가 곡선으로 연결되어 있다면, $\pi_1(X, p)$처럼 점 p를 명시할 필요는 없어지지. '곡선으로 연결된 위상공간 X의 기본군'은 다음과 같이 표기해."

$$\pi_1(X)$$

"미르카 선배……."

"거기다 **기본군은 위상 불변량이라는 것도** 증명할 수 있어. 2개의 곡선으로 연결된 위상공간 X와 Y가 위상동형이라면 각각의 기본군 $\pi_1(X)$와 $\pi_1(Y)$는 동형이 된다는 게 증명되는 거지."

"이제 머리가 빙글빙글 돌기 시작했어요."

"토러스의 기본군은 2개의 덧셈군 $\mathbb{Z}$의 곱 $\mathbb{Z} \times \mathbb{Z}$가 돼. 2개의 덧셈군은 '큰 루프'와 '미니 루프'를 각각 몇 번 돌았는지에 대응하고 있어." 미르카가 말했다. "토러스보다 간단한 위상공간에서의 기본군을 생각해 보자. 예를 들어, 1차원 구면 S^1과 기본군 $\pi_1(S^1)$은 어떤 군일까?"

문제 6-2 S^1의 기본군

1차원 구면 S^1의 기본군 $\pi_1(S^1)$을 구하라.

"퇴실 시간입니다."

미즈타니 선생님의 선언으로 미르카의 강의는 일단 중단되었다.

4. 구면을 파악하다

집

입시 공부는 자정까지 하기로 했다. 그리고 목욕. 이것이 나의 최근 생활 패턴이다. 되도록 같은 시간에 같은 행동을 한다. 시험일이 다가오면 아침형으로 생활 패턴을 바꿀 생각이다.

지금은 23시 53분. 23과 53은 둘 다 소수다. 나는 책상을 정리하고 욕실로 향했다. 옷을 벗으면서 오늘 미르카의 강의를 떠올렸다. 테트라의 행동도. 두 사람이 서로 뺨을 쓰다듬는 걸 보고 있으면…… 아니, 그건 됐다. 미르카가 낸 문제에 집중하자.

1차원 구면의 기본군

몸을 씻으면서 나는 생각을 계속했다.

1차원 구면 S^1이라는 위상공간은 원을 상상하면 되겠지. 원 위에 루프를 만들어서 연속적으로 변형시키며 옮겨 갈 수 있는 루프끼리를 서로 동일시한다……고. 한 바퀴 도는 중에 '왔다 갔다' 하는 루프는 모두 동일시할 수 있다는 말이다.

하지만 S^1에서의 한 바퀴 루프와 두 바퀴 루프는 서로 다르다. 연속적으로 옮겨 갈 수 없기 때문이다. 그렇다는 건, 도는 횟수로 분류할 수 있다는 것이다. 반대가 될 수도 있기 때문에 '왔다 갔다' 하는 부분을 빼내어, 최종적으로 어떤 방향으로 몇 바퀴를 돌았는지에 의해, S^1의 기본군은 결정된다. 결국 정수가 만들어 내는 군(정수 전체의 집합이 연산 $+$로 만드는 덧셈군)이 된다는 거겠지.

바꿔 말하면, 1차원 구면 S^1의 기본군 $\pi_1(S^1)$은 덧셈군 $\mathbb{Z}$와 동형이다.

$$\pi_1(S^1) \simeq \mathbb{Z}$$

그리고 $\mathbb{Z}$에 있어서 0에 해당하는 것(항등원 e에 해당하는 것)은 한 점에서 생겨나는 루프의 호모토피류다. 어느 방향으로도 다 돌 수 없는 루프 전체의 집합이다.

그렇군. '기본군은 루프로 형태를 구하려고 한다'는 말을 이제 조금 알 것 같은데……. 1차원 구면 S^1이라는 형태에 대해 우리가 느끼고 있는 구조는 $\mathbb{Z}$에 대해 느끼는 구조와 확실히 비슷하군.

'1바퀴를 돌고 2바퀴를 돌면, 3바퀴를 돈 셈이구나'는 $1+2=3$을 표현한 말이다. '2바퀴를 돌고 난 후에 돌지 않으면, 2바퀴만 돈 셈이 된다'는 $2+0=2$를 표현한 말이다. '3바퀴를 돌고 거꾸로 다시 4바퀴를 돌면, 거꾸로 1바퀴만 돈 셈이 된다'는 $3+(+4)=-1$을 표현한 말이다. 'n바퀴를 돌고 다시 거꾸로 n바퀴를 돌면, 한 바퀴도 돌지 않은 셈이다'는 $n+(-n)=0$을 말하는 것이다. 그와 같은 1차원 구면 S^1을 빙빙 도는 이미지 모두를, 'S^1의 기본군은 $\mathbb{Z}$와 동형'이라고 한마디로 정리할 수 있는 건가……?

풀이 6-2 S^1의 기본군

1차원 구면 S^1의 기본군 $\pi_1(S^1)$은 정수의 덧셈군 $\mathbb{Z}$와 동형이다.

2차원 구면의 기본군

머리를 감으며 나는 차원을 올려 보고 싶어졌다. 2차원 구면의 기본군은 어떻게 될까?

문제 6-3 S^2의 기본군

2차원 구면 S^2의 기본군 $\pi_1(S^2)$를 고찰하라.

2차원 구면은 구체의 표면으로 생각하면 된다. 그리고 구체의 표면 위에 루프가 있다고 생각한다. 루프는 시작점과 종착점이 일치하며, 이 위상공간에서 나와서는 안 되는 연속곡선이다. 게다가 루프의 연속적인 변형을 동일시하여 생각한다. 나는 구체 위에 루프를 만드는 상상을 해 본다.

이미지만으로 떠올리는 것이기에 확실한 건 말할 수 없지만 2차원 구면 위의 루프는 연속적인 변화를 동일시하면 1종류밖에 없다고 생각한다. 한 점으로 이루어지는 루프다. 왜냐하면 어떤 루프라도 한 점까지 없앨 수는 없기 때문이다. 다시 말하면 2차원 구면의 모든 루프는 호모토픽 루프라고 할 수 있다.

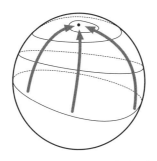

2차원 구면 위의 루프를 한 점까지 지그러뜨린다

그렇다는 것은 2차원 구면의 기본군은 그저 하나의 원소만 존재하는 군이라고 할 수 있다. 항등원 e만으로 이루어지는 자명한 군, 즉 **항등군** $\{e\}$가 아닐까? 2차원 구면의 기본군 $\pi_1(\mathrm{S}^2)$은 항등군 $\{e\}$과 동형일 테니까!

$$\pi_1(\mathrm{S}^2) \simeq \{e\}$$

풀이 6-3 S²의 기본군
　　2차원 구면 S^2의 기본군 $\pi_1(\mathrm{S}^2)$는 항등군 $\{e\}$와 동형이다.

그 감각은 1차원 구면과 2차원 구면과의 차이도 확실히 알게 해 준다. 1차원 구면에는 루프가 걸리는 '구멍'이 있다. 1차원 구면에서 루프를 작게 만들려고 해도 한 점까지 지울 수는 없다. 하지만 2차원 구면에는 루프가 걸리는 '구멍'이 없다. 어떤 루프라도 한 점까지 연속적으로 찌그러뜨리는 것이 가능하다.

3차원 구면의 기본군
나는 욕조에 몸을 담근 채로 다시 차원을 높여 보았다.

잠깐. 3차원 구면 S^3의 기본군도 똑같지 않을까? 3차원 구면(그것은 구면이라기보다 공간처럼 느껴지지만)에서 루프를 만들자. 그 루프를 꽉 조이면 간단히 한 점까지 찌그러뜨릴 수 있겠지. 아하! 푸앵카레 추측에 대한 텔레비전 프로그램에서는 우주선이 밧줄을 잡아당긴다나 뭐라나, 그런 이야기를 했지! 그게 이건가?

위상공간 M	기본군 $\pi_1(M)$
1차원 구면 S^1(원)	정수의 덧셈군 $\mathbb{Z}$
2차원 구면 S^2(구체 표면)	항등군 $\{e\}$
3차원 구면 S^3	항등군 $\{e\}$

여기까지는 맞을 것이다. 하지만 이상한걸. 2차원 구면과 3차원 구면은 같은 기본군이다. 그러면 기본군에서 형태를 구별할 수 없지 않은가.

푸앵카레 추측

나는 욕실에서 나와 머리를 말리는 둥 마는 둥 책장으로 향했다. 한참 전에 산 것이지만 너무 어려워서 그만두었던 위상기하학 책을 펼쳤다.

거기에는 1차 호모토피군을 기본군으로 부른다는 것에 대해 쓰여 있었다.

기본군에서는 루프를 써서 군을 만들었다. 이것은 루프라는 1차원 구면을 기본으로 해서 만든 군이다. 1차원 구면을 기초로 만든 군이 **1차 호모토피군** $\pi_1(M)$으로 이것이 기본군이다. 그렇군, $\pi_1(M)$의 첨자 1의 의미를 알았다. n차원 구면을 기초로 한 군이 n차 호모토피군 $\pi_n(M)$이구나! 기본군의 개념을 일반화시킨 군이다!

3차원 생물인 내가 느끼는, 안이 비어 있는 S^2의 느낌은 혹시 2차 호모토피군 $\pi_2(S^2)$을 생각하면 되는 거 아닐까?

나는 계속 책을 읽어 나갔다. **푸앵카레 추측**이 등장했다.

푸앵카레 추측

M을 3차원 닫힌 다양체라 한다.
M의 기본군이 항등군과 동형이라면, M은 3차원 구면과 위상동형이다.

그렇다!

나는 지금 이 명제의 의미를 조금 알 것 같았다.

- '3차원 닫힌 다양체'는 알겠다. 3차원의 닫힌 다양체라는 건, 3차원의 위상공간에서 국소적으로는 3차원 유클리드 공간과 위상동형이며, 크기는 유한하고 끝이 없는 것이다. 만약 그 안으로 스스로 들어가 주변을 둘러보게 된다면 아마도 우주에 있는 것처럼 느낄 것이다. 어느 방향으로든 얼마가 되든 나아갈 수 있는 공간이다. 얼마든지 나아갈 수 있지만 크기는 유한하다. '유한하며 끝이 없는' 공간이다.
- 'M의 기본군'도 알겠다. 연속적으로 옮길 수 있는 루프를 동일시하여 만든 군 $\pi_1(M)$을 말한다.
- '3차원 구면'도 알겠다! 2개의 3차원 구체를 표면에서 이어 붙인 위상공간 S^3을 말한다.

그리고 나는 푸앵카레 추측으로 제시된 다음 명제,

M의 기본군이 항등군과 동형이라면, M은 3차원 구면과 위상동형이다.

이 내용뿐 아니라 그 의의도 이해가 간다.

푸앵카레 추측은 기본군의 능력을 알고자 하는 것이다.

푸앵카레 추측이 성립하려면 S^3과 위상동형인지 아닌지를 알아보는 판정 수단으로서 기본군을 쓸 수 있다는 것이다. 어떤 3차원의 닫힌 다양체 M에 대해 알아본다고 치자. M이란 어떤 것일까? 예를 들어, M은 S^3과 위상동형일까? 알고 싶다면 기본군을 조사하라. $\pi_1(M)$이 항등군이라면, M은 S^3과 위상동형이다. 그렇지 않다면 위상동형이 아니다.

위상공간의 세계에서 M과 S^3을 비교하는 대신 군의 세계에서 $\pi_1(M)$과 $\pi_1(S^3)$을 비교하면 된다고 할 수 있는가, 아닌가. 기본군은 위상공간의 세계에서 군의 세계로 건너가는 다리라고 할 수 있는가, 아닌가. 푸앵카레 추측은 그것을 묻고 있는 것이다.

푸앵카레 추측은 위상기하학의 문제임과 동시에 대수학의 문제라고 할 수 있다. 왜냐하면 기본군이라는 군의 능력을 알아보는 문제이기 때문이다!

5. 형태에 사로잡히다

조건의 확인

"정말 오랜만에 밤을 샜지 뭐야." 나는 두 사람에게 말했다. "재미있었어. 내 이해가 그리 대단한 건 아니지만, 그래도 재미있었어. 푸앵카레 추측이 무엇에 대한 이야기인지, 나는 분명하게 알지 못했던 거야."

이곳은 도서실. 나의 이야기를 미르카와 테트라가 말없이 듣고 있다. 어젯밤의 내 성과에 대해.

"기본군이 판정의 무기가 된다는 건가요?" 테트라가 물었다. "어…… 하지만 기본군은 위상 불변량이니까 기본군이 동형이라면 위상공간이 위상동형이 되는 게 당연한 거 아닌가요?"

"거기엔 약간 주의가 필요해." 미르카가 말했다. "필요조건과 충분조건을 주의 깊게 구별할 필요가 있기 때문이야."

◆◆◆

'M의 기본군은 항등군과 동형이다'라는 조건을 $P(M)$이라고 표시하고, 'M은 3차원 구면과 위상동형이다'라는 조건을 $Q(M)$이라 표시하자.

푸앵카레 추측의 주장은 이런 거야.

$$P(M) \implies Q(M)$$

이에 대해 기본군이 위상 불변량이라는 것에서 말할 수 있는 건 '반대'지.

$$P(M) \impliedby Q(M)$$

기본군이 위상 불변량이고, 3차원 구면의 기본군은 항등군과 동형이니까, Q(M)이라면 P(M)이라고 할 수 있는 거지. 테트라, 위상 불변량의 의미를 알겠어?

◆◆◆

"알 것 같아요. 제 사고방식이 참 단순하죠."

"나도 그랬는걸." 내가 대답했다. "'기본군이 위상 불변량'이라는 것은 'X와 Y가 위상동형이라면, $\pi_1(X)$와 $\pi_1(Y)$는 동형'이라는 주장이야. 그러니까 기본군이 위상 불변량이라는 것만으로는 근거가 약하지. X와 Y가 위상동형이 아니라는 증거로는 쓸 수 있겠지만, X와 Y가 위상동형이라는 증거로는 쓸 수 없으니까."

보이지 않는 스스로를 파악하다

"저는 좀 더 공부할 필요가 있어요." 테트라가 말했다. "선배가 이렇게 시간을 쪼개서 설명해 주시는데, 전 진짜 어쩔 수 없는 앤가 봐요……. 밤 10시만 되면 자느라고 정신이 없고."

"아냐, 어제 밤을 샌 건 내 선택인걸. 게다가 시험하고는 전혀 상관없는……." 나는 말했다. 수면 부족 때문인지 오늘은 왠지 입이 제멋대로 움직이는 느낌이다. "나는 일단 수험생이니까. 그러고 보니 어제 모의고사였잖아. F1 레이서처럼 스스로를 튜업해서 시험에 임해야 해. 스스로 힘을 시험해 보는 기회니까. 진지하게 시험을 치르고 시험 요령을 파악해야 해. 그러고 보니 시험에 나온 문제 가운데 순환군이 있었지. 아마 C_6 순환군과 동형인 문제였어. 문제가 똑같았던 건 아니지만."

"순환군이요? 시험에도 그런 문제가 나오나요?"

"아니, 그건 내가 받은 인상이고. 문제로 나온 건 단순한 회전행렬이었어. 아니, 행렬의 형태도 아니었지. $\frac{\pi}{3}$ 회전이니까. 정육각형이라는 형태가 보여서…… 어라?"

심장이 크게 뛰었다.

그 문제…… 확실히 $\theta = \frac{\pi}{3}$ 이었다. 회전각이 구체적으로 주어져 있었고,

구체적으로 주어져 있었기 때문에 mod 6으로 풀 수 있었던 거고. 나는,

$$(a_{1000}, b_{1000}) = (\cos 4\theta, \sin 4\theta)$$

이라고 풀어냈다. 거기서 더 계산을 했어야 했는데!

$$\begin{cases} \cos 4\theta = \cos \dfrac{4\pi}{3} = -\dfrac{1}{2} \\ \sin 4\theta = \sin \dfrac{4\pi}{3} = -\dfrac{\sqrt{3}}{2} \end{cases}$$

이니까,

$$(a_{1000}, b_{1000}) = \left(-\dfrac{1}{2}, \ -\dfrac{\sqrt{3}}{2} \right)$$

이라고 답했어야 했다. 대입하는 걸 망각하다니, 이런 바보 같은 실수를!

풀이 6-1 귀납적으로 정의한 식

$$(a_{1000}, b_{1000}) = \left(-\dfrac{1}{2}, \ -\dfrac{\sqrt{3}}{2} \right)$$

"선배?"

테트라가 당황한 듯 물었다.

"아니, 실수했다는 게 떠올라서. 모의고사에서……."

"수학?" 미르카가 물었다.

"응…… 마지막에 θ 대입하는 걸 잊어버렸어."

"감점은 되겠네." 미르카가 평소처럼 담담하게 말했다.

하지만 지금의 나는 평소 모습을 유지하기 어려웠다.

"미르카, 너 참 못됐어!" 나는 목소리를 높였다.

"못됐다고?" 그녀는 눈을 가늘게 뜨고 나를 보았다.

"진학할 곳도 미리 정해 놓고 모의고사를 칠 필요도 없으면서……. 그렇

게 아무것도 아니라는 듯이 '감점은 되겠네'라고 말하지 마!"

"아무것도 아니라는 표정?" 그녀는 내 말을 읊었다.

"항상 그래. '나는 뭐든지 알고 있다'는 표정으로 달관한 듯이."

"달관?"

"표표하고."

"표표?"

"초연하게……."

"초연?"

아니, 난 이렇게 꼴사나운 말을 하고 싶었던 건 아니다.

"……."

"이제 어휘가 떨어졌나 보네. 넌 그렇게 나를 보고 있었구나."

아니다. 하지만 목소리가 나오지 않았다. 그런 말을 내뱉은 나 자신에게 너무 화가 나서 눈물을 참고 있었기 때문이다.

"너는……." 그녀는 천천히 말했다. "너, 모의고사 한 문제 틀려서 만점이 아니라는 것만으로 말을 잃을 정도로 쇼크 받은 거야? 백만 번의 시험을 보고 백만 개의 요령을 알아도, 모의고사는 모의고사에 지나지 않아. 합격 판정 시험으로 합격이 결정되진 않는다고!"

"……."

"나는 미르카야." 그녀는 계속했다. "너는 너야. 네가 보는 내 모습은 나의 전부가 아니야. 내가 보는 네 모습이 너의 전부가 아니고. 오늘 너의 새로운 모습을 봤네."

기본군이 자명한 3차원 다양체로
3차원 구면과 위상동형이 되지 않는 게 있을까.
_푸앵카레

미분방정식의 온기

온도 변화의 속도는 온도 차에 비례한다.
_뉴턴의 냉각법칙

1. 미분방정식

음악실

"네가 잘못했어." 예예가 말했다. "여전히 미숙하긴."

이곳은 음악실. 그녀는 피아노를 치고 있다. 나는 옆에 서서 빠르게 움직이는 그녀의 긴 손가락을 바라보았다. 재즈 풍으로 편곡한 바흐였다.

나와 같은 고등학교 3학년인 예예. 곱게 웨이브 진 머릿결이 눈길을 끄는 건반 소녀다. 리더를 맡고 있던 피아노 동아리 활동은 끝났지만 그녀는 항상 음악실에 틀어박혀 있다.

"내가 잘못했단 건 알아."

나는 어제 일의 전말, 미르카와의 말다툼에 대해 이야기하고 있었다.

"한마디로 화풀이지." 그녀는 말했다. "미르카는 그저 사실을 말했을 뿐이야. 감점이라고. 누구나 할 수 있는 말 아니야? 악의 없이, 담담하게, 사실만을 말해 주는 여왕님이잖아."

"뭐, 그렇긴 하지만." 나는 말했다. "난 실수투성이 인간이야."

확실히 예예의 말대로다. 시험에서 한 문제 실수했다고 동요하고, 화풀이하고. 어쩐지 이젠…….

"음악은 시간예술, 시간은 불가역적이지." 그녀는 말했다. "어떤 실수를 해도 한 번 쳐 버린 음은 다시 되돌릴 수 없어. 실수해도 음악은 앞으로 나아가야만 해. 계속 연주를 해야 하지."

"앞으로……."

"음악은 시간예술, 시간은 연속적." 그녀는 한 번 더 되풀이했다. "음악에서는 한 음만을 꺼내서 '좋은 소리는 이것'이라고 말할 수 없어. 나야 할 타이밍에 나야지 좋은 소리야. 그리고 소리가 나야 할 타이밍은 다른 소리와의 조화로 결정돼."

그녀는 연주하던 손을 멈추고 내 쪽을 바라보았다.

"제발 말해야 할 타이밍에 읊어야 할 대사 좀 골라, 미숙한 왕자님아."

그렇다. 보잘것없는 내 실수를 질질 끌고 가 봤자 좋을 게 없다. 이런 지질한 태도로 소중한 사람과의 관계를 망가뜨려서는 안 된다.

"예예, 고마워." 나는 그렇게 말하고 음악실을 나왔다.

내 등 뒤에서 바흐가 다시 울려 퍼졌다.

교실

"선배, 뭘 그렇게 축 처져 있어요?" 테트라가 물었다. "점심식사, 같이 하실래요?"

이곳은 우리 반 교실. 지금은 점심시간이다.

테트라는 예전에 상급생 교실에 오는 것을 어려워했지만, 최근에는 망설임 없이 들어온다.

"물론 괜찮지." 나는 고개를 들고 답했다. 이제 완전히 추워져서 옥상에서 밥을 먹기는 힘들다.

"미르카 선배는 오늘 없나 봐요." 빈 책상을 내 책상과 붙이며 테트라가 말했다. "오늘은 쉬나요?"

"그런 것 같아." 나도 도시락을 책상 위에 펼치며 말했다.

그렇다. 미르카에게 어제 일에 대해 사과하려고 했는데, 그녀가 오지 않았다. 이야기할 타이밍을 놓쳤다. 내 말수가 적어진 탓인지 테트라는 영 불편해 보였다. 도시락을 다 먹고 나서도 왠지 우물쭈물하는 모양새다.

"최근에는 어떤 문제에 도전하고 있어?" 나는 화제를 돌렸다.

"네!" 그녀는 안심한 듯 말하기 시작했다. "선배, **미분방정식**이 어떤 거예요?"

"미분방정식? 꽤 어렵지."

"아니, 전 그 공부는 안 하고 있어요. 저번에 리사와 수다 떨 때 미분방정식 얘기가 나와요. 도서실에서 책을 찾아보기는 했는데, 이해가 안 가는 게 있어요. 선배는 알까 해서 이렇게⋯⋯."

"응, 괜찮아. 예를 들면⋯⋯."

◆◆◆

$f(x)$를 실수 전체에서 실수 전체로 미분 가능한 함수라고 치자. 하지만 $f(x)$가 구체적으로 어떤 함수인지는 아직 모르는 걸로 하는 거야. 단 한 가지 알려진 건 어떤 실수 x에 대하여도,

$$f'(x) = 2$$

라는 식이 성립한다는 것. 예를 들면, $f(x)$를 x로 미분한 $f'(x)$가 항상 2와 같다는 것을 알고 있을 때 함수 $f(x)$는 구체적으로 어떤 함수라고 말할 수 있을까? 테트라, 알겠어?

◆◆◆

"네⋯⋯ 잠깐만요. $f'(x) = 2$이고, $f(x)$를 구하라는 거죠? 이건 $y = f(x)$의 그래프 모양이 항상 2를 가리킨다는 거고요. 그러니까 다음 식이 성립하는 건 아닐까요?"

$$f(x) = 2x$$

"$y = 2x$ 그래프는 직선이고, 기울어진 정도가 항상 2가 되니까요!"

"그렇지. 테트라가 발견한 $f(x) = 2x$라는 함수는 확실히 $f'(x) = 2$라는 식을 충족하고 있으니까."

"다행이에요."

"하지만 $f'(x)=2$를 충족하는 함수는 그뿐만이 아니야. 예를 들면, 다음 함수는 어떨까?"

$$f(x)=2x+3$$

"아…… $f'(x)=(2x+3)'=2$가 되니까 확실히 이것도 맞네요. 그럼, $f(x)=2x+1$도 성립하는 거네요."

"그래. $f'(x)=2$를 충족하는 $f(x)$는 일반적으로 다음과 같이 쓸 수 있어. C는 임의의 정수이고."

$$f(x)=2x+C \qquad \text{C는 상수}$$

"네."

"테트라는 $y=f(x)$라는 그래프를 생각했지. 그건 바른 생각이지만 $f'(x)=2$의 양변을 적분해서 구해도 돼. 그렇게 하면 다음과 같이 구할 수 있어."

$$f(x)=2x+C \qquad \text{C는 상수}$$

"아, 진짜 그러네요."

"그래서 지금 예로 든 $f'(x)=2$라는 건, 함수 $f(x)$에 관한 미분방정식의 예가 되는 거야."

$$f'(x)=2 \qquad f(x)\text{에 관한 미분방정식의 예}$$

"네? 이게 미분방정식이에요?"

"응, 매우 심플한 형태지."

"그러네요. 확실히 미분은 나타나 있는데, 방정식이라니……."

"우리가 방정식이라고 부르는 건 예를 들면, 이런 형태야."

$$x^2 = 9 \qquad x\text{에 관한 방정식의 예}$$

"이 문자 x는 어떤 수를 나타내고 있지만, 그게 어떤 수인지는 나타내고 있지 않아. x가 어떤 수인지를 알 수 없는 거야. 하지만 알아내는 방법이 없지는 않지. 왜냐하면 그 수를 제곱하면 9와 가깝다는 걸 이미 알고 있으니까. 그럼 이 $x^2 = 9$라는 방정식을 충족하는 x는 무엇일까? 이 x를 구하는 걸 **방정식을 푼다**고 말해."

"네, 이해했어요."

"지금 이건 방정식에 대한 얘기야. 그리고 미분방정식도 이것과 거의 흡사해. 방정식으로 구하는 건 수였지만, 미분방정식으로 구하는 건 함수야. $f(x)$는 어떤 함수인지 몰라. 하지만 알아낼 수는 있지. 왜냐하면 $f'(x) = 2$라는 식을 충족한다는 걸 아니까. 그럼 이 $f'(x) = 2$라는 미분방정식을 충족하는 함수 $f(x)$는 무엇일까? 이 $f(x)$를 구하는 걸 **미분방정식을 푼다**고 말해. 미분방정식에 대해 이해가 돼?"

"그렇군요……." 그녀는 천천히 답했다. "그러고 보니 제가 읽었던 책에도 지금 선배와 비슷한 내용이 쓰여 있었던 것 같아요. 하지만 왠지 책보다 선배 설명이 더 이해하기가 쉽네요. 어찌 됐든 미분방정식이 뭔지 조금은 알 것 같아요."

	예	구하는 것
방정식	$x^2 = 9$	수 x
미분방정식	$f'(x) = 2$	함수 $f(x)$

"그런데 테트라는 $x^2 = 9$라는 방정식을 풀 수 있겠어?"

"물론이죠. 해는 $x = \pm 3$이죠? 저도 이런 건 금방 풀 수 있다고요."

"응, $x^2 = 9$를 풀면 $x = 3$ 또는 $x = -3$이 해가 되지. $x = 3$은 $x^2 = 9$를 충족

하고, $x=-3$도 $x^2=9$를 충족하니까. 즉 방정식의 해는 반드시 하나라고는 할 수 없어. 방정식을 풀라고 하면, 보통은 모든 해를 구해야 하지."

"네, 알아요."

"아까 푼 미분방정식 $f'(x)=2$도 똑같아. 테트라는 $f(x)=2x$라는 해를 구했지만, 미분방정식 $f'(x)=2$의 해는 그게 아니었어. $f(x)=2x+1$이라도, $f(x)=2x+5$라도, $f(x)=2x-1000$이라도 좋아. 일반적으로 $f(x)=2x+$C 라는 형태가 되어야만 비로소 모든 해를 구했다고 할 수 있지."

"진짜 방정식하고 미분방정식은 비슷하네요."

"$f(x)=2x+1$처럼 미분방정식을 충족하는 하나의 함수를 **특수해**라고 불러. 그리고 $f(x)=2x+$C처럼, 미분방정식을 충족하는 함수를 임의의 상수 C와 같은 매개변수를 가지는 형태로 나타내는 해를 **일반해**라고 부르지."

"음…… 잠깐만요. 그렇다면 $f'(x)=2$라는 미분방정식에는 **해가 무수히 있**다는 말이 되는데요. C에 어떤 실수를 대입해도 $f'(x)=2$가 성립하니까요."

"그래. 미분방정식에서 해가 되는 함수가 무수히 존재한다는 건 새로운 사실이 아니야."

"그렇군요."

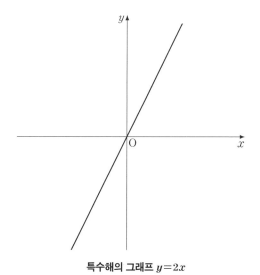

특수해의 그래프 $y=2x$

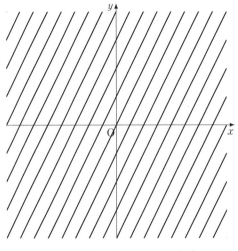

일반해의 그래프 $y=2x+C$의 예

"어떤 수가 방정식 $x^2=9$의 해가 되는지를 알고 싶다면 이야기는 간단해. 그 수를 x에 대입시켜 보고, $x^2=9$가 성립한다면 해라고 할 수 있지. 해를 구하는 게 어려울지도 모르지만, 하나의 수가 해가 되는지 어떤지를 알아보는 건 간단해. 또 그와 같이……."

"잠깐만요." 테트라가 내 말을 끊었다. "미분방정식도 똑같다는 말씀이시죠? 어떤 함수 $f(x)$가 미분방정식 $f'(x)=2$의 해가 되는지 어떤지를 알아보고 싶다면…… 실제로 미분해 보면 된다는 거요. 어떤 함수 $f(x)$를 미분한 결과가 2와 같다면, 그 함수는 $f'(x)=2$의 해가 된다는 거죠?"

"맞았어, 바로 그거야. 미분방정식을 충족하는 함수를 발견하면, 그 함수는 해의 하나라고 할 수 있지. 그러니까 구체적인 $f(x)$가 미분방정식을 충족하는지 어떤지는 미분해 보면 확인할 수 있어."

지수함수

테트라가 열심히 이야기를 들어 주자 설명에 힘이 붙었다.

"$f'(x)=2$에서 $f(x)=2x+C$를 구했지? 그러니까 부정적분 계산은 간단한 미분방정식을 푸는 거라고 할 수 있어. 부정적분 계산에서는 적분상수가 나오지만, 그건 일반해의 척도가 되는 거야. 그 척도의 값을 구체적으로 정한다면 여러 특수해를 구할 수 있지."

"그렇다는 건, 미분방정식을 풀 때는 양변을 적분하면 된다는 거네요. 그게 미분방정식을 푸는 방법이고요."

"응? 아냐, 그 얘기가 아니야. 아까 예로 든 $f'(x)=2$라는 건, 제일 단순한 미분방정식 중 하나니까, 그 방법이 통했지. 일반적으로는 양변을 적분해서 $f(x)$를 구할 수 있다고 단언할 수 없어."

"하아……."

"일반적으로 미분방정식은 $f(x)$나 $f'(x)$나 $f''(x)$ 같은 식이 들어가 있으니까 그렇게 간단하게는 못 풀지. 예를 들면, 조금만 어려워져도 이런 미분방정식이 나와."

나는 노트에 다른 미분방정식을 써 보였다.

$$f'(x)=f(x)$$

"이건…… 그러네요. 함수 $f(x)$를 미분한 도함수 $f'(x)$가 $f(x)$와 같아진다는 미분방정식인가요?"

"맞았어. 도함수 $f'(x)$가 원래 함수 $f(x)$와 항등적으로 같다. 그러니까 x로서 어떤 실수 a가 주어져도, $f'(a)=f(a)$가 성립하는 함수 $f(x)$를 구하라…… 이것이 미분방정식이야."

"확실히, 양변을 적분해도 안 되네요. 왜냐하면 다음 식이 되니까요."

$$f(x)+C=\int f(x)dx$$

"$\int f(x)dx$를 모르니까, $f(x)$도 모르는 거죠."
"그렇지."
"그럼, 이 $f'(x)=f(x)$라는 미분방정식은 어떻게 푸는 거예요?"

테트라는 상체를 앞으로 쭉 내밀어 거리를 좁혔다. 달콤한 냄새가 짙어졌다.

"푼다고 해야 할지, 안다고 해야 할지…… 예를 들어, $f(x)=e^x$이라는 함수라고 생각해 보자. 지수함수 e^x을 미분해 보면 그 도함수도 또 e^x이라는 식으로 나타나지. 그렇다는 건, 지수함수 e^x은 미분해도 형태가 바뀌지 않는다는 얘기. 즉, 다음 식이 성립해."

$$(e^x)'=e^x$$

"$f(x)=e^x$이라면 $f'(x)=e^x$이니까 결국은 다음 식이 성립하게 돼."

$$f'(x)=f(x)$$

"그러니까 $f(x)=e^x$은 미분방정식 $f'(x)=f(x)$의 특수해가 되지."

"아니, 선배. 잠깐만요!" 테트라는 오른손을 크게 좌우로 흔들었다. "지수함수 e^x은 알겠어요. 그리고 e^x을 x로 미분한 $(e^x)'$는 e^x과 같다는 것도 알겠어요. 왜냐하면 그걸 써서 테일러 전개를 해 봤으니까요.(『미르카, 수학에 빠지다』 제3권 '우연과 페르마의 정리')"

"그랬었지."

"하지만 미분방정식 $f'(x)=f(x)$를 이제부터 풀려고 하는데…… 그러니까 함수 $f(x)$를 구하려는데 갑자기 '$f(x)=e^x$이라는 함수라고 생각해 보자'니…… 괜찮은 건가요? 그건 해를 이미 암기하고 있다는 말이잖아요."

"아니, 잘 생각해 봐. 예를 들어, $x^2=9$라는 방정식의 형태를 봤을 때 테트라는 '예를 들면, $x=3$은 해 중 하나다'라고 바로 알잖아?"

"그렇죠. $3^2=9$니까요."

"함수가 그 도함수와 같다는 미분방정식의 형태를 보고, '이건 지수함수 e^x을 쓸 수 있어'라고 생각하는 것도 그것과 같은 느낌일 것 같은데."

"음…… 그럴까요?" 테트라는 팔짱을 끼며 말했다.

"그런데 e^x 외에 $f'(x)=f(x)$는 충족하는 함수가 있다고 생각해?"

"$f(x)=e^x+1$이지요? 미분해도 e^x은 바뀌지 않으니까요."

"응? 1은 지워져."

"죄송해요. 똑바로 쓸게요. 만약······."

$$f(x)=e^x+1$$

"위 식에서 $f(x)$를 x로 미분하면 다음과 같아요."

$$f'(x)=e^x$$

"그럼 $f'(x)=f(x)$가 되지 않아요! 안 돼요!"

"그러니까 $f(x)=e^x$은 미분방정식 $f'(x)=f(x)$의 해가 되지만, $f(x)=e^x+1$은 해가 아니라고 할 수 있어."

"그렇다면 미분방정식 $f'(x)=f(x)$의 해는 $f(x)=e^x$ 이외에는 없는 것 같은데요. 뭘 더해도 영향을 주게 되니까요."

"그럼, $f(x)=2e^x$은 어때?"

"어! 성립하네요. $f(x)=2e^x$을 미분하면 $f'(x)=2e^x$이니까, 확실히 $f'(x)=f(x)$가 성립해요. 어라, 그럼 $f(x)=3e^x$이나 $f(x)=4e^x$이라도 상관없는 것 아닌가요?"

"물론, 그렇지. 그러니까 C가 상수일 때 다음 식은 해가 돼."

$$f(x)=Ce^x$$

"미분방정식 $f'(x)=f(x)$의 일반해는 C라는 매개변수를 포함한 $f(x)=Ce^x$인 거지."

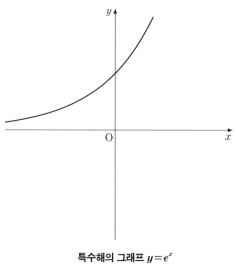

특수해의 그래프 $y = e^x$

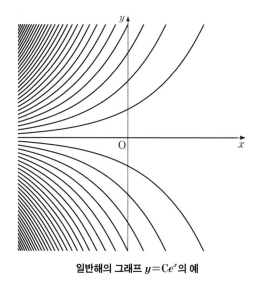

일반해의 그래프 $y = Ce^x$**의 예**

"······."

테트라는 뭔가 석연치 않은 표정이었다.

"봐, 어렵지 않지?"

"아, 이건 괜찮아요. 잠깐 앞으로 돌아가도 괜찮을까요? 아직 완전히 이해가 안 돼서요."

"앞?"

"$f'(x)=2$라는 미분방정식에서는 적분해서 $f(x)=2x+C$라는 함수를 구했기 때문에 이해했어요. 하지만 $f'(x)=f(x)$라는 미분방정식에서는 $f(x)=e^x$이라는 특수해가 갑자기 튀어나와서, 또 $f(x)=Ce^x$이라는 일반해로 옮겨 갔죠. 그러니까 아직 완전히 이해가 안 가서……."

"아, 그렇구나. 그럼 차근차근 풀어 보자."

◆ ◆ ◆

지금부터 $f'(x)=f(x)$라는 미분방정식을 풀 거야.

우리의 목표는 함수 $f(x)$를 구하는 거지.

무엇으로 무엇을 미분하고 있는지를 명확하게 하기 위해 일단 $y=f(x)$라고 하고, y는 x의 함수라고 하자고. 그렇게 하면 우리의 미분방정식 $f'(x)=f(x)$는 $f'(x)$에 $\dfrac{dy}{dx}$를 대입하고, $f(x)$에 y를 대입하면 다음과 같지.

$$\frac{dy}{dx}=y$$

우리의 목표는 함수 y를 구하는 것이지.

별안간 $y=e^x$을 꺼내는 게 신경 쓰이더라도 y는 어떤 함수인지를 생각하는 게 더 중요해.

예를 들어, y가,

$$y=C$$

라는 상수함수가 될 수 있을까를 생각해 보는 거야. $y=C$가 미분방정식 $y=\dfrac{dy}{dx}$를 충족하는지 어떤지는 미분해 보면 알 수 있어. $y=C$의 양변을 x로 미분하면,

$$\frac{dy}{dx} = 0$$

이 돼. 그러니까 $y=C$는 $C=0$일 때, $y=\frac{dy}{dx}$라는 미분방정식을 충족한다는 것을 알 수 있어. 따라서,

$$y = 0$$

이라는 정수함수는 미분방정식 $y=\frac{dy}{dx}$의 특수해라고 할 수 있어. 여기까진 알겠지? 이제부터는 $y \neq 0$일 때를 생각해 보자.*

　우리의 미분방정식은,

$$\frac{dy}{dx} = y$$

이며, $y \neq 0$이 성립하니까 양변을 y로 나눠 보자. 그렇게 하면,

$$\frac{1}{y} \cdot \frac{dy}{dx} = 1$$

을 구할 수 있지. 양변을 x로 적분하면,

$$\int \frac{1}{y} \cdot \frac{dy}{dx} \, dx = \int 1 \, dx$$

가 돼. 우변은 1을 x로 적분한 거지. 그러니까 적분상수를 C_1이라고 하고,

$$\int \frac{1}{y} \cdot \frac{dy}{dx} \, dx = x + C_1$$

이라고 할 수 있지. 좌변은 치환적분을 써서,

---

* 상수함수 이외에서 $y=0$이 되는 점을 가지는 함수는 미분방정식에 있어서 해의 유일성에 따라 제외할 수 있다.

$$\int \frac{1}{y} \, dy = x + C_1$$

이 돼. $y > 0$이라고 할 때 $\frac{1}{y}$의 부정적분을 취하면 적분상수를 C_2라 할 때,

$$\log y + C_2 = x + C_1$$

이 돼. 그러니까 $C_1 - C_2$를 다시 C_3이라고 하면,

$$\log y = x + C_3$$

이 되는 거지. 로그의 정의에 따라,

$$y = e^{x + C_3}$$

이라고 할 수 있어. 우변은 $e^{x+C_3} = e^x \cdot e^{C_3}$이 되니까, 여기서 e^{C_3}을 C라고 하면,

$$y = Ce^x$$

을 구할 수 있어. $y < 0$으로 생각해 봐도 같은 형태가 돼. 여기서 가령 $C=0$이라고 하면, 처음 생각한 상수함수,

$$y = 0$$

이라는 특수해도 표현할 수 있어. 이걸로 다음과 같은 미분방정식,

$$\frac{dy}{dx} = y$$

를 풀었어. 일반해로,

$$y = \mathrm{C}e^x$$

를 구할 수 있었으니까.* 이렇게 해서 아까 나온 결과와 똑같이 되었어.

◆◆◆

"확실히 똑같네요."

삼각함수
"다른 예로, 이런 미분방정식은 어때?"

$$f''(x) = -f(x)$$

"이건 $f(x)$를 2번 미분하고 있네요. 모르겠어요. 지수함수 e^x는 $(e^x)'' = e^x$이니까 마이너스는 안 붙잖아요?"
"2번 미분하면 마이너스가 하나 붙어. 그렇다는 건 4번 미분하면 도로 돌아오지. $\mathrm{F}''''(x) = f(x)$야."
"그럼, 괜히 더 어렵게 느껴지는데요……."
"테트라는 4번 미분하면 원래대로 돌아오는 함수를 알고 있을 텐데."
"알아요! $\sin x$요!"

$(\sin x)' = \cos x$	$\sin x$를 미분하면 $\cos x$가 된다
$(\cos x)' = -\sin x$	$\cos x$를 미분하면 $-\sin x$가 된다
$(-\sin x)' = -\cos x$	$-\sin x$를 미분하면 $-\cos x$가 된다
$(-\cos x)' = \sin x$	$-\cos x$를 미분하면 $\sin x$가 된다(처음으로 돌아온다)

"그러니까 $f(x) = \sin x$가 되네요! $(\sin x)'' = (\cos x)' = -\sin x$이고, 확

---

* 엄밀히 말해, 다른 형태의 해는 존재하지 않는다는 것을 분명히 할 필요가 있다. 미분방정식에 있어서 해의 유일성에 따라.

실히 $f''(x)=-f(x)$가 돼요."

"응, $f(x)=\sin x$는 해 중 하나가 돼. 다른 건?"

"$f(x)=\cos x$도요. $(\cos x)''=(-\sin x)'=-\cos x$니까요."

"그리고?"

"더는 모르겠어요."

"예를 들면, 정수 A를 써서 $f(x)=A\cos x$라고 해도 되고, 정수 B를 써서 $f(x)=B\sin x$라고 해도 되지. 일반해는 A와 B를 척도로 삼아서 다음과 같은 형태가 돼."

$$f(x)=A\cos x+B\sin x$$

"확인해 볼게요! 미분방정식에서 해를 구하면, 미분해서 확인하면 되는 거죠. 우선, $f(x)=A\cos x+B\sin x$를 미분하면 다음과 같이 돼요."

$$\begin{aligned}
f'(x)&=(A\cos x+B\sin x)'\\
&=(A\cos x)'+(B\sin x)'\\
&=A(\cos x)'+B(\sin x)'\\
&=A(-\sin x)+B\cos x\\
&=-A\sin x+B\cos x
\end{aligned}$$

"그리고 $f'(x)=-A\sin x+B\cos x$를 미분하면 다음 같이 되고요."

$$\begin{aligned}
f''(x)&=(-A\sin x+B\cos x)'\\
&=(-A\sin x)'+(B\cos x)'\\
&=-A(\sin x)'+B(\cos x)'\\
&=-A\cos x+B(-\sin x)\\
&=-A\cos x-B\sin x\\
&=-(A\cos x+B\sin x)
\end{aligned}$$

$$= -f(x)$$

"그러니까 확실히 다음과 같은 미분방정식이 성립하네요."

$$f''(x) = -f(x)$$

"넌 참 대단해……. 확실하게 짚고 넘어가는구나." 나는 말했다.

미분방정식의 목적

"선배가 구체적인 예를 들어 주어 미분방정식에 대한 이미지가 조금이지만 잡힐 것 같긴 해요. 아직 푸는 방법을 잘 모르긴 하지만……."

미분방정식	일반해	
$f'(x) = 2$	$f(x) = 2x + C$	(C는 임의의 상수)
$f'(x) = f(x)$	$f(x) = Ce^x$	(C는 임의의 상수)
$f''(x) = -f(x)$	$f(x) = A\cos x + B\sin x$	(A, B는 임의의 상수)

"뭐, 내가 아는 것도 이 정도뿐이야."

"그런데 선배." 테트라가 목소리를 낮추었다. "이 미분방정식은 뭘 위해 있는 건가요?"

이거다. 테트라의 질문은 결코 얕볼 수 없다. 처음에는 무척이나 기본적인 질문을 한다. 그러다 어떤 단계에 이르면 본질적인 질문으로 넘어간다. 그녀의 이해도가 그렇게 서서히 높아지는 것일 거다. 스스로 '이해가 안 가는 부분의 최전선'을 넘기 위해 당연한 질문을 하는 것이다.

"응, 정말 대단한 질문인데." 내가 답했다. "미분방정식은 무엇을 위한 것인가. 그건 방정식이 무엇 때문에 존재하는지를 묻는 것과 같아. 예를 들어, x에 관한 방정식을 세우고 그걸 푸는 이유가 뭐라고 생각해?"

"음, x를 구하고 싶으니까?"

"그래. x를 구하고 싶으니까. x에 관한 방정식을 충족하는 수 x를 구하고 싶은 거야. 우리 손에는 x의 성질이 있지. 가령 $x^2=9$를 충족한다는 성질 말이야. 그 성질을 실마리로 x를 구하고 싶은 거지."

"미분방정식도 그것과 비슷한가요?"

"그렇지. 함수 $f(x)$를 구하고 싶어. 우리는 $f(x)$의 성질을 알아. 가령 $f'(x)=2$를 충족한다는 성질. 혹은 $f'(x)=f(x)$라도 좋고, $f''(x)=-f(x)$라도 괜찮아. 아무튼 미분방정식이라는 형태로 $f(x)$의 성질을 알고 있어. 그 지식을 실마리로 어떻게든 함수 그 자체를 구하지. 그게 미분방정식이라는 것이 존재하는 이유라고 생각해."

"……"

"함수를 손에 넣었다는 건 엄청난 일이야. 왜냐하면 함수를 알면 x가 주어지기만 하면 $f(x)$를 알 수 있으니까. x를 움직여서 $f(x)$의 변화를 알아보거나, x를 크게 해서 $f(x)$의 점근적 성질을 알아보거나."

"그렇군요."

"함수를 구하는 마음은 미래에 대한 예언을 구하는 마음과 비슷한 건지도 몰라."

나는 예예가 말했던 '음악은 시간예술'이라는 말을 떠올리며 말했다.

"예언…… 그건 미래를 먼저 알아낸다는 의미인 거죠?" 테트라가 천천히 말했다. "미래를 안다는 건 조금 무서워요. 인간이 그런 걸 해도 되는 걸까요?"

"미래를 안다고 해도 한계는 있지. 오차도 존재하고."

"함수를 손에 넣으면 예언이 된다는 게 아직 좀……"

"예언이라기엔 말이 너무 추상적이었나. 미래의 모든 것을 맞춘다는 의미가 아니라, 시간 함수로 물리량이 표시된다면 미래의 물리량도 알 수 있다는 의미였어. 예를 들면, 별의 위치 같은 거. 혹시 30년 후에 저 별이 어떤 위치에 있을까를 알 수 있다면, 예언이라고 말해도 되는 것 아닐까?"

나는 그렇게 말하면서 '30년 후라니 터무니없이 먼 미래로군' 하고 생각했다. 시험까지 앞으로 몇 달 남지 않았다. 그렇게 가까운 미래조차 알 수 없는데……

"함수로 물리량을 예측한다고요?"

"물리에 나오는 용수철의 진동을 예로 생각해 볼까?"

용수철의 진동

용수철이 있다고 하고, 용수철 앞에 질량 m인 추를 달아 잡아 늘리는 거야. 시간 $t=0$에서 살짝 손을 놓으면, 추는 진동하기 시작하지. 마찰이 없다면 진동은 계속되겠지. 추가 진동한다는 것은 시간이 경과할수록 추의 위치 x가 변화한다는 거야. 그때 위치 x가 어떻게 변화할 것인가? 이게 문제야.

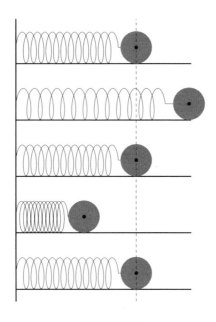

용수철의 진동

지금 추의 위치를 x라고 하고 위치를 시간 t의 함수라고 생각하면 $x(t)$라고 써도 좋아. 위치는 시간의 함수니까.

역학 문제를 풀 때는 **힘**에 주목해야 해. 힘을 알면 **뉴턴의 운동방정식**을 활용할 수 있으니까. 질량 m의 질점에, F라고 하는 힘이 가해졌을 때 질점의 가속도를 a라 하면, 뉴턴의 운동방정식은 $F = ma$라는 식으로 나타낼 수 있어. 이게 물리학 법칙이지.

$$F = ma \qquad \text{뉴턴의 운동방정식}$$

힘을 F라고 표시했지만 여기에도 시간 t가 숨어 있어. 왜냐하면 시간 t가 변화했을 때 힘도 그에 따라 변화할 수 있으니까. 변화를 측정하려면 힘 F도 시간 t의 함수 $F(t)$로 생각해야 해.

그리고 가속도 a도 시간 함수라고 생각할 수 있어. 위치 $x(t)$를 시간으로 미분한 게 속도 $v(t) = x'(t)$이고, 속도 $v(t)$를 시간으로 미분한 게 가속도 $a(t) = v'(t)$니까, 가속도 $a(t)$는 $x''(t)$라고 나타낼 수 있어.

시간 t가 변화해도 질량 m이 일정하게 변화하지 않는다면, F를 $F(t)$로, a를 $x''(t)$로 하면, 뉴턴의 운동방정식은 이렇게 바꾸어 쓸 수 있는 거지.

$$F(t) = mx''(t) \qquad \text{뉴턴의 운동방정식(바꾼 식)}$$

여기까지는 뉴턴의 운동방정식에 대한 이야기야.

이제부터는 용수철에 대한 이야기를 할게.

용수철을 늘리거나 줄일 때 어떤 힘이 용수철에서 질점에 가해질지를 생각해 보자.

용수철에서 질점에 가해지는 힘은 용수철의 길이 함수로 표시돼. 용수철이 늘어나지도 줄어들지도 않는 상태, 그러니까 자연 길이 상태의 힘은 0이지.

- 용수철이 원래 길이에서 늘어나면
  늘어난 방향과 반대 방향으로 늘어난 길이에 비례하여 힘이 움직인다.
- 용수철이 원래의 길이에서 줄어들면
  줄어든 방향과 반대 방향으로 줄어든 길이에 비례하여 힘이 움직인다.

용수철에는 이런 성질이 있는 거지. 이것이 **후크의 법칙**이라는 물리학 법칙이야.

용수철의 길이는 추의 위치로 결정되니까, 용수철에서 질점에 가해지는 힘 $F(t)$와 추의 위치 $x(t)$의 함수를 구하고 싶어지지. 나타내기 쉽도록 용수철이 원래의 길이에서 추의 위치가 0일 때 후크의 법칙은 $F(t) = -Kx(t)$로 나타낼 수 있어.

$$F(t) = -Kx(t) \qquad \text{후크의 법칙}$$

여기에 나온 비례상수 $K > 0$은 용수철 상수라고 불려. 크면 클수록 강력한 용수철인 거지. $-K$처럼 마이너스가 붙었을 때는 추에 가해지는 힘의 방향이 용수철이 늘어나는 방향과 반대 방향이라는 걸 나타내.

여기까지 뉴턴의 운동방정식과 후크의 법칙이 등장했어. 둘 다 질점에 가해지는 힘 $F(t)$가 관계되어 있으니까,

$$\begin{cases} F(t) = mx''(t) & \text{뉴턴의 운동방정식(바꾼 식)} \\ F(t) = -Kx(t) & \text{후크의 법칙} \end{cases}$$

이 두 식을 연립해서 $F(t)$를 지우면,

$$mx''(t) = -Kx(t)$$

이라는 식을 얻을 수 있어. 양변을 m으로 나누면,

$$x''(t) = -\frac{K}{m} x(t)$$

이 돼. 식을 보다 쉽게 나타내려면 K와 m이라는 2개 문자를 ω라는 글자 하나로 정리해 보자. 그러니까 $\frac{K}{m}$를 ω^2이라고 쓰는 거야. $\frac{K}{m} > 0$이니까 제곱

형태로 써도 되는 거지.

자, 다 됐어. 용수철에 연결된 추의 위치를 $x(t)$라고 했을 때 함수 $x(t)$의 미분방정식이 완성됐어.

$$x''(t) = -\omega^2 x(t) \qquad \text{'용수철의 진동' 미분방정식}$$

이 미분방정식의 '형태'에 주목해 보면 아까의 미분방정식,

$$f''(x) = -f(x)$$

과 비슷하다는 걸 알 수 있어(p.244). 그러니까 아까와 같이 삼각함수를 쓸 수 있겠지? 이때 차이는 ω^2이라는 계수가 나오는 것뿐이야.

$x(t) = \sin \omega t$라고 하면, $x''(t) = -\omega^2 \sin \omega t$가 되니까, 확실히 미분방정식을 충족하고 있지.

좀 더 일반적으로는 아까와 같이 상수 A, B를 써서,

$$x(t) = A \sin \omega t + B \cos \omega t$$

로 쓸 수 있어. 이것이 미분방정식의 일반해야.

◆ ◆ ◆

테트라는 내 설명을 진지한 표정으로 들었다. 가끔 손톱을 물어뜯으며 말 없이 식을 눈으로 좇았다. 평소라면 손을 번쩍 들고 "질문 있어요!"라고 말할 타이밍이다.

"선배, 잠깐만요. 실제로 미분해서 확인해 보고 싶은데요."

그녀는 그렇게 말하고 노트에 계산 식을 써 내려가기 시작했다.

$$x(t) = A \sin \omega t + B \cos \omega t \qquad \text{미분방정식의 일반해}$$
$$x'(t) = (A \cos \omega t) \cdot \omega - (B \sin \omega t) \cdot \omega \qquad \text{양변을 } t \text{로 미분한다}$$

$$=\omega \mathrm{A} \cos \omega t - \omega \mathrm{B} \sin \omega t \qquad \text{정리한다}$$

거기서 테트라의 손이 멈추었다.

"한 번 더 똑같이 미분하면 돼." 내가 말했다.

"아, 괜찮아요. 뭘 좀 생각하느라……." 그녀는 계산을 계속했다.

$$
\begin{aligned}
x'(t) &= \omega \mathrm{A} \cos \omega t - \omega \mathrm{B} \sin \omega t && \text{위 식에서} \\
x''(t) &= \omega(-\mathrm{A} \sin \omega t)\cdot \omega - \omega(\mathrm{B} \cos \omega t)\cdot \omega && \text{양변을 } t \text{로 미분한다} \\
&= -\omega^2 \mathrm{A} \sin \omega t - \omega^2 \mathrm{B} \cos \omega t && \text{정리한다} \\
&= -\omega^2(\mathrm{A} \sin \omega t + \mathrm{B} \cos \omega t) && -\omega^2 \text{로 묶는다} \\
&= -\omega^2 \underbrace{(\mathrm{A} \sin \omega t + \mathrm{B} \cos \omega t)}_{x(t)} && x(t) \text{를 구한다}
\end{aligned}
$$

"다음과 같은 식이 나오네요……."

$$x''(t) = -\omega^2 x(t)$$

"그렇지. 테트라는 꼭 확인을 하는 게 장점이야. 그런데 무슨 생각이었던 거야?"

"선배는 A, B라는 상수를 써서 일반해라고 써 주셨잖아요. 전 항상 이런 식으로 문자가 늘어나면 '허걱' 해요. 어려워졌다는 느낌이 드는 거죠. 하지만 그때 소리가 들려요. '이 A, B도 그저 수일 뿐…… 뭘 두려워하는 거니?' 이런 말이요."

"그렇구나. 확실히 A, B는 문자이긴 하지만 단지 수에 불과하지."

"$x(t)$는 추의 위치라는 물리적인 의미가 있잖아요? 그렇다면 선배가 보여 준 추의 진동 중에서 A, B는 어떤 의미가 있는 수일까? 이런 생각을 했어요."

"그래서?"

"다음과 같이 일반해의 식을 보면서……."

$$x(t) = A \sin \omega t + B \cos \omega t$$

"$t=0$이라고 하면 A, B도 정해지는 것 아닐까요? 왜냐하면 전 $\sin 0 = 0$이고, $\cos 0 = 1$이라는 걸 알고 있으니까요! 이렇게 되는 거죠?"

$x(t) = A \sin \omega t + B \cos \omega t$	$x(t)$의 식
$x(0) = A \sin 0\omega + B \cos 0\omega$	$t=0$을 대입한다
$\quad = A \sin 0 + B \cos 0$	$0\omega = 0$이므로
$\quad = B$	$\sin 0 = 0, \cos 0 = 1$이므로

"그러니까 B는 $B = x(0)$이에요! 그리고 $x'(t)$일 때도 똑같이 하는 거예요."

$x'(t) = \omega A \cos \omega t - \omega B \sin \omega t$	$x'(t)$의 식
$x'(0) = \omega A \cos 0\omega - \omega B \sin 0\omega$	$t=0$을 대입한다
$\quad = \omega A \cos 0 - \omega B \sin 0$	$0\omega = 0$이므로
$\quad = \omega A$	$\sin 0 = 0, \cos 0 = 1$이므로

"이렇게 되니까 A는 $A = \dfrac{x'(0)}{\omega}$으로 정리돼요!"

"그렇네!" 내가 말했다.

"함수로서 $x(t)$를 생각했을 때는⋯⋯." 테트라가 말을 이었다. "그때는 수학에 대한 걸 생각했었는데 시간 t에서 추의 위치 $x(t)$라 했을 때는 물리라는 생각이 들어서요. 수식은 '살아 있는 언어' 같아요!"

"살아 있는 언어?"

"봐요. 위치를 $x(t)$라는 식으로 나타냈을 때 $x(t)$라는 함수에는 위치라는 물리적 의미가 있고, 후크의 법칙을 수식으로 나타냈었죠. 하지만 수식으로 쓰는 것뿐만이 아니에요. 이항해도 미분해도, 수식은 계속 살아 있으면서 의미를 계속 가져요! $x(0)$이라는 것은 시간 0에 있어서의 추의 위치인 거죠. $x'(0)$이라는 것은 시간이 0일 때 추의 속도. $t=0$으로 한다는 것은 추의 시간 0의 모양을 관찰하는 게 되는 거죠!"

"그래, 네 말대로야." 나는 끄덕였다. "ω는 질량 m과 용수철의 정수 K로 정해지니까, 상수 A, B는 시간 0에 있어서의 추의 위치와 속도로 결정돼. 이제 시간을 정하면, 그때의 위치와 속도를 알 수 있게 되는 거지. 아까 ω라 한 질량에 물리적인 의미도 있어. 추의 진동을 원운동의 그림자라고 보았을 때 일정 시간에 같은 각도만을 나아가는 원운동이 되는데, 그 **각속도**(角速度)가 ω에 해당하는 거지."

"아! 이거 이상한데요!" 테트라는 양손을 가슴 앞에 모으고 흥분한 듯 말했다. "수식을 변형해도 확실히 의미가 그대로 있다는 게 이상해요. 수식이라는 '살아 있는 언어'는 대단해요. 마치, 그러니까 의미를 스스로 만들어 나가는 것 같지 않나요? 이것도 오일렐리언즈에 써야겠어요!"

"그 소책자?"

"미분방정식은 마치 자연이 속삭이는 '우화' 같아요. 미분방정식과도 '친구'가 될 수 있을 것 같은데요!"

테트라의 표정이 미소로 가득 찼다. 그녀는 지금까지 얼마나 많은 '친구'를 만들어 냈을까? 수학 개념 속에서.

"테트라, 너는 정말 착실하게 생각하는구나!"

"아니에요, 언제까지나 문자가 어렵다고 징징댈 수는 없으니까요!" 가볍게 승리 포즈를 취하는 테트라. "저도 앞으로 나아가야지요!"

나와 테트라는 서로를 바라보며 미소 지었다.

2. 뉴턴의 냉각법칙

오후 수업

오후 수업이 시작되었다. 수업은 자습 시간이었다. 주변을 둘러보니 대부분의 학생이 자기 공부에 집중하고 있었다.

영어의 장문 독해를 2개 풀고 나서 나는 테트라와의 대화를 떠올렸다.

그녀에게 간단히 미분방정식에 대해 말하고, 뉴턴의 운동방정식과 후크의 법칙을 설명하다가 물리학과 수학의 관계에 대해 다시 한번 생각하게 되었다. 뉴턴의 운동방정식 F=ma도, 후크의 법칙 F=−Kx도 물리학 법칙을 수식으로 나타낸 것이다. 수학은 물리학 법칙을 정확하게 표현하는 '언어'로 사용된다. 그러나 단순한 언어가 아니다. 식 변형에 의해 새로운 수식을 구하면, 거기서도 다시 물리적인 의미를 찾을 수 있다.

즉, 최초의 식만 의미가 있는 것이 아니라 그것을 변형해서 도출해 낸 식에도 나름의 의미가 있다. 테트라가 말한 것처럼, 물리학에 있어 수학은 확실히 '살아 있는 언어'다.

나는 물리책을 꺼내서 미분방정식 문제를 생각하기 시작했다.

문제 7-1 뉴턴의 냉각법칙

실온이 U인 방에 물체를 두고, 시간 t에서의 물체의 온도를 $u(t)$라 한다. 시각 $t=0$에서의 온도 $u_0>$U와 시각 $t=1$에서의 온도 u_1을 알았을 때 함수 $u(t)$를 구하라. 단, 온도 변화의 속도는 온도 차에 비례한다고 가정한다.(뉴턴의 냉각법칙)

여기서도 우선, 물리학 법칙(뉴턴의 냉각법칙)을 수식으로 표현하는 것이 중요하다. 그리고 '속도'가 등장하므로 미분방정식을 써야 한다.

- 물체의 '온도 변화의 속도'는 $u'(t)$로 한다.
- 물체와 실온과의 '온도 차'는 $u(t)-$U로 한다.

그러므로 '온도 변화의 속도는 온도 차에 비례한다'는 뉴턴의 냉각법칙을 그대로 수식으로 나타내면 다음과 같을 것이다.

$$u'(t)=K(u(t)-U) \qquad \text{K는 상수}$$

여기까지가 물리학의 세계.

이제부터는 수학의 세계.

나는 지금 2개의 세계에 다리를 놓고 있다. 물리학의 세계에서 수학의 세계로.

함수 $u(t)$를 알고 싶다. 즉 이미 알고 있는 U, u_0, u_1을 써서, 함수 $u(t)$를 나타내고 싶은 것이다.

위 식에서 내가 알고 있는 미분방정식으로 변형한다.

$$u'(t) = K(u(t) - U) \qquad \text{뉴턴의 냉각법칙}$$
$$(u(t) - U)' = K(u(t) - U) \qquad \text{좌변의 } u'(t) \text{를 } (u(t) - U)' \text{로 변형한다}$$

좌변을 이렇게 변형한 것은,

$$(\underwave{u(t) - U})' = K(\underwave{u(t) - U})$$

처럼 양변에 $u(t) - U$의 형태로 만들고 싶기 때문이다. 이렇게 하면 아까 테트라에게 말한,

$$f'(t) = f(t)$$

와 꼭 닮은 형태의 미분방정식이면서, 지수함수가 일반해가 될 것이다. 단, 미분했을 때 계수 K가 나오지 않으면 곤란하니까 Ce^t가 아니라 Ce^{Kt} 형태로 만들어야만 한다. 따라서,

$$\underline{u(t) - U} = Ce^{Kt} \qquad \text{C와 K는 정수}$$

라는 말이다. 확인하기 위해 양변을 t로 미분해 보자.

$$(u(t) - U)' = Ce^{Kt} \cdot K$$

$$=\mathrm{K}Ce^{Kt}$$
$$=\mathrm{K}(u(t)-\mathrm{U})$$

확실하게 미분방정식을 충족하고 있다는 것을 알 수 있다. 여기까지 해서 $u(t)-\mathrm{U}=Ce^{Kt}$ 즉,

$$u(t)=Ce^{Kt}+\mathrm{U} \qquad \cdots \textcircled{0}$$

라는 식이 구해졌다. 시간 t에 있어서의 물체의 온도를 나타내는 함수 $u(t)$는 대략적으로 알 수 있다. 하지만 C와 K라는 2개의 상수는 아직 알 수 없다. 문제 7-1을 다시 읽고 주어진 조건을 다시 확인해 보자.

- $t=0$일 때 온도는 u_0이다.
- $t=1$일 때 온도는 u_1이다.

따라서 아까의 $u(t)$의 식 $\textcircled{0}$에 $t=0$과 $t=1$일 때를 생각해 보자. 그러니까,

$$\begin{cases} u_0 =Ce^{\mathrm{K}\cdot 0}+\mathrm{U} & \cdots \text{①} \\ u_1 =Ce^{\mathrm{K}\cdot 1}+\mathrm{U} & \cdots \text{②} \end{cases}$$

에서 C와 K를 구하면 된다.

C를 구하는 것은 간단하다. ①에서 $e^{\mathrm{K}\cdot 0}=e^0=1$이므로, $u_0=C+U$를 구할 수 있다. 따라서,

$$C=u_0-\mathrm{U}$$

으로 C를 구할 수 있다. 이 C를 ②에 대입하면 다음과 같은 식이 된다.

$$u_1 = \underbrace{(u_0 - U)}_{C} e^{K \cdot 1} + U$$

여기서부터 계산하면 e^K를 구할 수 있다.

$$u_1 = (u_0 - U)e^{K \cdot 1} + U$$
$$u_1 - U = (u_0 - U)e^K$$
$$e^K = \frac{u_1 - U}{u_0 - U}$$

$u_0 > U$, 즉 $u_0 - U \neq 0$이므로, $u_0 - U$로 나누어도 된다. 이걸로 e^K를 구했으므로 이제는 식을 정리하면 된다.

$$\begin{aligned} u(t) &= Ce^{Kt} + U \\ &= (u_0 - U)e^{Kt} + U \\ &= (u_0 - U)(e^K)^t + U \\ &= (u_0 - U)\left(\frac{u_1 - U}{u_0 - U}\right)^t + U \end{aligned}$$

이렇게 u_0, u_1, U를 써서 $u(t)$를 나타낼 수 있었다.

$$u(t) = (u_0 - U)\left(\frac{u_1 - U}{u_0 - U}\right)^t + U$$

이제 남은 것은 검산뿐이다. $u(0) = u_0$이 될 것인가?

$$\begin{aligned} u(0) &= (u_0 - U)\left(\frac{u_1 - U}{u_0 - U}\right)^0 + U \\ &= (u_0 - U) + U \\ &= u_0 \end{aligned}$$

이 된다.

$u(1) = u_1$이 될 것인가?

$$u(1)=(u_0-\mathrm{U})\Big(\frac{u_1-\mathrm{U}}{u_0-\mathrm{U}}\Big)^1+\mathrm{U}$$

$$=(u_0-\mathrm{U})\Big(\frac{u_1-\mathrm{U}}{u_0-\mathrm{U}}\Big)+\mathrm{U}$$

$$=u_1-\mathrm{U}+\mathrm{U}$$

$$=u_1$$

이것도 된다.

풀이 7-1 뉴턴의 냉각법칙

실온이 U인 방에 물체를 두고, 시간 t에서의 물체의 온도를 $u(t)$라고 하자. 시각 $t=0$에서의 온도 $u_0>\mathrm{U}$와 시각 $t=1$에서의 온도 u_1을 알 때 함수 $u(t)$는

$$u(t)=(u_0-\mathrm{U})\Big(\frac{u_1-\mathrm{U}}{u_0-\mathrm{U}}\Big)^t+\mathrm{U}$$

로 나타낼 수 있다. 단, 온도 변화의 속도는 온도 차에 비례한다고 가정한다.(뉴턴의 냉각법칙)

답은 나왔다. 여기서 물리학의 세계로 돌아가 보자. 온도를 나타내는 함수 $u(t)$의 형태에서 무엇을 알 수 있을까?

$u_0-\mathrm{U}$라는 식이 나왔다. u_0은 시각 0에서의 물체의 온도이고, U는 실온이므로 $u_0-\mathrm{U}$는 시각 0에서의 온도 차가 된다. $u_0>\mathrm{U}$라는 조건이 있으므로 $u_0-\mathrm{U}>0$이다. 그럼,

$$\Big(\frac{u_1-\mathrm{U}}{u_0-\mathrm{U}}\Big)^t$$

이 식을 어떻게 해석해야 할까? 전체적으로는 시간 t의 지수함수다. 뭐니 뭐니 해도 이것은 e^K에 해당하는 부분이기 때문이다. 단, 지수함수라 해도 증가한다는 것은 아니다. $u_0>\mathrm{U}$이므로, 시간 t가 0에서 1로 나아가면 물체의 온도 $u(t)$는 실온 U에 가까워질 터. 그러나 실온 U보다 내려가지 않으므로 $u_1>\mathrm{U}$이다. $u_0-\mathrm{U}>0$과 $u_1-\mathrm{U}>0$은 둘 다 참이 된다. 게다가,

$$u_0 - U > u_1 - U > 0$$

이 된다. 그렇다면,

$$0 < \frac{u_1 - U}{u_0 - U} < 1$$

이라고 할 수 있다. 즉,

$$\left(\frac{u_1 - U}{u_0 - U} \right)^t$$

은 t가 증가함에 따라 0에 가까워진다.

$y = u(t)$의 그래프를 그려 보자.

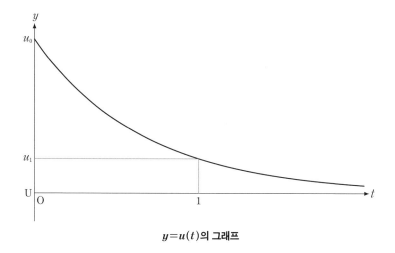

$y = u(t)$의 그래프

물체의 온도가 실온에 가까워지는 모양을 알아냈다. 물리 법칙에서 미분
방정식을 세워 그 미분방정식을 풀고 시각의 변화에 대한 물리량 변화를 알
아냈다. 확실히 수식은 '살아 있는 언어'로군.

팔락거리며 참고서를 넘겨 보니 방사성 물질의 붕괴에 대한 내용이 나왔다.

방사성 물질의 붕괴

시간 t에 있어서의 방사성 물질의 잔존량을 $r(t)$로 한다. 시각 $t=0$에서의 잔존량 r_0과 시각 $t=1$에서의 잔존량 r_1을 알고 있을 때 함수 $r(t)$를 구하라. 단, 방사성 물질의 붕괴 속도는 잔존량에 비례한다고 가정한다.

이 문제도 뉴턴의 냉각법칙과 똑같다.

방사성 물질의 붕괴를 수식으로 나타내 보자. '속도'가 등장하므로 미분방정식을 쓴다.

- 방사성 물질의 '붕괴 속도'를 $r'(t)$라고 한다.
- 방사성 물질의 '잔존량'을 $r(t)$라 한다.

따라서 '방사성 물질의 붕괴 속도는 잔존량에 비례한다'는 성질은,

$$r'(t) = Kr(t) \qquad \text{K는 상수}$$

라고 할 수 있다.

'온도의 변화'와 '방사성 물질의 붕괴'는 물리 현상으로는 완전히 다르다. 함수가 나타내는 물리량도 '온도'와 '방사성 물질의 잔존량'이므로 전혀 다르다. 하지만 그 물리량이 충족하는 미분방정식의 '형태'는 같다. 그리고 당연히 해가 되는 함수도 같은 '형태'가 된다. $u(t) - U$를 $r(t)$라 하고, $u_0 - U$를 r_0이라 하고, $u_1 - U$를 r_1이라 하면 된다.

$$u(t) - U = (u_0 - U)\left(\frac{u_1 - U}{u_0 - U}\right)^t \qquad \text{뉴턴의 냉각법칙}$$

$$r(t) = r_0\left(\frac{r_1}{r_0}\right)^t \qquad\qquad\quad \text{방사성 물질의 붕괴}$$

예를 들어, 여기서 U=0이라고 한다면 완전히 똑같은 형태가 된다.

$$u(t) = u_0 \left(\frac{u_1}{u_0} \right)^t \qquad \text{뉴턴의 냉각법칙(U=0일 때)}$$

$$r(t) = r_0 \left(\frac{r_1}{r_0} \right)^t \qquad \text{방사성 물질의 붕괴}$$

수식이라는 '살아있는 언어'가 '이 두 세계의 움직임은 같다'고 알려 주고 있다. 미분방정식과 함수의 '형태'가 그것을 가르쳐 주었다.

<hr>

풀이 7-2 **방사성 물질의 붕괴**

시간 t에 있어서의 방사성 물질의 잔존량을 $r(t)$라 한다. 시각 $t = 0$일 때의 잔존량 r_0과 시각 $t = 1$일 때의 잔존량 r_1을 알고 있을 때 함수 $r(t)$는,

$$r(t) = r_0 \left(\frac{r_1}{r_0} \right)^t$$

으로 나타낼 수 있다. 단, 방사성 물질의 붕괴 속도는 잔존량에 비례한다고 가정한다.

테트라는 미분방정식을 자연이 속삭이는 '우화'라고 표현했다. 재미있네…… 잠깐, 방사성 물질에는 반감기라는 것이 있다. 그건 온도 변화에 대해서도 반감기와 유사한 물리적 개념을 생각할 수 있을지도……. 이렇게 나는 나의 시간을 보낸다.

나의 시간은 앞으로 나아가고 있다.

그리고 오늘이라는 시간이 지나가고 있다.

방사성 물질의 붕괴 속도는
방사성 물질의 잔존량에 비례한다.

경이로운 정리

람베르트는 가우스보다도 훨씬 전에
만약 비유클리드 평면이 존재한다면
그것은 반지름 i인 구면과 비슷할 것임을
암시한 바 있다.
_H. S. M 콕서터

1. 역 앞에서

유리

집으로 돌아가는 길, 저녁. 역에서 나와 집으로 향하려던 그때 나는 유리와 우연히 마주쳤다.

"어! 유리!"

"어! 오빠네! 같이 가자!"

유리를 아침에 마주치는 건 드문 일이었지만, 저녁때 마주치는 건 더 드문 일이었다. 우리는 역 앞 육교를 나란히 건너갔다. 그녀의 집은 우리 집 근방이라 귀갓길은 거의 똑같다.

"너, 또 키 컸어?" 내가 물었다. "볼 때마다 거대해지는 느낌인걸."

"거대하다고 하지 마!" 그녀는 내 등을 야무지게 가방으로 후려쳤다.

"아야!"

역 앞은 자동차 소리 때문에 시끄러웠지만 모퉁이를 돌아 주택가로 들어가니 금세 조용해졌다.

"있잖아, 오빠. **퀴즈** 낼게." 유리가 말했다.

- A 지점에서 어떤 거리를 똑바로 걸어가면 B 지점에 도착한다.
  거기서 $\frac{\pi}{2}$ 만큼 왼쪽을 향한다.
- B 지점에서 같은 거리를 똑바로 걸어가면 C 지점에 도착한다.
  거기서 $\frac{\pi}{2}$ 만큼 왼쪽을 향한다.
- C 지점에서 같은 거리를 똑바로 걸어가면 A 지점에 도착한다.
  거기서 $\frac{\pi}{2}$ 만큼 왼쪽을 향한다.
- 그러면 걷기 시작할 때와 같은 방향이 된다.

걸어간 길이 그리는 삼각형의 면적을 구하라.

"잠깐, 이 퀴즈 뭔가 이상한데?" 내가 물었다.

"아, $\frac{\pi}{2}$ 는 90°를 말해. 알고 있겠지만 90°는 $\frac{\pi}{2}$ 라디안, 180°는 π 라디안, 그리고 360°는 2π 라디안이야."

"아니, 그런 거 말고. A, B, C의 세 지점을 도는 건 그렇다고 치고, $\frac{\pi}{2}$ 즉 90°를 3번 반복해도 삼각형이 안 되잖아!"

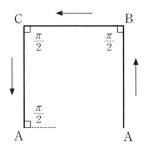

"이렇게 빨리 항복하는 거야?" 유리가 기쁜 듯 말했다.

"항복하는 게 아니고, 요는 삼각형의 각이 모두 $\frac{\pi}{2}$ 가 된다는 거니까. 평면 위를 걷고 있는 게 아니라 구면 위를 걷고 있는 거지?"

"쳇, 눈치가 빠르긴 하네. 역시 오빠야."

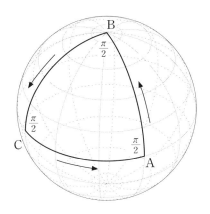

"구면 위의 측지선, 즉 대원을 걷는 걸 똑바로 걸으면 각의 크기가 모두 $\frac{\pi}{2}$ 인 삼각형을 그리는 건 확실히 가능해. 구면기하학이라면 삼각형의 크기는 그걸로 결정되지. 하지만 이 퀴즈는 너무한걸. 왜냐하면 한 변의 길이가 북극에서 적도까지인 거대한 삼각형을 걸어야 한다니 말이야."

"지구라고 한 적 없어." 유리가 말했다.

"그래도 조건이 부족해. 구면의 반지름 R이 주어지지 않았어. 반지름 R의 제곱에 비례해서 삼각형 면적이 바뀔 텐데."

"뭐, 그건 조건을 보충할게."

"유리답지 않은걸. 확실히 해야지."

반지름이 R인 구면 위에서 구면삼각형 ABC를 생각한다. 각의 크기는,

$$\angle A = \angle B = \angle C = \frac{\pi}{2}$$

일 때 구면삼각형의 면적 △ABC를 구하라.

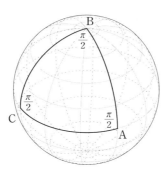

"그래서? 이 퀴즈 답은?" 유리가 말했다.

"그거야 간단하지. 이 구면삼각형 ABC와 같은 크기의 구면삼각형이 8개 있다면 구면 전체를 덮을 수 있으니까. 지구로 치면 4개로 북반구, 4개로 남반구를 덮을 수 있는 거지. 반지름이 R인 구의 표면적은 $4\pi R^2$이니까 구해야 하는 구면삼각형의 면적은 그것의 $\frac{1}{8}$로, $\frac{\pi R^2}{2}$이 돼. 이게 답이야."

유리의 퀴즈 수정판 답(구면삼각형의 면적)

반지름이 R인 구의 표면적은 $4\pi R^2$이다. 구면삼각형 ABC의 면적 △ABC는 구의 표면적의 $\frac{1}{8}$에 해당한다. 따라서 구하는 면적은,

$$\triangle ABC = \frac{4\pi R^2}{8} = \frac{\pi R^2}{2}$$

이다.

깜짝 놀랄 이야기

"역시 오빠한테는 너무 쉬운 문제였어. 그런데 이 △ABC는……."

$$\triangle ABC = R^2 \left(\frac{\pi}{2} + \frac{\pi}{2} + \frac{\pi}{2} - \pi \right)$$

"이런 식으로 계산할 수 있다고 아는 사람한테 들었어."
나는 당황했다. 유리가 하는 말의 의미를 알 수 없었다.
"그 계산이 대체 뭔데?"
"3개의 각을 더해서 π를 빼고, R^2배 한 게 면적이라고."

$$\begin{aligned}
\triangle ABC &= R^2 (\angle A + \angle B + \angle C - \pi) \\
&= R^2 \left(\frac{\pi}{2} + \frac{\pi}{2} + \frac{\pi}{2} - \pi \right) \\
&= \frac{\pi R^2}{2}
\end{aligned}$$

"이게 무슨 계산이야?"
"봐, 오빠가 '구면기하학에서는 합동과 닮음이 같아진다'고 알려줬잖아? 요번에 '그 녀석'한테 문제로 내 봤는데, 그걸 이미 알고 있다며 반박당해서 말이야. 각의 크기가 모두 정해졌다면 구면삼각형의 형태가 정해져. 구면삼각형의 형태가 정해지면 면적이 정해져. 3개의 각 크기에서 면적을 구하는 공식이 이거래! 그 녀석이 가르쳐 줬어."

구면삼각형의 면적

반지름이 R인 구면 위에 그려진 구면삼각형 ABC의 면적 △ABC는,

$$\triangle ABC = R^2 (\angle A + \angle B + \angle C - \pi)$$

로 구할 수 있다.

"그렇구나." 나는 당황스러워하며 수긍했다.

'그 녀석'이란 유리의 남자 친구다. 다른 중학교로 전학을 갔지만 유리와 가끔 만나는 모양이다. 두 사람이 수학 문제 배틀을 벌인다고 듣긴 했지만 자세히는 모른다. 그래도 이렇게 심플한 수식으로 면적을 구할 수 있다니.

"그래, 깜짝 놀랄 이야기를 못 했는데…… 도착해 버렸네."

수학 이야기에 열중해 걷다 보니 이미 집에 도착해 있었다.

"깜짝 놀랄 이야기?"

"그건 나중에, 빵!"

유리는 손가락을 권총처럼 만든 다음 윙크하면서 나를 향해 쏘는 흉내를 냈다. 가상의 탄환에 맞은 나는 심플한 수식과 함께 집으로 쓰러졌다.

2. 집

엄마

저녁식사 전이다. 엄마가 하는 상차림을 도우며 나는 유리가 가르쳐 준 식에 대해 생각했다. 구면삼각형의 면적을 구하는 식이다. $\angle A$, $\angle B$, $\angle C$를 각각 α, β, γ라 하면,

$$\triangle ABC = R^2(\alpha + \beta + \gamma - \pi)$$

가 된다. 심플한 수식.

이 식으로 뭔가 재미있는 걸 할 수는 없을까? 이렇게 생각하는 시간이 수학을 공부할 때 제일 두근거리는 순간이다. 문제가 주어지고 정답을 구하는 것이 아니다. 명제가 주어지고 증명하는 것이 아니다. 어떤 것이라도 좋으니 '뭔가 재미있는 것'을 찾는다. 논리적으로 도출할 수 있는 것이 아니면 의미가 없고, 수학적인 의미가 없으면 시시하지만…….

"미르카는 또 오진 않는다던?" 엄마는 샐러드가 담긴 그릇을 옮기며 말했

다. "삼각형에 대한 이야기, 또 듣고 싶은데."

"글쎄요." 나는 말했다. "미르카는 엄마를 존경한다고 했었는데."

"어머나! 자세히 이야기해 볼래!"

나는 미르카 이야기를 하며 계속 수학에 대한 것을 생각하고 있었다. 빨리 식사를 마치고 생각한 것을 종이에 써 두고 싶다. 그때까지는 머릿속에서만 생각한다.

구면삼각형의 면적이 R^2에 비례하는 형태인 것은 이해할 수 있다. 이상한 것은 $\alpha+\beta+\gamma-\pi$ 부분이다. 각도가 그렇게 직접적으로 면적으로 연결되다니. 좋아, $\alpha+\beta+\gamma-\pi$에 주목해 볼까? R^2으로 나눠 보자.

$$\triangle ABC = R^2(\alpha+\beta+\gamma-\pi)$$
$$\alpha+\beta+\gamma-\pi = \frac{1}{R^2}\triangle ABC \qquad \text{양변을 교환하여 } R^2\text{으로 나눈다}$$

"그렇구나!" 나는 목소리를 높였다.

"깜짝아!" 엄마도 목소리를 높였다. "왜 그러니? 뜨거워?"

정신을 차려 보니, 내가 엄마와 마주 앉아 호박 수프를 먹고 있었다. 머릿속에서 식을 전개하면서 반자동으로 식사를 하고 있었던 것이다.

"미안해요. 뭐가 떠올라서."

"깜짝 놀랐잖니. 그래서……."

엄마의 이야기를 반쯤 흘려들으면서 나는 계속 생각했다.

이 식에서 $\triangle ABC$를 일정하게 유지하면서 $R \rightarrow \infty$라는 극한을 생각해 보자.

$$\alpha+\beta+\gamma-\pi = \frac{1}{R^2}\triangle ABC$$

$\frac{1}{R^2}$이 있으니까 $R \rightarrow \infty$의 극한을 고려한다면,

$$\alpha+\beta+\gamma-\pi = 0$$

이 될 터다. 그러니까,

$$\alpha+\beta+\gamma=\pi$$

가 된다. π라디안은 180°이므로 이 식은 초등학교 때부터 익숙한 공식 '삼각형의 내각의 합은 180°와 같다'가 아닌가!

거기에는 일관성이 있다. $R \to \infty$의 극한을 생각한다는 것은 구면의 반지름을 커지게 하는 극한을 생각한다는 것이다. 거대한 구면을 상상하면 알겠지만, 구면의 반지름을 크게 만들면 평면에 가까워진다. 그러므로 '구면 위에 그려진 삼각형의 성질'이 $R \to \infty$의 극한에서 '평면 위에 그려진 삼각형의 성질'로 변모하는 것은 자연스럽다고 할 수 있다.

처음에는 이상하게 생각했던 구면삼각형의 면적을 내는 식,

$$\triangle\mathrm{ABC}=\mathrm{R}^{2}(\alpha+\beta+\gamma-\pi)$$

는 친근한 수식으로 형태가 바뀌었다. 마치 데면데면했던 사람이 친구로 바뀐 것처럼. 이 식은 '삼각형의 내각의 합은 180°와 같다'는 주장의 구면 버전인 것이다!

그리고 어디선가 목소리가 들렸다. '증명하라'는 소리가.

문제 8-2 **구면삼각형의 면적**

반지름이 R인 구면 위에 있는 구면삼각형 ABC의 면적 $\triangle$ABC가,

$$\triangle\mathrm{ABC}=\mathrm{R}^{2}(\alpha+\beta+\gamma-\pi)$$

로 구할 수 있다는 것을 증명하라. 단, α, β, γ는 구면삼각형 ABC의 각의 크기다.

"그렇지? 엄마가 하는 얘기, 듣고 있니?" 엄마가 말했다.

"응, 뭐?" 나는 서둘러 저녁식사를 마치고 방에 틀어박혔다.

드물게 존재하는 것들

구면삼각형의 면적을 구하는 문제는 그리 간단하지 않았다.

유리가 퀴즈로 낸 $\alpha=\beta=\gamma=\dfrac{\pi}{2}$ 같은 특별한 형태라면 알겠다. 하지만 임의의 구면삼각형이라도 면적을 구할 수 있는 건가?

3차원의 좌표 공간에 구면을 띄우고, 대원을 나타내는 방정식을 x, y, z를 써서 나타낸 다음, 그걸 이루는 각을 계산하고, 구면삼각형의 면적을 적분으로 구한다……인가? 그건 대충 될 것 같은데…… 거기서 난 책상 위에 놓여 있는 다이어리를 보았다. 거기에는 입시까지의 일정이 쓰여 있었다. 그 옆에는 과목별 스케줄표가 붙어 있다.

시간이 없다. 유리의 퀴즈를 계기로 생각하기 시작한 구면삼각형의 문제. 깊이 파고들고 싶은 마음은 굴뚝같았지만 지금은 시간이 없다.

한숨을 쉬면서 일단 계산 용지를 정리하고, 어제 되돌아온 모의고사 결과지를 꺼냈다. 과목별 점수, 등수, 순위가 표로 정리되어 있었다. 제1지망은 판정 B였다. 역시 수학은 감점이었다. 대입하는 걸 까먹는 통한의 실수만 없었다면 만점이었는데, 미르카에게 그런 지질한 말도 하지 않을 수 있었는데…….

그러나 그보다 문제는 고전문학이었다. 고전문학 독해에서 생각만큼 점수가 나오지 않았다. 약점 보강이 필요하다. 과목 평균은 그렇게 나쁘지 않았지만 취약 과목에 발목을 잡혀서는 안 된다. 제1지망 A 판정이 멀어지고 있다.

독해에서 틀린 문제를 확인하면서 나는 생각했다. 고전문학을 읽는 게 이과인 내게 어떤 의미가 있는 걸까? 어째서 시험에는 고전문학이라는 과목이 있는 걸까?

용모도 마음도 빼어나게 아름다워
세상을 삶에도 상처 하나 없어라

세이 쇼나곤의 에세이집 『베갯머리 서책』에 나오는 말이다.

용모도 마음도 자세도 훌륭하여

세상을 삶에도 흠 하나 없어라

'이 문장이 뭔데?'라고 할지 모르지만, 이 문구들이 전하고자 한 것은 훌륭한 태도와 정신을 가진 사람은 좀처럼 찾기 어렵다는 말인 듯하다.

하늘은 공평하다. 하지만 모든 것이 뛰어난 사람도 존재한다. 나는 미르카를 떠올렸다. 두뇌가 뛰어나고 아름다운 그녀. 성적이 좋다거나, 얼굴이 예쁘다거나, 그런 표면적인 이야기가 아니다. 깊이와 강함, 그 두 가지를 갖춘 미르카. 그녀에 비하면 나는 보잘것없다. '세상을 삶에도'라는 표현에는 시간 t라는 매개변수가 들어 있다. 시간 t를 움직인다면 그녀와 나의 차이는 점점 더 벌어질 것이다.

다시 한번 한숨. 그러나 이런 생각을 해 봤자 의미가 없다. 지금의 나는 지금의 나에게 할 수 있는 일을 할 수밖에 없다. 코앞으로 다가온 '합격 판정 모의고사'가 마지막 모의고사다. 그때까지 나의 약점을 보완해 어떻게든 제1지망 A 판정을 받고 싶다. 나는 하늘에서 능력을 내려받은 재원과는 다르다. 공부를 하고, 시험을 보고, 합격 판정 요령을 확실히 하면서 시험에 대비할 수밖에 없다.

3. 도서실

테트라

다음 날은 놀라울 정도로 맑은 날씨였지만 기온은 매우 낮았다.

방과 후 언제나처럼 도서실로 향했다. 오늘은 고전문학 용어를 다시 체크하고 독해 연습을…… 앗! 입구에서 빨강머리 리사와 부딪칠 뻔했다.

"미안." 그녀의 한마디. 늘 함께하는 빨간색 맥북을 끌어안고 잰걸음으로 사라졌다.

도서실 안을 보니 창가 자리에 테트라가 앉아 있었다. 드물게 그녀는 멍한 표정이었다.

"무슨 일 있었어? 지금 막 리사와 마주쳤는데." 나는 테트라 옆자리에 앉았다. 평소와 다른 향기가 났다.

"아뇨, 좀 의견 차이가 있어서요."

"의견 차이."

"네. 그 오일렐리언즈 말이에요. 제가 실을 내용을 몇 개나 제안했는데, 리사는 '무리'라면서 의견을 내질 않네요."

그녀들은 학교 수업과 무관한 독자 활동으로 오일렐리언즈 동인지 발간 계획을 세우고 있었다.

"그렇구나. 편집 방침에서 의견이 안 맞나 보네."

내가 그렇게 말하자 그녀는 양손으로 공을 마구 만들어 내는 제스처를 하며 이야기하기 시작했다.

"네……. 그러니까 연속하고, 위상공간하고, $\varepsilon - \delta$ 논법하고, 열린 집합하고, 위상동형하고, 구면기하학하고, 평면기하학하고, 쌍곡기하학을 오일렐리언즈에 실으려고 생각 중인데요. 구체적인 예와 수식, 그리고 그림을 짜 맞춰서 그 개념들을 역사적으로 연결 짓고, 수학적인 맥락도 문장으로 만들고 싶어요!"

"혹시 쾨니히스베르크의 다리 건너기 문제도 넣을 거야?"

"네! 위상기하학을 소개하려면 그 에피소드도 빼놓을 수 없죠!" 테트라는 두꺼운 노트를 팔락거리며 말했다.

왠지 이런 장면을 전에 본 적이 있는 것 같은데…….

"테트라, 혹시 의욕 과다 아니야? 봐, 무작위 알고리즘을 발표했을 때도 발표 내용이 너무 많았잖아."

"그래도 내용을 단계별로 좇아가지 않으면 읽는 사람이 이해를 못 하잖아요. 그러니까 전부 필요하다구요. 전 기하학이 재미있는 학문이라고 생각해요. 형태를 둘러싼 표현들도 정말 많아요. 대소, 합동, 닮음, 직선, 곡선, 각도, 면적 등." 테트라는 역설했다.

"그렇긴 하지만."

"위상기하학이나 비유클리드 기하학에 대해 듣고 놀란 것은, 변하지 않는다고 생각했던 개념도 변할 수 있다는 사실이었어요. 바꿀 수 없다기보다 애초부터 바꾼다는 생각조차 할 수 없는 개념들이죠. 예를 들어, 직선 아닌 직선이나 길이가 아닌 길이 같은 것들이요…….”

“그래, 확실히 네 말대로 그래.”

“'내가 느낀 재미'를 확실히 글로 남기고 싶어요. 써 두지 않으면 전해지지 않잖아요. 그런데 제 생각을 아무리 말해도 리사는 무리라고만 하네요.” 불만스럽게 말하는 테트라.

“있지…….” 나는 슬쩍 말을 시작했다. “어느 정도 분량으로 오일렐리언즈에 담으려고 하는지 모르겠지만, 그렇게 전부 쓰려고 하면 오히려 제대로 전달하기 힘들 수도 있어.”

“무슨 말인지……?”

“테트라는 문장을 읽는 것도 쓰는 것도 빠르고, 영어도 수학도 잘하지. 하지만 모든 친구들이 그렇지는 않아. 전부 전달하려고 많은 문장을 쓴다 해도 독자가 따라가지 못하면 소용없어.”

“하지만…….”

“너는 스스로 느꼈던 즐거움을 전하고 싶은 거지? 그렇다면 뭐든지 전달하려고 하는 것보다 엄선도 필요해. 예를 들면, 요즘 네가 나한테 재미있는 걸 말해 주었잖아.”

“제가 뭘 말했는데요?”

“미분방정식에 대해 말할 때 '자연이 속삭이는 우화를 모은 것'이라고 했었지. 수식을 '살아 있는 언어'라고도 했고. 나는 그런 말들이 멋지다고 생각했어.”

“고……고마워요 선배.”

“너는 스스로 이해한 걸 말로 표현하는 걸 진짜 잘해. 그러니까 무리하게 전부 설명하려고 하지 말고 소재를 하나로 줄여 봐. 그리고 '이해가 안 가는 부분의 최전선'을 확실하게 쓰면, 충분히 재미있는 오일렐리언즈가 될 거라고 생각해.”

“그럴까요?”

"무리라고 말리는 리사도 뭔가 다른 생각이 있을지도 몰라."

"말이 나와서 말인데, 제가 아무리 '어떻게 생각해?'라고 물어도 리사는 '무리야'라고 하거나 '자기만족이야'라는 말밖에는 안 해요."

"리사는 말을 많이 하는 편이 아니니까 시간을 들여서 차근차근 이야기를 듣는 편이 좋지 않을까?"

"시간을 들여서……?"

"너는 혼자 할 수 없는 걸 협력하면 잘할 수 있다고 했었지. 네가 잘하는 것, 리사가 잘하는 것이 따로 있을 거야. 협력한다는 것은 서로의 장점으로 서로 못하는 부분을 보완해 주는 것이니까."

"그러네요. 나는 리사의 부족한 부분을 보충할 수 있죠."

"그래. 리사는 너의 부족한 부분을 채워 줄 수 있고. 그게 형태가 되면 두 사람만의 오일렐리언즈가 만들어지는 거 아닐까?"

내 말에 테트라는 휙 고개를 돌려 나를 보았다.

당연한 것들

"어쩐지 당연한 걸 거창하게 말한 것 같네." 내가 말했다.

"아니에요, '당연한 것부터 시작하는 건 좋은 일'이니까요." 테트라는 진지한 표정으로 답했다. "제가 리사의 말을 잘 들어 주지 못했어요."

"당연한 것부터 시작하는 거라면 '삼각형의 내각의 합은 180°와 같다' 같은 문제만큼 좋은 것도 없더라. 어제 놀라운 걸 알게 되었어." 나는 어젯밤의 흥분을 떠올리며 구면삼각형의 면적 문제에 대해 이야기했다.

$$\triangle ABC = R^2(\alpha + \beta + \gamma - \pi)$$

내 말이 끝나자 테트라는 눈을 반짝이며 말했다.

"이렇게 해서 면적을 구할 수 있는 건가요!"

"그런 것 같아. 게다가 R → ∞의 극한에서 구면 위의 삼각형이 평면 위의 삼각형에 가까워진다는 것도 재미있고. 반지름이 클수록 구면은 평면에 가까워지니까 매우 자연스러워."

"무한으로 향하면서 쭉 늘리는 거군요. 수학과는 좀 동떨어지지만 이런 건 어떨까요? **인피니티 사인**이요."

테트라는 일어서서 오른손 엄지손가락과 왼손 검지, 왼손 엄지손가락과 오른손 검지 끝을 서로 만나게 해서 천진난만하게 보여 주었다. 확실히 교차시킨 손가락으로 만든 원은 ∞처럼 보였다.

"그거 혹시 무한의 손가락 사인이라는 거야?"

"맞아요! 가슴 앞에서 이 사인을 만들어서 이렇게 모양을 만든 다음, 상대를 향해 팔을 뻗으면서 '인피니티!'라고 선언하는 거예요. 인피니티! 멋 없나요?"

"괜찮을 것 같은데." 나는 말했다. '귀엽기도 하지'라고 마음속으로 생각하면서.

"인피니티!" 테트라는 즐거워 보였다.

"그건 그렇다 치고." 나는 말했다. "구면삼각형 ABC의 면적이, $R^2(\alpha+\beta+\gamma-\pi)$가 된다는 걸 증명할 수 없었어. 적분이 나와서 조금 길어질 것 같더라고……. 나중에 생각하지 뭐."

'시간이 있으면……'이라고 말하려다 나는 입을 다물었다. 솔직히 정말 시간이 없다.

"미르카 선배라면 알 텐데요." 테트라가 천진하게 말했다.

"그렇지. 하지만 요즘 학교에 오질 않아. 미국에 가 있는지도 몰라."

화풀이한 것을 사과하려고 했는데, 요즘은 미르카를 만나지 못했다. 타이밍을 매번 놓치고 만다. 그러다가 어색해진 채로 시험, 그리고 졸업.

"어라? 미르카 선배 있어요. 아까 초콜릿도 줬어요, 여기." 그녀는 그렇게 말하고 작은 주머니를 보여 주었다. 아까부터 나던 냄새가 초콜릿이었나?

"그게 언젠데?"

"30분 정도 전에요. 로비에 간다고 하던데. 이거 맛있어요, 향기도 좋고."

"미안, 또 봐." 나는 도서실을 뛰쳐나갔다.

4. 학교 로비

미르카

나는 교내 가로수 길을 지나 별관의 로비로 향했다. 넓은 로비 라운지에서 학생 몇 명이 작은 소리를 내며 클럽 모임을 하는 듯했다. 공부하고 있는 학생도 보였다.

미르카는 라운지 구석에서 혼자 책을 읽고 있었다. 책상에는 종이가 잔뜩 펼쳐져 있었다. 책을 읽으면서 만년필로 종이에 뭔가를 적고 있었다.

미르카를 발견한 순간, 나는 아무 말도 할 수가 없었다. 그녀의 주변에 마치 보이지 않는 벽이 쳐져 있는 것 같아서 가볍게 말을 걸 수가 없었다.

나는 바보다. 어째서 '미르카는 아무것도 하지 않아도 머리가 좋다'고 생각했을까? '하늘은 불공평하다'고 말하면서. 그녀가 지식에 밝은 것은 배웠기 때문이다. 당연한 거다. 우리와 이야기하고 있을 때가 전부는 아니다. 미르카 스스로가 말했던 것처럼, 내가 보고 있는 그녀의 모습이 그녀의 전부는 아니다. 시간을 들여 읽고, 생각하고, 계산했기 때문에 현재의 미르카가 있는 것이다. 내가 우물쭈물하는 시간에도 그녀는 계속 공부한다. 나는 대체 뭘 하고 있는 걸까?

문득 미르카가 내 쪽으로 고개를 돌렸다. 옅은 미소를 짓더니 검지를 까닥였다. 나는 보이지 않는 실에 이끌리는 것처럼 그녀의 맞은편에 앉았다.

이야기를 듣다

"왔어?" 미르카가 물었다. "브러드쿠머(Brotkrumen, 헨젤과 그레텔이 길을 찾으려고 뿌려 놓았던 빵부스러기) 작전이 통했네."

무슨 뜻인지 모르겠다.

"뭐 읽는 중이야?" 나는 얼빠진 질문을 했다.

"나라비쿠라 박사님이 읽으라고 한 책." 그녀는 양손으로 책을 가볍게 들어 올려 내게 표지를 보여 주었다. 영어 원서였다.

"전공을 정하려고 읽는 거야?"

"아니, 난 아직 전공을 정할 단계는 아니야. 미리 난해한 걸 읽으려고 하지 말고, 기본적인 수학 교과서를 차근차근 읽을 것! 이렇게 써 있네. 일본어뿐 아니라 영어로 된 책도 몇 권 추천받았어. 대학에서 읽는 책인가 봐. 당분간은 한 분야에 치우치지 말라는 말을 들었는데, 뭐…… 흥미가 가는 논문도 읽어 볼 생각이야."

"아……." 영어로 쓰인 수학 교과서라, 왠지 딴 세상에 있는 물건 같다.

"세미나도 시작할 거야. 배우면서 흥미로운 주제를 찾으려고. 언젠가 충분히 연구할 수 있다면 논문도 쓸 거야. 그리고 계속 논문을 써낼 거야. 오일러 선생님은 무수한 논문을 썼어. 나도 그걸 본받고 싶어. 내가 생각한 것, 내가 계산한 것, 그걸 논문으로 정리해서 남기는 거야. 논문을 쓴다는 건 나를 위해서이기도 하고, 다음 세대에 전달하기 위한 것이기도 해. 후자는 나라비쿠라 박사님의 말이지만."

"앞으로 계속 논문을 하나하나 끝내는 작업을 하겠네."

"아마도." 미르카는 빙긋 웃었다. "논문은 편지니까. 미래의 누군가에게 전하기 위해 논문이라는 이름의 편지를 쓰는 거야."

그녀의 미소, 그녀 앞에 펼쳐진 계산 용지, 만년필로 쓰인 수많은 수식을 보고 있는 사이에 나는 가슴이 답답해져 왔다. 미르카는 나와 같이 시험을 보지는 않을 것이다. 그녀는 새로운 세계로 떠날 준비를 이미 끝낸 상태다.

"미르카, 멋지다."

"갑자기 왜 그래."

"넌 정말 멋져. 이제 앗, 하는 사이에 내 손이 닿지 않을 세계로 가 버릴 것 같네. 나는 너를 만나서 정말 다행이야."

그녀는 슬쩍 눈을 피하며 창가를 바라보았다.

나는 리사의 말을 들으라고 테트라에게 조언했다. 그러나 나는 어떤가. 미르카의 말을, 소중한 사람의 이야기를, 얼마나 제대로 들어 주었나. 스스로를 과대평가도, 과소평가도 하지 않고, 미래의 형태를 명확하게 설정하고, 똑바로 앞으로 나아가려고 준비하는 미르카. 그런 그녀의 말을 나는 얼마나 들어 주었을까.

수수께끼를 풀다

"난 됐어." 미르카는 내게 시선을 다시 돌렸다. "요즘 넌 어때?"

"아, 구면삼각형 문제 알아? 증명하려고 생각은 했는데 못 했어."

문제 8-2 구면삼각형의 면적

반지름이 R인 구면 위에 있는 구면삼각형 ABC의 면적 △ABC가,

$$\triangle ABC = R^2(\alpha + \beta + \gamma - \pi)$$

로 구할 수 있다는 것을 증명하라. 단, α, β, γ는 구면삼각형 ABC 각의 크기다.

"응, 먼저 당연한 것부터 시작해 볼까?"

◆ ◆ ◆

예를 들어, 반지름이 R인 구의 표면적은 $4\pi R^2$이지.

구면에 대원 하나를 그리면, 2개의 반구면이 생겨. 반구면 하나의 면적은 물론 $2\pi R^2$이고.

구면에 대원 2개를 그리면, 일반적으로 4개의 초승달 모양이 생겨. 구면기하학의 '2각형'이라고 할 수 있는 이 초승달 형태를 가령 **룬**이라고 부른다고 치자. 하나의 룬은 크기가 같은 2개의 각을 가지지. 각의 크기가 α인 룬을 α룬이라고 해. 대원 2개에서 생기는 4개의 룬이란 α룬이 2개, $(\pi - \alpha)$룬이 2개야. 그럼, α룬 하나의 면적은 얼마나 될까?

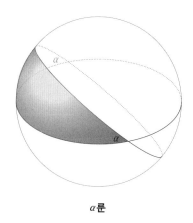

α**룬**

α룬 하나의 면적을 S_α라고 하면, S_α는 α에 비례해. π룬은 반구면이 되니까,

$$S_\pi = 2\pi R^2$$

이라고 할 수 있어. 그렇다는 건 비례정수가 $2R^2$인 것이고,

$$S_\alpha = 2\alpha R^2$$

이 돼. α룬의 면적은 R과 α로 나타낼 수 있어.

구면에 대원을 3개 그리면, 일반적으로 구면삼각형이 생겨나지. 이때 구면삼각형 ABC는 α룬, β룬, γ룬과 어떤 관계에 있을까?

이제, 너라면 알 수 있을 거 같은데.

◆◆◆

미르카는 내게 배턴을 넘겼다. 배턴이 아니라 그녀가 쓰고 있던 만년필이다.

나는 그림을 보면서 다음 전개를 생각하려고 했다. 구의 표면적은 알겠다. 룬의 면적도 알겠다. 하지만 미르카가 질문한 '어떤 관계인가'를 모르겠다. 나는 한동안 그림을 바라보았지만, 떠오르지 않았다.

"음⋯⋯."

"노려본다고 생각이 진전되지는 않을 거야. 그림을 그려." 미르카는 내 손에서 만년필을 빼앗아 다음과 같이 그림을 그렸다.

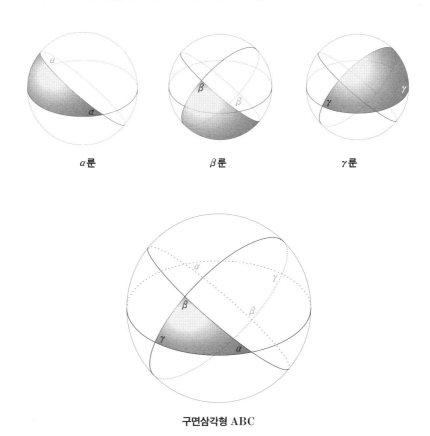

α룬   β룬   γ룬

구면삼각형 ABC

"……." 나는 아직 모르겠다.

"α룬이 2개, β룬이 2개, 그리고 γ룬이 2개. 도합 6개의 룬으로 구의 표면 전체를 덮는 거야."

"그렇구나." 나는 룬이 구를 덮는 모양을 상상해 보았다.

"6개의 룬으로 구의 표면 전체를 덮는다, 그런데?" 미르카는 어미를 끌어올려 의문문으로 내 답을 구했다.

"그런데…… 그렇구나! 겹침이 있네. 구면삼각형 ABC 부분만 룬이 3중이야! 그렇다는 건, 구의 표면적은 룬 6개의 합계 면적에서 겹친 부분을 뺀 것과 같아지는 건가…… △ABC의 2개분을 빼면 돼!"

"그것도 되긴 하지만 구면삼각형 ABC와 같은 구면삼각형이 조금 뒤쪽에 1개 더 있어. 그러니까 겹침은 2개분이 아니라 4개분이야."

"알았어. 식은 벌써 세웠어." 나는 다시 한번 만년필을 손에 들었다.

$$\underbrace{4\pi R^2}_{\text{구의 표면적}} = \underbrace{2S_\alpha + 2S_\beta + 2S_\gamma}_{\text{룬 6개의 면적 합계}} - \underbrace{4\triangle ABC}_{\text{겹친 부분}}$$

"맞았어." 미르카가 말했다.

나는 계산을 계속했다. 증명해야 하는 식은 이미 알고 있다. 앞으로 전진!

$$4\pi R^2 = 2S_\alpha + 2S_\beta + 2S_\gamma - 4\triangle ABC \qquad \text{위의 식에서}$$
$$4\pi R^2 = 4\alpha R^2 + 4\beta R^2 + 4\gamma R^2 - 4\triangle ABC \qquad S_\alpha = 2\alpha R^2 \text{ 등을 사용한다}$$
$$\pi R^2 = \alpha R^2 + \beta R^2 + \gamma R^2 - \triangle ABC \qquad \text{양변을 4로 나눈다}$$
$$\triangle ABC = R^2(\alpha + \beta + \gamma - \pi) \qquad \text{이항해서 } R^2 \text{으로 묶는다}$$

풀이 8-2 **구면삼각형의 면적**

α, β, γ의 각을 가지는 룬 2개씩으로 구면 전체를 덮을 수 있으며, 그때 △ABC의 4개분에 상당하는 겹침이 존재한다. 이것으로부터,

$$4\pi R^2 = 2S_\alpha + 2S_\beta + 2S_\gamma - 4\triangle ABC$$

가 성립한다. $S_\alpha = 2\alpha R^2$, $S_\beta = 2\beta R^2$, $S_\gamma = 2\gamma R^2$이므로,

$$\triangle ABC = R^2(\alpha + \beta + \gamma - \pi)$$

를 구할 수 있다. 증명 끝.

"좋아, 이걸로 또 한 건 해결." 미르카가 말했다.

가우스 곡률

"구면삼각형의 면적을 구하는데도 다시 적분을 하지 않아도 되는구나! 음……." 나는 신음했다. 분해서 한 방 먹이고 싶어진다. "어제 $R \to \infty$의 극한을 생각했을 때 이 식이 '삼각형의 내각의 합은 $180°$와 같다'를 확장한 거라는 걸 깨달았는데."

내 말에 미르카는 가볍게 고개를 끄덕였다.

"아, 그렇지. 그렇다면……."

$$\triangle ABC = R^2(\alpha + \beta + \gamma - \pi)$$

"이 식보다는 상수 K를 생각하는 편이 더 재미있어."

$$K = \frac{\alpha + \beta + \gamma - \pi}{\triangle ABC}$$

"그렇게 하면 측지선으로 만든 삼각형을 어떤 기하학에서 생각하고 있는지를 알 수 있지."

- K > 0일 때는 구면기하학
- K = 0일 때는 유클리드 기하학
- K < 0일 때는 쌍곡기하학

"아하!" 나는 놀랐다. "K라는 상수로 기하학의 분류가 가능하다는 거야? 분류…… 분별의 기준이 되는 이 상수 K는 대체 뭐지?"

"K는 유클리드 기하학에서의 빈틈을 나타낸다고도 할 수 있고, 그 공간의 구부러진 정도를 나타낸다고도 할 수 있어. 실제로 K는 **가우스 곡률**이라고도 불리는 양과 같아."

"가우스 곡률……."

"곡률에는 여러 종류가 있어. 예를 들면, 평면 위에 그려진 원의 반지름을

R이라 했을 때 원의 곡률은 $\frac{1}{R}$로 정의되지. R이 커지면 원은 곡률은 작아지고, R이 작아지면 원의 곡률은 커져. R이 커지면 휘어지는 정도가 부드럽고, R이 작으면 휘어지는 정도가 부드럽지 않으므로 원의 곡률을 반지름의 역수로 정의하는 것은 자연스럽지. 그리고 원의 곡률을 써서 곡선 위의 점에 있어서의 곡률도 정의할 수 있어. 대략 말하자면, 그 점에서 곡선에 접하는 원을 생각해 보고, 그 원의 곡률 $\frac{1}{R}$을 사용하면 되기 때문이지. 그리고 거꾸로 휘어진다면 곡률은 $-\frac{1}{R}$이 돼.”

“그렇구나. 그 경우 직선의 곡률은 0이 되는 거지?”

“그렇지. 만약 곡선이 아니라 곡면에 대해 곡률을 정의하려고 한다면, 곡면의 넓이를 고려할 필요가 있지. 예로 원기둥을 생각해 보면, 어떤 방향에서 보면 원처럼 휘어져 있지만, 다른 방향에서는 직선처럼 곧지. 휘어지는 정도가 방향에 따라 달라지기 때문이야.”

“확실히 그렇지.”

“곡면 위의 점 P에서 가우스 곡률의 정의는 다음과 같아. 점 P에 있어서 곡면의 접면 벡타 중 하나와 법선 벡타가 이루는 평면은 점 P를 포함해 그 평면과 곡면이 만나는 곡선의 곡률을 구하는 거야. 평면의 방향을 바꾸었을 때의 최대 곡률과 최소 곡률을 구하면, 그 곱이 점 P에서의 가우스 곡률이야.”

“응…….” 나는 상상력을 총동원해서 미르카의 설명을 좇아갔다.

“간단한 곡면의 예를 들어 볼까?”

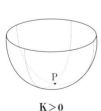

K > 0

K < 0

"이 그림에서는 점 P에 있어서의 최대 곡률과 최소 곡률을 만들어 내는 곡선을 각 곡면 위에 나타내고 있어. 반지름이 R인 구면의 경우, 최대 곡률도 최소 곡률도 서로 같아. 양쪽 모두 $\frac{1}{R}$이 되거나, 모두 $-\frac{1}{R}$이 되느냐야. 어떤 경우든 같은 부호가 되니까 곱에서 얻을 수 있는 가우스 곡률은 양수가 되지. $K = \frac{1}{R^2} > 0$인 거야. 이게 구면기하학의 가우스 곡률이야. 그리고 말안장같이 생긴 곡면의 경우, 점 P에서의 최대 곡률과 최소 곡률은 반대 부호가 되니까, 가우스 곡률은 음수가 돼. $K = -\frac{1}{R^2} < 0$이야."

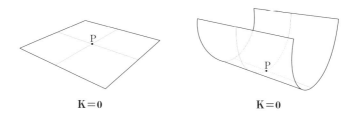

$$K = 0 \qquad\qquad K = 0$$

"그렇군. 평면의 경우 최대 곡률도 최소 곡률도 0이 되니까, $K = 0 \cdot 0 = 0$이 되는 거네. 평면의 가우스 곡률은 $K = 0$이 되는군."

"맞아. 그리고 원기둥의 경우엔 최대 곡률이 $\frac{1}{R}$이고, 최소 곡률은 0이 되거나 최대 곡률은 0이고, 최소 곡률이 $-\frac{1}{R}$이 되느냐 아니냐야. 어느 쪽이든 한쪽이 0이니까 곱은 0이지. $K = \pm\frac{1}{R} \cdot 0 = 0$이 되는 거야."

"아하…… 원기둥의 가우스 곡률도 $K = 0$이 되는구나."

"곡면은 방향에 따라 휘어지는 정도가 달라지는 경우가 있어. 가우스 곡률에서는 최대 곡률과 최소 곡률의 곱을 구하는 것으로 방향에 따른 변화를 고려한 거야."

"그렇군. 나였다면 최대 곡률과 최소 곡률의 평균을 구하고 싶었을 텐데."

"가우스는 평균 곡률이라는 개념도 제시하고 있어. 바로 최대 곡률과 최소 곡률의 평균을 쓰는 거지."

"그렇군…… 여러 종류의 곡률을 정의할 수 있네."

"구면기하학에서는 $K > 0$이 되고, 유클리드 기하학에서는 $K = 0$이 돼."

미르카가 갑자기 목소리를 낮췄다. "구면기하학에서 $K = \dfrac{1}{R^2}$이 양수가 되는 건 이상한 일이 아니고, $R \to \infty$의 극한을 생각하면, 유클리드 기하학에서도 $K = \dfrac{1}{R^2}$이라고 할 수 없지는 않아. 그럼, 쌍곡기하학은 어떨까?"

"쌍곡기하학에서는 $K < 0$이라는 거지? $K = \dfrac{1}{R^2}$은 음수가 될 수 없지만……어?"

"$K = \dfrac{1}{R^2}$ 그대로 생각하면, $K < 0$이라는 건, R이 허수 단위 i의 실수 배라는 말이야. 예를 들어, $K = -1$이라면, $R = \pm i$라는 거지."

"허수단위 i가 구면기하학의 반지름인 거야?"

"식의 형태상으로는 그렇지." 미르카는 즐겁다는 듯이 설명을 계속했다. "유클리드 기하학은 무한대의 반지름을 가지는 구면기하학이라고 볼 수 있고, 쌍곡기하학은 허수의 반지름을 가지는 구면기하학이라고도 볼 수 있어. 가우스 곡률을 다루는 건 매우 재미있어."

"가우스는 대단하네……."

"흥미로운 이야기가 있어. 가우스 이전에 비유클리드 기하학을 연구하고 있던 람베르트는 '비유클리드 기하학의 〈평면〉은 반지름이 i인 구면과 비슷하다'라고 주장했어. 이 또한 예언적인 발견이라고 할 수 있지."

경이로운 정리
미르카는 일어서서 내 주위를 돌면서 약간 흥분한 듯 이야기를 이어 갔다.
"아까 우리 원기둥에서 가우스 곡률 계산했지?"

◆ ◆ ◆

$K = 0$이고, 평면에서의 가우스 곡률과 같아. 이건 중요한 의미를 가져.

가우스는 곡면을 연구하고 『곡면론(Disquisitiones Generales Circa Superficies Curvas)』이라는 작은 책을 냈어. 여기서 가우스 곡률을 정의했지. 가우스 곡률은 곡면 위의 각 점에서 '구부러진 모양'을 표현한 양이야. 그리고 이렇게 정리를 설명했어.

'가우스 곡률은 곡면을 늘리거나 줄이지 않는 한 불변이다.'

종이에 그린 삼각형은 그 그림을 원기둥 형태로 변형시켜도 면적이 변화하지 않아. 종이를 원기둥 모양으로 둥글게 말거나 구불구불 파도 모양으로 해도 늘리거나 줄이지 않는 한, 삼각형 면적은 바뀌지 않고, 또 가우스 곡률도 바뀌지 않아.

불변량은 매우 중요해. 곡면 위의 임의의 점에서 가우스 곡률은 늘리거나 줄이지 않는 한 불변이야. 구면 위의 가우스 곡률은 임의의 점에서 똑같이 $\frac{1}{R^2}$이라는 값이 돼. 한편으로 평면 위의 가우스 곡률은 임의의 점에서 똑같이 0이 되지. 그렇다는 건, 늘리거나 줄이지 않고 구면을 평면으로 전개하는 건 불가능하다는 거야. 가우스 곡률이 다르면 평면에 전개할 수 없다고 판정할 수 있어.

게다가 더 멋진 사실이 있어.

곡면 안에서의 길이와 각도에서 구할 수 있는 양을 **내재적**인 양이라고 하고, 곡면이 공간 안에 어떻게 파묻혀 있는지를 알아보지 않으면 모르는 양을 **외재적**인 양이라고 하자. 가우스 곡률 K는 외재적인 양으로 정의되어 있지만, K를 내재적인 양으로 나타낼 수 있다는 것을 가우스는 계산 끝에 증명해냈어. 가우스 곡률은 처음 발견된 내재적인 양이야.

3차원 공간에서 평면과 원기둥의 일부로 만든 곡면을 상상하면, 다른 곡면인 것처럼 보여. 실제로 그 두 가지 평면과 원기둥은 3차원 공간에 끼워 넣는 방식이 다르다고 할 수 있어. 그렇지만 3차원 공간에서는 평면을 어떻게 구부려도 각 점에서의 가우스 곡률은 변하지 않아. 가우스 곡률이라는 양은 그 곡면이 들어가 있는 공간과는 관계없이 곡면 자체가 가지고 있는 구부러지는 정도를 나타낸다고 할 수 있어.

이런 식으로 표현할 수도 있지. 2차원 공간의 생물은 자기 공간 '안'에서 길이와 각도를 알아보면 가우스 곡률을 계산할 수 있어. 자기 공간 '밖'의 공간을 생각할 필요가 없지.

가우스 곡률은 외재적인 양으로 정의되어 있는데, 내재적인 양으로 표현할 수 있어. 이건 경이로운 일이야. 가우스는 이 정리를 **경이로운 정리**라고 불렀어.

등질성과 등방성

가우스 곡률이 가진 내재성은 기하학에서 중요한 의미를 가져. 리만은 곡면에서 가우스 곡률을 일반화하고, n차원 공간에서의 곡률을 궁리했지.

여러 일반화가 가능해. 구면기하학, 유클리드 기하학, 쌍곡기하학에서 가우스 곡률 K는 상수가 돼. 가우스 곡률 K가 상수라는 조건은 **등질성**이라고 불려. 가우스 곡률이 공간 내의 위치에 의존하지 않는다는 의미야.

등질성의 전제를 없애고 일반화할 수 있지. 그건 가우스 곡률 K가 공간의 점 p에 의존한다는 거고. 그때 가우스 곡률은 $K(p)$라는 함수가 되는 셈이야.

그때 네가 생각하고 있던 △ABC의 면적을 구하는 식은 곱이 아니라 적분이 돼. 보네에 의한 확장까지 해서 **가우스·보네 정리**라고 불리지.

$$\alpha + \beta + \gamma - \pi = K\triangle ABC \qquad \text{가우스 곡률이 상수 K인 경우}$$
$$\alpha + \beta + \gamma - \pi = \iint_{\triangle ABC} K(p)ds \qquad \text{가우스 곡률이 함수 } K(p) \text{인 경우}$$

가우스 곡률이 함수 $K(p)$라는 것은 곡면에서 위치만 알면 가우스 곡률을 알 수 있다는 의미야. 여기서도 일반화의 여지를 찾을 수 있지. 방향에 따라 휘어지는 정도가 변하지 않는다는 전제가 있으니까. 그 성질을 **등방성**이라고 해.

더 고차원 공간에서는 등방성의 전제를 제외하고 일반화한 곡률로 생각할 수도 있어. 수학적으로는 어떤 점 p에서의 구부러지는 정도를 가우스 곡률 같은 실수가 아니라 **곡률 텐서**로 생각해야 하겠지만, 유감스럽게도 그 이상 설명할 수 있을 정도로 내 지식이 풍부하진 않아.

◆◆◆

"공부를 더 해야겠지." 미르카는 볼을 붉히며 나를 보았다.

그때 하교 시간을 알리는 종이 울렸다.

배웅

"난 그만 돌아갈게." 미르카가 재빨리 책과 종이를 정리했다.

"나도 갈래."

로비에는 우리 둘뿐이었다.

"네 어휘는 좀 늘었니?" 그녀는 장난스럽게 말했다.

"어휘?"

"못됐고, 달관한 체하고, 표표하고, 초연하고, 또 없어?"

"어…… 전에 했던 말 사과할게." 나는 부끄러워하며 말했다. "미안. 시험에서 실수한 걸로 너한테 화풀이를 하고 말았어."

"감점됐어?"

"응. 시험에서 실수는 θ 대입을 잊은 것뿐이더라고. 지금은 취약 과목을 보충하는 데 힘쓰려고. 고전문학 점수가 너무 안 나왔거든. '합격 판정 모의고사'까지는 어떻게든 해 봐야지."

"응……."

"너무 심한 말을 해서 정말 미안해."

"그다지 심한 말은 아니었어." 그녀는 답했다. "흥미로운 관점이었달까? 이건 네게 주는 보답이야. 손 내밀어 봐."

나는 그녀가 하란 대로 손을 내밀었다. 보답? 미르카는 가방에서 작은 주머니를 꺼내서 내 손 위에 올렸다.

"초콜릿?" 이건 용서해 준다는 표현일까?

"봐, 좋은 냄새 나지?"

그녀는 한 걸음 앞으로 다가와 내 손에 올린 주머니의 입구를 열어젖혔다. 카카오 향기가 훅 콧속으로 들어왔다. 그리고 그녀의 얼굴이 가까워졌다.

"……."

"……."

나는 그녀를 본다.

그녀는 나를 본다.

침묵.

"크리스마스이브에 약속 있어?" 미르카가 물었다.

"약속……?" 나는 되물었다. 수험생에게 크리스마스이브 따위 없다.

"공개 세미나 하는 날이거든. 작년엔 페르마의 정리를 했지?"

"시간이 없어. 그 전에 '합격 판정 모의고사'가 있어서……."

"몇 시간도 없어?"

"제1지망에서 A판정을 받고 싶어."

"A판정을 받으면 되지." 미르카가 손가락을 튕겼다. "공부를 더 해야겠지."

곡면의 '휘어지는 방식'을 나타낸 양인 가우스 곡률은
최초로 곡면에 '내재적' 개념이 있음을 명백하게 드러냈다.(1827년)
…… 즉, '외부 세계'가 없어도
우주의 '휘어지는 방식'을 말할 수 있다는 것을
강력하게 시사했다.
_스나다 도시카즈, 『곡면의 기하』

영감과 끈기

쿠탕스에 도착해서 산책하기 위해 승합 마차에 탔다.
계단에 발이 닿은 순간
그때까지 하고 있던 생각들이 진전되지 않았는데도
갑자기 푸크스 함수를 정의하는 데 사용한 변환이
비유클리드 기하학의 변환과 완전히 똑같다는 생각이 불현듯 들었다.
—푸앵카레, 『과학과 방법』

1. 삼각함수 트레이닝

영감과 끈기

수학을 영감의 학문이라고 생각하는 사람이 많다. 수학 서적은 번뜩이는 영감에 대한 에피소드로 꽉 차 있다. 놀랄 만한 드라마가 이어지며, 천재들의 번뜩이는 아이디어가 세계를 움직인다. 그것이 바로 수학이다. 확실히 수학자들의 영감이 없었다면 수학은 존재하지 못했을 것이다.

하지만 그 영감이 떠오를 때까지는 혼이 나갈 정도로 지독한 계산 과정이 있었을 것이다. 그리고 영감이 떠오른 후에도 그것을 또 확인하고, 정식화하고, 확장시키고, 일반화해 가는 끝없는 여정이 있었을 것이다.

긴 계산을 하며 시험공부를 할 때면 머리 한구석에선 그런 몽상을 하곤 한다. 이항, 전개, 미분, 적분, 대입…… 당연하고 지루한 식 변형을 계속하지 않으면 정답에 다다를 수 없기 때문이다. 물론 천재의 영감과 입시 공부를 비교하는 것은 애초에 말이 안 되는 일일지도 모르지만.

영감 하나로 해결되는 문제도 있기는 하다. 보조선을 하나 긋는 것만으로 증명이 끝나는 일도 있고, 식의 형태를 꿰뚫어보는 것만으로 계산이 끝나 버릴 때도 있다.

하지만 많은 문제는 그렇지 않다. 해법을 생각해 내도 주의 깊게 계산하지 않으면 바른 답을 낼 수 없다. 영감이 떠올라 순식간에 돌파해 버린다면 기분은 좋겠지만 항상 그런 행운을 기대하면 곤란하다. 끈질기게 계산을 이어 가는 끈기가 필요한 것이다.

영감과 끈기, 이 두 가지가 기반이 되어야 한다.

공부를 더 해야 한다고 미르카가 말했다. 두 번 말할 것도 없다. 공부하고 말고.

입시 공부가 지금 할 일이다. 스포츠맨이 트레이닝을 게을리하지 않는 것처럼, 나는 계산 연습을 게을리하지 않겠다. 당연한 것도 확실하게 소화해 낼 힘이 필요하기 때문이다. 내가 머릿속에서 되풀이하고 있는 **삼각함수 트레이닝**도 그런 연습의 일환이다.

단위원

삼각함수는 원함수다. $\cos\theta$와 $\sin\theta$는 단위원으로 정의할 수 있다. 단위원이란 좌표평면 위에서 원점 O을 중심으로 한 반지름이 1인 원을 말한다. 단위원에서 원주 위의 점을 (x, y)라 하고, 그 점과 원점을 연결하는 선분이 x축의 양의 부분과 이루는 각을 θ라 할 때 $\cos\theta$와 $\sin\theta$는 다음과 같이 정의할 수 있다.

$$\begin{cases} \cos\theta = x \\ \sin\theta = y \end{cases}$$

즉, $\cos\theta$는 점의 x좌표, $\sin\theta$는 y좌표인 것이다. 단위원의 방정식은 $x^2 + y^2 = 1^2$이므로 다음 식이 성립한다.

$$\cos^2\theta + \sin^2\theta = 1^2$$

이것이 기본 중의 기본이다.

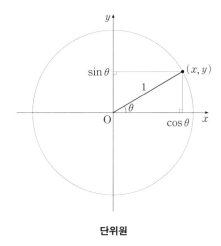

단위원

θ가 2π만큼 커지거나 작아진다 해도 점의 좌표는 바뀌지 않는다. 그러므로 다음 식이 성립하게 된다.

$$\begin{cases} \cos\theta = \cos(\theta+2\pi) = \cos(\theta-2\pi) \\ \sin\theta = \sin(\theta+2\pi) = \sin(\theta-2\pi) \end{cases}$$

n을 정수라 하면 일반적으로 다음과 같이 나타낼 수 있다.

$$\begin{cases} \cos\theta = \cos(\theta+2n\pi) \\ \sin\theta = \sin(\theta+2n\pi) \end{cases}$$

x좌표와 y좌표가 각각 0이 될 때의 θ를 생각해 보면 다음 식을 구할 수 있다.

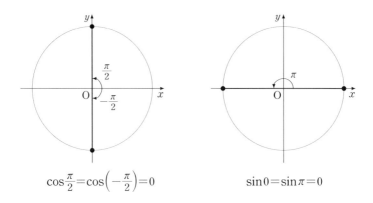

$$\cos\frac{\pi}{2}=\cos\left(-\frac{\pi}{2}\right)=0 \qquad\qquad \sin0=\sin\pi=0$$

n을 정수라 하면 다음과 같이 일반적으로 나타낼 수 있다.

$$\begin{cases} \cos\left(n\pi+\dfrac{\pi}{2}\right)=0 & \quad\text{π의 정수배}+\dfrac{\pi}{2} \\[2mm] \sin n\pi=0 & \quad\text{π의 정수배} \end{cases}$$

단위원을 상상해 보면,

$$\sin(\pi\text{의 정수배})=0$$

이 되는 것은 당연하다. θ가 π의 정수배일 때 점은 반드시 x축 위에 있게 된다. 즉, y좌표인 $\sin\theta$가 반드시 0이 되기 때문이다. 점의 x좌표와 y좌표의 값으로 구해지는 범위를 각각 생각해 보면, $\cos\theta$와 $\sin\theta$는 어느 쪽도 -1 이상이며 1 이하라는 것을 알 수 있다.

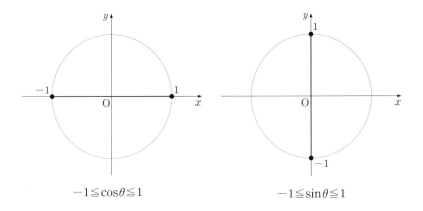

$$-1 \leqq \cos\theta \leqq 1 \qquad\qquad -1 \leqq \sin\theta \leqq 1$$

　부호가 성립되는 조건을 생각한다. x좌표가 1과 -1이 되는 θ를 생각해 보면,

$$\begin{cases} \cos 0 = 1 \\ \cos\pi = -1 \end{cases}$$

라고 할 수 있다. 일반적으로는 다음 식이 성립하게 된다.

$$\begin{cases} \cos(2n\pi + 0) = 1 & \pi\text{의 짝수배} \\ \cos(2n\pi + \pi) = -1 & \pi\text{의 홀수배} \end{cases}$$

즉, 다음과 같이 되는 것이다.

$$\begin{cases} \cos(\pi\text{의 짝수배}) = 1 \\ \cos(\pi\text{의 홀수배}) = -1 \end{cases}$$

다음과 같이 양쪽을 합쳐서 쓸 수도 있다.

$$\cos(\pi\text{의 } n\text{배}) = (-1)^n$$

y좌표가 1과 −1이 될 때의 θ를 생각해 보면,

$$\begin{cases} \sin\dfrac{\pi}{2} \quad =1 \\[2mm] \sin\left(-\dfrac{\pi}{2}\right)=-1 \end{cases}$$

이다. 일반적으로는 다음 식이 성립한다.

$$\begin{cases} \sin\left(2n\pi+\dfrac{\pi}{2}\right)=1 \\[2mm] \sin\left(2n\pi-\dfrac{\pi}{2}\right)=-1 \end{cases}$$

사인 곡선

$x=\cos\theta$와 $y=\sin\theta$의 그래프를 그려 보자.

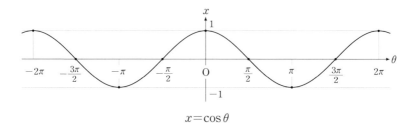

$$x=\cos\theta$$

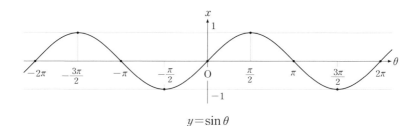

$$y=\sin\theta$$

$\cos\theta$의 그래프에서 $\sin\theta$의 그래프를 만들려면, $\dfrac{\pi}{2}$만큼 옆으로 이동한다.

$\frac{\pi}{2}$를 더하느냐 빼느냐 하는 구간에서 틀리기 쉬우므로 주의.

$$\begin{cases} \cos\left(\theta-\dfrac{\pi}{2}\right)=\sin\theta \\ \sin\left(\theta+\dfrac{\pi}{2}\right)=\cos\theta \end{cases}$$

대칭성을 생각해 보면 다음 식이 성립한다는 걸 알 수 있다.

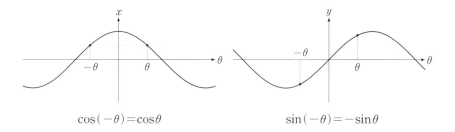

$$\cos(-\theta)=\cos\theta \qquad\qquad \sin(-\theta)=-\sin\theta$$

$\cos\theta$는 짝함수이고, $\sin\theta$는 홀함수라는 말이다.

회전행렬에서 덧셈정리로

점 (x,y)를 원점 중심으로 반시계 방향으로 θ회전시킨 점 (u,v)는,

$$\begin{cases} u=x\cos\theta-y\sin\theta \\ v=x\sin\theta+y\cos\theta \end{cases}$$

로 구할 수 있다. 이것을 **회전행렬**로 나타내면,

$$\begin{pmatrix} u \\ v \end{pmatrix}=\begin{pmatrix} \cos\theta & -\sin\theta \\ \sin\theta & \cos\theta \end{pmatrix}\begin{pmatrix} x \\ y \end{pmatrix}$$

가 된다. $(\alpha+\beta)$회전은 α회전을 하고 나서 β회전을 하는 것이라고 생각할 수 있다. 이것은 회전행렬의 곱이 된다.

$$\begin{pmatrix} \cos(\alpha+\beta) & -\sin(\alpha+\beta) \\ \sin(\alpha+\beta) & \cos(\alpha+\beta) \end{pmatrix}$$

$$=\begin{pmatrix} \cos\beta & -\sin\beta \\ \sin\beta & \cos\beta \end{pmatrix}\begin{pmatrix} \cos\alpha & -\sin\alpha \\ \sin\alpha & \cos\alpha \end{pmatrix}$$

$$=\begin{pmatrix} \cos\beta\cos\alpha-\sin\beta\sin\alpha & -\cos\beta\sin\alpha-\sin\beta\cos\alpha \\ \sin\beta\cos\alpha+\cos\beta\sin\alpha & -\sin\beta\sin\alpha+\cos\beta\cos\alpha \end{pmatrix}$$

$$=\begin{pmatrix} \cos\alpha\cos\beta-\sin\alpha\sin\beta & -(\sin\alpha\cos\beta+\cos\alpha\sin\beta) \\ \sin\alpha\cos\beta+\cos\alpha\sin\beta & \cos\alpha\cos\beta-\sin\alpha\sin\beta \end{pmatrix}$$

여기서 성분을 비교하면 **덧셈정리**를 얻을 수 있다.

$$\begin{cases} \cos(\alpha+\beta)=\cos\alpha\cos\beta-\sin\alpha\sin\beta \\ \sin(\alpha+\beta)=\sin\alpha\cos\beta+\cos\alpha\sin\beta \end{cases}$$

덧셈정리에서 곱을 합차로 바꾸는 공식으로

덧셈정리는 합의 형태만을 확실히 기억해 두면 된다.

$$\begin{cases} \cos(\alpha+\beta)=\cos\alpha\cos\beta-\sin\alpha\sin\beta \\ \sin(\alpha+\beta)=\sin\alpha\cos\beta+\cos\alpha\sin\beta \end{cases}$$

왜냐하면 $\alpha-\beta$는 $\alpha+(-\beta)$라고 생각하면 되기 때문이다.

여기서 $\cos(-\beta)=\cos\beta$와 $\sin(-\beta)=-\sin\beta$를 쓰면 다음 식을 구할 수 있다.

$$\begin{cases} \begin{aligned} \cos(\alpha-\beta)&=\cos\alpha\cos(-\beta)-\sin\alpha\sin(-\beta) \\ &=\cos\alpha\cos\beta+\sin\alpha\sin\beta \\ \sin(\alpha-\beta)&=\sin\alpha\cos(-\beta)+\cos\alpha\sin(-\beta) \\ &=\sin\alpha\cos\beta-\cos\alpha\sin\beta \end{aligned} \end{cases}$$

덧셈정리에서 $\theta=\alpha=\beta$의 경우를 생각해 보면 **배각공식**을 끌어낼 수 있다.

$$\begin{cases} \cos 2\theta = \cos^2\theta - \sin^2\theta \\ \sin 2\theta = 2\sin\theta\cos\theta \end{cases}$$

$\cos^2\theta + \sin^2\theta = 1$의 식을 쓰면 $\cos 2\theta$는 이렇게도 쓸 수 있다.

$$\begin{cases} \cos 2\theta = 1 - 2\sin^2\theta \qquad \cos^2\theta = 1 - \sin^2\theta \text{를 사용한다} \\ \cos 2\theta = 2\cos^2\theta - 1 \qquad \sin^2\theta = 1 - \cos^2\theta \text{를 사용한다} \end{cases}$$

이를 $\sin^2\theta$나 $\cos^2\theta$로 풀면 제곱을 배각으로 고친 식이 된다.

$$\begin{cases} \sin^2\theta = \dfrac{1}{2}(1 - \cos 2\theta) \\ \cos^2\theta = \dfrac{1}{2}(1 + \cos 2\theta) \end{cases}$$

다음은 **반각공식**이라고도 불린다.

$$\begin{cases} \sin^2\dfrac{\theta}{2} = \dfrac{1}{2}(1 - \cos\theta) \\ \cos^2\dfrac{\theta}{2} = \dfrac{1}{2}(1 + \cos\theta) \end{cases}$$

여기서 아까 구한 덧셈정리로 돌아가 보자.

$$\begin{cases} \cos(\alpha+\beta) = \cos\alpha\cos\beta - \sin\alpha\sin\beta \qquad \cdots ① \\ \sin(\alpha+\beta) = \sin\alpha\cos\beta + \cos\alpha\sin\beta \qquad \cdots ② \\ \cos(\alpha-\beta) = \cos\alpha\cos\beta + \sin\alpha\sin\beta \qquad \cdots ③ \\ \sin(\alpha-\beta) = \sin\alpha\cos\beta - \cos\alpha\sin\beta \qquad \cdots ④ \end{cases}$$

여기서 **곱을 합차로 바꾸는 공식**을 도출할 수 있다.

$$\begin{cases} \cos\alpha\cos\beta = \dfrac{1}{2}\Big(\cos(\alpha+\beta)+\cos(\alpha-\beta)\Big) & \dfrac{1}{2}(①+③)에서 \\[2mm] \sin\alpha\sin\beta = -\dfrac{1}{2}\Big(\cos(\alpha+\beta)-\cos(\alpha-\beta)\Big) & -\dfrac{1}{2}(①-③)에서 \\[2mm] \sin\alpha\cos\beta = \dfrac{1}{2}\Big(\sin(\alpha+\beta)+\sin(\alpha-\beta)\Big) & \dfrac{1}{2}(②+④)에서 \\[2mm] \cos\alpha\sin\beta = \dfrac{1}{2}\Big(\sin(\alpha+\beta)-\sin(\alpha-\beta)\Big) & \dfrac{1}{2}(②-④)에서 \end{cases}$$

공식을 암기하는 건 중요하지만 공식을 쓰지 못한다면 의미가 없다. 삼각함수 트레이닝에서 공식을 이끌어 내는 훈련은 공식을 스스로 써 보는 연습이다. 스스로 도출할 수 있다면 설령 암기한 것을 잊어버린다 해도 평정심을 잃지 않을 수 있다.

엄마

"너 엄마 얘기 듣고 있니?"

저녁식사를 마치고 설거지를 하면서 머릿속에서 삼각함수 트레이닝을 하고 있던 나는 엄마의 목소리에 문득 정신을 차렸다.

"물론 듣고 있죠. 이제 건강은 괜찮으세요?"

"그런 얘기 안 물었거든!" 엄마는 그릇을 닦으면서 내 옆구리를 꼬집었다. "하지만 고마워. 이젠 완전히 건강해졌단다."

"다행이에요. 아빠는 오늘도 늦으시네요."

"연말이라 바쁘신가 봐. 네 일은 어떠니?"

"항상 똑같죠 뭐. 엄마는 미르카 같은 질문을 하네."

"어머나!" 엄마는 기쁜 듯이 목소리를 높였다. "넌 참 좋은 친구를 뒀구나."

"무슨 소리예요?"

"아빠 이야기 하는 거야." 엄마는 내일 아침식사를 위해 그릇을 정리하며 말했다. "아빠 말인데, 회사를 갑자기 그만두시게 됐어."

"어? 회사를 그만둔다고요?" 나는 깜짝 놀라 되물었다. "무슨 일인데요?"

"아니, 옛날이야기를 하는 거야. 아빠랑 결혼하고 얼마 지나지 않았을 때. 아빠가 회사에 친구가 없었거든. 매일 피곤해하면서 귀가해서는 고민을 하더니 어느 날 갑자기 회사를 그만뒀어. 아빠가 잠시 아무 일도 안했던 때가 있었지. 넌 모르는 이야기야."

"전혀 몰랐어요."

부모님의 신혼 시절이라니 생각해 본 적도 없다.

"네 아빠는 아무 일도 안하고 그저 낚시만 했단다."

"낚시……? 아빠가요?"

"매일 아침 낚시터에 가서 밤에 돌아왔어. 엄마도 아빠랑 같이 갔었어. 물통을 차에 넣고 주먹밥도 만들어서 매일. 아빠는 낚시를 하고 엄마는 옆에서 멍하니 있었어. 겨울 코트를 입을 무렵부터 벚꽃나무에 봉오리가 올라오고 활짝 핀 다음 모두 져 버릴 때까지 말이야."

"아……."

"낚시가 시작된 것도 끝난 것도 순식간에 일어났지. 엄마가 낚싯바늘에 미끼를 끼우다가 손을 베었거든. 여기 왼손, 보이지? 아직 흉터가 남아 있어. 피가 상당히 많이 난 데다 옷도 더러워지고…… 그 다음 날부터 아빠는 새로운 일을 찾기 시작했단다."

"그런 일이 있었구나."

"후후, 네가 모르는 일이 많지." 엄마는 의미심장하게 웃었다.

나의 부모님은 계속 부모님인 채였다고 착각하기 쉽지만, 그렇지 않다. 내가 아직 없을 때의 부모님도 존재하고, 내가 모르는 아빠와 엄마가 있다.

일을 관두고 낚시를 했던 아빠. 벚꽃이 피는 계절에 매일 주먹밥을 만들어 아빠 곁을 지켰던 엄마. 상상이 가지 않았다.

"옆에 있다는 게 중요한 일일까?" 나는 문득 말했다.

"옆에 있다는 건 중요한 일이란다." 엄마는 즉시 답했다. "하지만 중요한 건 거리가 아니야."

"거리가 아니야?"

"그럼 이제 주방은 됐으니까 얼른 씻기나 하렴. 내일이 모의고사 날이잖니?"

2. 합격 판정 모의고사

불안해하지 않기 위해

모의고사 당일.

미리 화장실에 갔다 오고 가볍게 스트레칭을 했다. 필기도구와 수험표, 알람이 울리지 않는 시계를 책상 위에 놓았다. 모든 걸 정리해 놓고 시험 볼 때 정신이 흐트러지지 않도록 신경을 썼다.

마지막 모의고사, 정시 마지막 모의고사다. 시험장에 와서 다른 수험생과 함께 시험을 보는 것도 이번이 마지막이다. 익숙해질 수가 없는 소란스러운 침묵에 몸을 맡기는 것도 이번이 마지막. 다음에는 진짜가 기다리고 있다.

나의 생활 리듬은 시험 시간에 맞춰져 있다. 어젯밤은 예정대로 잠들었고, 오늘 아침에는 예정대로 일어났다. 초조해하지 않기 위해서는 평상심이 필요하다. 하지만 끈질기게 문제를 물고 늘어지는 뜨거운 열정도 필요하다. 필요한 건 뜨거운 평상심인 셈이다.

나는 이 모의고사에서 반드시 A등급을 받아 낼 것이다. 그게 지금 나의 일이니까. 지금까지 쌓아 온 입시 공부가 나를 지탱해 줄 것이다. 그래야 한다.

그때 교실에서 종이 울렸다. 모두 일제히 문제지를 펼쳤다.

정시 마지막 모의고사가 될 '합격 판정 모의고사' 시작.

당황하지 않기

문제 9-1 삼각함수의 적분

m과 n이 양의 정수일 때 다음의 정적분을 구하라.

$$\int_{-\pi}^{\pi} \sin mx \sin nx \, dx$$

식의 형태를 보면 풀이 방법을 바로 알 수 있다. $\sin mx$라는 x의 함수와 $\sin nx$라는 x의 함수. 그 2개가 '곱의 형태'다. 곱의 형태는 적분에서 다루기 어렵다. '합의 형태'로 바꾸어 주자.

곱을 합으로 바꾼다. 삼각함수 트레이닝이 빛을 발할 시간이다.

$$\sin\alpha\sin\beta = -\frac{1}{2}\cos\Big((\alpha+\beta) - \cos(\alpha-\beta)\Big) \qquad \textbf{곱합공식}$$

이 곱을 합차로 바꾸는 공식으로 $\alpha = mx$, $\beta = nx$라고 하면 '합의 형태'로 바꿀 수 있다.

$$\sin mx \sin nx = -\frac{1}{2}\Big(\cos(mx+nx) - \cos(mx-nx)\Big)$$

$$\qquad\qquad\qquad\qquad\qquad\qquad\qquad \textbf{곱을 합차로 바꾸는 공식에서}$$

$$= -\frac{1}{2}\Big(\cos(m+n)x - \cos(m-n)x\Big) \qquad x\text{로 묶는다}$$

'합의 형태'로 바꾸면 적분을 할 수 있다.

$$\int_{-\pi}^{\pi}\sin mx \sin nx\,dx = -\frac{1}{2}\int_{-\pi}^{\pi}\Big(\cos(m+n)x - \cos(m-n)x\Big)dx$$

$$= -\frac{1}{2}\underbrace{\int_{-\pi}^{\pi}\cos(m+n)x\,dx}_{①} + \frac{1}{2}\underbrace{\int_{-\pi}^{\pi}\cos(m-n)x\,dx}_{②}$$

이제 2개의 정적분 ①과 ②를 구하면 된다. ①은 바로 알 수 있다. 왜냐하면 적분해서 나오는 $\sin(m+n)x$는 $x = \pm\pi$일 때 0과 같기 때문이다.

$$\int_{-\pi}^{\pi}\cos(m+n)x\,dx = \frac{1}{m+n}\Big[\sin(m+n)x\Big]_{-\pi}^{\pi} \qquad \textbf{적분한다}$$

$$= 0 \qquad\qquad\qquad\qquad \sin(\pi\text{의 정수배}) = 0\text{에서}$$

②도 똑같이 하면 된다……고 서두르면 실수를 낳는다. ②에는 $m-n$이 나온다. $m-n \neq 0$과 $m-n = 0$의 경우로 각각 나눌 필요가 있다. '0으로 나누는 것'을 방지하기 위해서다. 이런 데서 감점 당해선 안 된다. 평상심.

②에서 $m-n \neq 0$일 때 ①과 같다.

$$\int_{-\pi}^{\pi}\cos(m-n)x\,dx = \frac{1}{m-n}\Big[\sin(m-n)x\Big]_{-\pi}^{\pi} \qquad \textbf{적분한다}$$

$$= 0 \qquad\qquad\qquad\qquad \sin(\pi\text{의 정수배}) = 0\text{에서}$$

②에서 $m-n=0$일 때 $\cos 0x$가 나온다. 물론 이것은 1과 같다. $\cos 0=1$이므로.

$$\int_{-\pi}^{\pi}\cos(m-n)x\,dx = \int_{-\pi}^{\pi}\cos 0x\,dx \qquad m-n=0\text{이므로}$$
$$= \int_{-\pi}^{\pi}1\,dx \qquad \cos 0x=\cos 0=1\text{이므로}$$
$$= \Big[\,x\,\Big]_{-\pi}^{\pi} \qquad \text{적분한다}$$
$$= \pi-(-\pi)$$
$$= 2\pi$$

그다음엔 주의 깊게 덧셈만 하면 된다.

$$\int_{-\pi}^{\pi}\sin mx\sin nx\,dx = -\frac{1}{2}\underbrace{\int_{-\pi}^{\pi}\cos(m+n)x\,dx}_{①} + \frac{1}{2}\underbrace{\int_{-\pi}^{\pi}\cos(m-n)x\,dx}_{②}$$

①은 m, n에 관계없이 0이 된다. ②는 $m-n\neq 0$일 때 0이 되고, $m-n$ $=0$일 때 2π가 된다. 그러므로 계수인 $\frac{1}{2}$에 주의하면서,

$$\int_{-\pi}^{\pi}\sin mx\sin nx\,dx = \begin{cases} 0 & m-n\neq 0\text{일 경우} \\ \pi & m-n=0\text{일 경우} \end{cases}$$

가 된다. 이것이 해답이다.

[풀이 9-1] 삼각함수의 적분

m과 n이 양의 정수일 때 다음 식이 성립한다.

$$\int_{-\pi}^{\pi}\sin mx\sin nx\,dx = \begin{cases} 0 & m-n\neq 0\text{일 경우} \\ \pi & m-n=0\text{일 경우} \end{cases}$$

괜찮다. 나는 당황하지 않았다. 뜨거운 평상심으로 이대로 나아가자.
자, 다음 문제로.

영감이냐, 끈기냐

문제 9-2 매개변수를 가지는 정적분

실수 a, b를 매개변수로 가지는 정적분,

$$I(a, b) = \int_{-\pi}^{\pi} (a + b \cos x - x^2)^2 dx$$

를 생각할 때 $I(a, b)$의 최솟값과 이때의 a, b 값을 구하라.

순서는 이렇다.

스텝 1. $(a + b \cos x - x^2)^2$을 전개하여 '합의 형태'로 만든다.
스텝 2. 정적분 $I(a, b)$를 계산한다.
스텝 3. $I(a, b)$의 최솟값을 구한다.

스텝 1은 단순한 전개다. 스텝 2의 결과는 a와 b의 2차식이 될 것이다. 그러므로 완전제곱식을 만들면 스텝 3도 바로 풀 수 있을 것이다. 어려울 건 없다. 두뇌를 쓸 필요도 없다. 계속 전개하면 많은 항이 튀어나와 계산이 성가셔질 것 같다. 끈기가 필요하다. 자, 다른 문제로 넘어갈 것인가, 이대로 나아갈 것인가.

망설인다. 하지만 3초 만에 결단을 내린다. 괜찮다. 나는 아직 침착하다. 뜨거운 평상심으로 주의 깊게 풀어 나가면 확실한 정답을 낼 수 있다. 이대로 나가자!

우선 **스텝 1**을 실행하자. $(a + b \cos x - x^2)^2$을 전개하여 '합의 형태'로 만든다.

$$\mathrm{I}(a,b) = \int_{-\pi}^{\pi} (a + b\cos x - x^2)^2 \, dx$$

$$= \int_{-\pi}^{\pi} (\underbrace{a^2}_{①} + \underbrace{b^2\cos^2 x}_{②} + \underbrace{x^4}_{③} + \underbrace{2ab\cos x}_{④} - \underbrace{2bx^2\cos x}_{⑤} - \underbrace{2ax^2}_{⑥}) \, dx$$

다음으로 **스텝 2.** 정적분 $\mathrm{I}(a,b)$를 계산한다. ①부터 ⑥까지 항을 각각 적분해 나가면 된다.

①은 정수 a^2의 적분이므로 어렵지 않다.

$$\int_{-\pi}^{\pi} a^2 \, dx = a^2 \Big[\, x \,\Big]_{-\pi}^{\pi} \qquad\qquad \text{적분한다}$$

$$= a^2(\pi - (-\pi))$$

$$= 2\pi a^2 \qquad \cdots ①'$$

②에서 제곱을 없애자. $\cos^2 x = \dfrac{1}{2}(1 + \cos 2x)$를 쓰면 제곱을 배각으로 고칠 수 있다.

$$\int_{-\pi}^{\pi} b^2\cos^2 x \, dx = b^2 \int_{-\pi}^{\pi} \cos^2 x \, dx$$

$$= b^2 \int_{-\pi}^{\pi} \frac{1}{2}(1 + \cos 2x) \, dx \qquad \text{제곱을 배각으로 고친다}$$

$$= \frac{b^2}{2} \int_{-\pi}^{\pi} (1 + \cos 2x) \, dx$$

$$= \frac{b^2}{2} \Big[\, x + \frac{1}{2}\sin 2x \,\Big]_{-\pi}^{\pi} \qquad \text{적분한다}$$

$$= \frac{b^2}{2}(\pi - (-\pi)) \qquad\qquad \sin(\pi\text{의 정수배}) = 0\text{이므로}$$

$$= \pi b^2 \qquad \cdots ②'$$

③은 x^4의 적분이므로 어렵지 않다.

$$\int_{-\pi}^{\pi} x^4 dx = \frac{1}{5} \left[x^5 \right]_{-\pi}^{\pi} \qquad \text{적분한다}$$

$$= \frac{1}{5} (\pi^5 - (-\pi)^5)$$

$$= \frac{2\pi^5}{2} \qquad \cdots \text{③}'$$

④는 $\cos x$의 적분이므로 이것도 간단하다.

$$\int_{-\pi}^{\pi} 2ab \cos x \, dx = 2ab \left[\sin x \right]_{-\pi}^{\pi} \qquad \text{적분한다}$$

$$= 2ab(0-0) \qquad \sin(\pi \text{의 정수배})=0\text{이므로}$$

$$= 0 \qquad \cdots \text{④}'$$

⑤에서 순간 손이 멈췄다. $x^2 \cos x$의 적분······ 음, 이건 부분적분을 쓰면 된다. 계수인 $2b$는 그대로 두고 $x^2 \cos x$를 정리하자.

$$\int_{-\pi}^{\pi} x^2 \cos x \, dx = \int_{-\pi}^{\pi} x^2 (\sin x)' dx \qquad \cos x = (\sin x)' \text{이므로}$$

$$= \left[x^2 \sin x \right]_{-\pi}^{\pi} - \int_{-\pi}^{\pi} (x^2)' \sin x \, dx \quad \text{부분적분}$$

$$= (0-0) - \int_{-\pi}^{\pi} (x^2)' \sin x \, dx \qquad \sin(\pi \text{의 정수배})=0\text{이므로}$$

$$= - \int_{-\pi}^{\pi} 2x \sin x \, dx \qquad (x^2)'=2x\text{이므로}$$

$$= -2 \int_{-\pi}^{\pi} x \sin x \, dx \qquad \int_{-\pi}^{\pi} x \sin x \, dx \text{가 남았다······}$$

$\int_{-\pi}^{\pi} x \sin x \, dx$때문에 부분적분을 다시 한번.

$$\int_{-\pi}^{\pi} x \sin x \, dx$$

$$= \int_{-\pi}^{\pi} x(-\cos x)' dx \qquad \sin x = (-\cos x)' \text{이므로}$$

$$= \left[x(-\cos x) \right]_{-\pi}^{\pi} - \int_{-\pi}^{\pi} (x)'(-\cos x)\,dx \qquad \text{부분적분}$$

$$= 2\pi + \int_{-\pi}^{\pi} \cos x\,dx \qquad\qquad -\cos\pi = -\cos(-\pi) = 1\text{이므로}$$

$$= 2\pi + \left[\sin x \right]_{-\pi}^{\pi} \qquad\qquad\qquad \text{적분한다}$$

$$= 2\pi \qquad\qquad\qquad\qquad\qquad \sin(\pi\text{의 정수배}) = 0\text{이므로}$$

이것으로 $x^2 \cos x$가 정리된다.

$$\int_{-\pi}^{\pi} x^2 \cos x\,dx = -2 \int_{-\pi}^{\pi} x \sin x\,dx$$

$$= -2 \cdot 2\pi$$

$$= -4\pi$$

아차, 아까 놔둔 계수 $2b$를 잊어버리면 안 되지.

$$2b \int_{-\pi}^{\pi} x^2 \cos x\,dx = 2b \cdot (-4\pi)$$

$$= -8\pi b \qquad \cdots ⑤'$$

⑥은 x^2의 적분이므로 바로 풀 수 있다.

$$2a \int_{-\pi}^{\pi} x^2\,dx = \frac{2a}{3} \left[x^3 \right]_{-\pi}^{\pi}$$

$$= \frac{2a}{3} (\pi^3 - (-\pi)^3)$$

$$= \frac{4\pi^3}{3} a \qquad \cdots ⑥'$$

여기까지를 다 더해 보면,

$$I(a,b) = \int_{-\pi}^{\pi} (\underbrace{a^2}_{①} + \underbrace{b^2\cos^2 x}_{②} + \underbrace{x^4}_{③} + \underbrace{2ab\cos x}_{④} - \underbrace{2bx^2\cos x}_{⑤} - \underbrace{2ax^2}_{⑥})dx$$

$$= \underbrace{2\pi a^2}_{①'} + \underbrace{\pi b^2}_{②'} + \underbrace{\frac{2\pi^5}{5}}_{③'} + \underbrace{0}_{④'} - \underbrace{(-8\pi b)}_{⑤'} - \underbrace{\frac{4\pi^3}{2}a}_{⑥'}$$

$$= 2\pi a^2 - \frac{4\pi^3}{3}a + \pi b^2 + 8\pi b + \frac{2\pi^5}{5}$$

a와 b로 각각 정리한다.

$$= 2\pi \left(\underbrace{a^2 - \frac{2\pi^2}{3}a}_{Ⓐ} \right) + \pi \underbrace{(b^2 + 8b)}_{Ⓑ} + \frac{2\pi^5}{5}$$

스텝 3으로 가 보자. $I(a,b)$의 최솟값을 구한다. 이를 위해 a와 b를 각각 완전제곱식으로 만든다.

$$Ⓐ = a^2 - \frac{2\pi^2}{3}a$$
$$= \left(a - \frac{\pi^2}{3} \right)^2 - \left(\frac{\pi^2}{3} \right)^2 \qquad \text{완전제곱식}$$
$$= \left(a - \frac{\pi^2}{3} \right)^2 - \frac{\pi^4}{9}$$

$$Ⓑ = b^2 + 8b$$
$$= (b+4)^2 - 4^2 \qquad \text{완전제곱식}$$
$$= (b+4)^2 - 16$$

따라서 $I(a,b)$는 다음과 같이 나타낼 수 있다.

$$I(a,b) = 2\pi \times Ⓐ + \pi \times Ⓑ + \frac{2\pi^5}{5}$$
$$= 2\pi \left\{ \left(a - \frac{\pi^2}{3} \right)^2 - \frac{\pi^4}{9} \right\} + \pi \{ (b+4)^2 - 16 \} + \frac{2\pi^5}{5}$$

$$= 2\pi \left(a - \frac{\pi^2}{3}\right)^2 - \frac{2\pi^5}{9} + \pi(b+4)^2 - 16\pi + \frac{2\pi^5}{5}$$

$$= 2\pi \left(a - \frac{\pi^2}{3}\right)^2 + \pi(b+4)^2 - \frac{2\pi^5}{9} + \frac{2\pi^5}{5} - 16\pi$$

$$= 2\pi \underline{\left(a - \frac{\pi^2}{3}\right)^2} + \underline{\pi(b+4)^2} + \frac{8\pi^5}{45} - 16\pi$$

물결선 부분이 모두 0 이상이므로 이것이 모두 0과 같아지면 이때 $I(a, b)$는 최솟값을 가진다. 따라서 $a = \frac{\pi^2}{3}$, $b = -4$일 때 $I(a, b)$는 최솟값을 가지며 그 값은,

$$\frac{8\pi^5}{45} - 16\pi$$

가 된다. 이게 해답이다!

풀이 9-2 매개변수를 갖는 정적분

정적분 $I(a, b)$는 $a = \frac{\pi^2}{3}$, $b = -4$일 때 최솟값 $\frac{8\pi^5}{45} - 16\pi$를 갖는다.

풀고 보니 끈기가 필요할 만한 문제는 아니었네.

좋아, 다음 문제로.

3. 식의 형태를 파악하다

확률밀도함수를 읽다

합격 판정 모의고사 다음 날.

꽤 느낌이 좋다. 수학뿐 아니다. 저번 시험에서 고배를 마신 고전문학에서도 점수를 잃지 않았다. 방과 후 이런 저런 생각을 하며 나는 도서실로 향했다.

"선배! 오랜만이에요!" 테트라의 기운찬 목소리가 나를 맞이해 주었다.

그녀의 웃는 얼굴이 왜 이렇게 마음속으로 파고드는지 모르겠다.

"테트라는 항상 웃는 얼굴이네." 나는 그녀 옆에 앉으며 말했다.

"그런가요? 아마, 기뻐서 그럴 거예요." 그렇게 말하며 그녀는 다시 미소를 지었다.

"언제나 기쁜 건 좋지. 그런데 오늘은 무슨 공부해?"

"이거예요. 정규분포의 확률밀도함수."

그녀는 카드 한 장을 보여 주었다.

정규분포의 확률밀도함수

평균이 μ이고 표준편차가 σ인 정규분포의 확률밀도함수 $f(x)$는,

$$f(x) = \frac{1}{\sqrt{2\pi\sigma^2}} \exp\left(-\frac{(x-\mu)^2}{2\sigma^2}\right)$$

이다.

"오…… 통계 공부를 하고 있었던 거야?"

"아니에요. 무라키 선생님이 '문자가 나오는 어려워 보이는 식'을 보고 싶다고 하니까 이 '카드'를 주시지 뭐예요."

"왜 어려워 보이는 식을 보고 싶은 건데?"

"문자가 많으면 머리가 빙글빙글 돌아서…… 그걸 어떻게든 해결하고 싶어서 어려운 식을 보면 익숙해지려나 해서요."

"어렵다고 느낄 때도 침착하게 식의 형태를 파악하는 게 매우 중요해." 나는 어제 모의고사를 떠올리며 말했다. "식의 형태를 알아보면 여러 실마리를 찾을 수 있으니까. 설령 확률밀도함수가 뭔지 전혀 몰라도 식의 형태에서 함수 $f(x)$가 있다는 것 정도는 찾아낼 수 있잖아. 중요한 건 먼저, $f(x)$의 x가 우변의 어디에 나오는지야."

"아, 여기요!" 테트라가 가리켰다.

$$f(x) = \frac{1}{\sqrt{2\pi\sigma^2}} \exp\left(-\frac{(\boxed{x}-\mu)^2}{2\sigma^2}\right)$$

"그렇지. 다른 문자에 현혹되지 말고 x가 어디에서 나오는지를 확인하는 게 중요해. x에 주어진 수가 $f(x)$의 값에 어떤 영향을 주는지를 알아보기 위해서 말이야."

"네. 저도 그걸 생각하고 있었어요. 예를 들어, $f(x)$ 중에 $x-\mu$라는 식이 포함되어 있고요. 이 부분은 $x=\mu$일 때 0이 되지요!"

$$f(x) = \frac{1}{\sqrt{2\pi\sigma^2}} \exp\left(-\frac{(x-\mu)^2}{2\sigma^2}\right)$$

"그렇지. 그 외에도……."

"잠깐, 제가 말하게 해 주세요. 조금 바깥쪽을 보면 $(x-\mu)^2$를 찾을 수 있어요."

$$f(x) = \frac{1}{\sqrt{2\pi\sigma^2}} \exp\left(-\frac{(x-\mu)^2}{2\sigma^2}\right)$$

"x가 어떤 실수라도 이 부분은 0이상이에요. 실수의 제곱이니까요!"

"……." 나는 잠자코 테트라가 하는 말을 듣고 고개를 끄덕였다.

"그런 거죠. exp의 알맹이…… 지수 부분은 반드시 0 이하가 돼요."

$$f(x) = \frac{1}{\sqrt{2\pi\sigma^2}} \exp\left(-\frac{(x-\mu)^2}{2\sigma^2}\right)$$

"그렇지. 대칭성도 찾을 수 있어."

"대칭성……."

"응. $(x-\mu)^2$은 제곱의 형태니까. $y=f(x)$의 그래프는 $x=\mu$를 대칭축으로 해서 좌우 대칭이 되는 거고."

"네, 그렇죠. 선배, 조금만 더 제 말을 들어 주세요."

"예예, 미안합니다."

"지수 부분은 이렇게 변경할 수 있죠?"

$$-\frac{(x-\mu)^2}{2\sigma^2} = -\left(\frac{x-\mu}{\sqrt{2\sigma^2}}\right)^2$$

"여기서 다음과 같이 정의할 수 있습니다!"

$$\begin{cases} \heartsuit = \dfrac{x-\mu}{\sqrt{2\sigma^2}} \\[3mm] \clubsuit = \dfrac{1}{\sqrt{2\pi\sigma^2}} \end{cases}$$

"그러면 $f(x)$ 전체는 다음처럼 바꾸어 쓸 수 있어요."

$$f(x) = \clubsuit \exp(-\heartsuit^2)$$

"그러니까 다음과 같이 쓸 수 있는 거죠."

$$f(x) = \clubsuit \, e^{-\heartsuit^2}$$

"저는 여기서 잠깐 안심했어요. 왜냐하면 문자가 적어지니까 형태를 알아보기 쉬워졌거든요!"

"그거 좋은데! 여기서 점근적인 행동을 생각하는 것도 가능해. $x \to \pm\infty$일 때 $-\heartsuit^2 \to -\infty$가 되니까, $e^{-\heartsuit^2} \to 0$이 되지. 게다가, x가 어떤 실수라도 $e^{-\heartsuit^2} > 0$이니까, $y = f(x)$의 그래프는 x축의 점근선으로 하고 있다는 걸 알 수 있지. 실제로 정규분포 확률밀도함수의 그래프는 $x = \mu$를 대칭축으로 해서 x축이 점근선으로……."

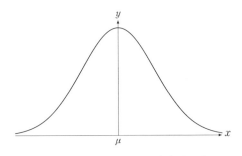

정규분포의 확률밀도함수 $y = f(x)$의 그래프

"선배! 너무 앞서 나가지 말아 주세요."

"미안. 그래프의 대략적인 형태가 떠올라서 그만…… 증감의 형태, 대칭성의 유무, 점근선의 유무, 그리고……."

"어쨌든요. 식 정리를 써서 ♡이나 ♣처럼 문자를 정의하면 식의 형태를 알아보기 쉽겠다고 생각했어요. 문자를 새롭게 정의하는 편이 더 알기 쉽다는 말이 좀 이상하게 들리기는 하겠지만요."

"그건 테트라가 문자를 스스로 정의했기 때문에 그런 거 아닐까? 누군가가 가르쳐 준 게 아니라 식의 형태를 스스로 파악해서 문자로 만들었기 때문에 더 이해하기 쉬운 거야. 문자를 도입할 수 있었다는 건 식의 정리를 발견해 낸 증거이기도 해."

"아…… 그러고 보니 그런 것 같아요!"

"테트라는 '발견'을 좋아하지."

"감사합니다. 하지만 아까 ♣라고 정의했던 다음 부분을 아직 잘 모르겠어요."

$$\frac{1}{\sqrt{2\pi\sigma^2}}$$

"분모인 $\sqrt{2\pi\sigma^2}$은 뭘까요?"

"이건 $f(x)$가 확률밀도함수라는 것을 나타내는 수야. 확률밀도함수는 실수 전체에서 음수가 아닌 실수 전체의 함수로, $-\infty$에서 ∞까지 적분한 값이

1과 같은 거야.”

“−∞에서 ∞까지 적분한 값이 1과 같다는 게 무슨……?”

“그게 정의라서 그렇다고 해 버리면 이해가 안 가겠지만, 여기서 확률밀도함수는 일반적으로 확률변수 x가 $\alpha \leqq x \leqq \beta$라는 값을 구할 확률 $\Pr(\alpha \leqq x \leqq \beta)$를 이렇게 나타내는 거야.”

$$\Pr(\alpha \leqq x \leqq \beta) = \int_{\alpha}^{\beta} f(x)\,dx$$

“확률밀도함수의 그래프를 그렸을 때 $\alpha \leqq x \leqq \beta$로 그래프가 만드는 영역의 면적이 확률이 되는 거야.”

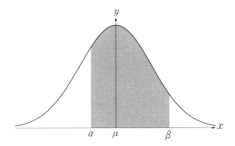

확률밀도함수 그래프의 면적은 확률 $\Pr(\alpha \leqq x \leqq \beta)$를 나타낸다

“하아…….”

“그러니까 확률밀도함수 $f(x)$를 −∞에서 ∞까지 적분한 값은 1이 돼. x가 어떤 값을 가질 확률이 1이니까. 정규분포의 경우로 예를 들면 다음 식이 성립해.”

$$\frac{1}{\sqrt{2\pi\sigma^2}} \int_{-\infty}^{\infty} \exp\left(-\frac{(x-\mu)^2}{2\sigma^2}\right) dx = 1$$

“그러니까 테트라가 아까 말한 $\sqrt{2\pi\sigma^2}$라는 수수께끼는 함수 $f(x)$를 확률분포함수로 만들기 위해 정해지는 값인 거지.”

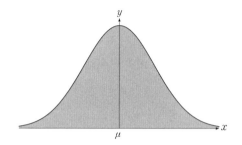

확률밀도함수를 −∞에서 ∞까지 적분한 값은 1이 된다

"혹시, 그러면 이 정적분을 ♠라고 하면요."

$$\frac{1}{\sqrt{2\pi\sigma^2}} \underbrace{\int_{-\infty}^{\infty} \exp\left(-\frac{(x-\mu)^2}{2\sigma^2}\right)dx}_{\spadesuit} = 1$$

"이때 ♠의 값은 다음 식에서 얻을 수 있네요!"

$$\sqrt{2\pi\sigma^2}$$

테트라는 노트의 새 페이지를 펼치고는 식 하나를 크게 썼다.

$$\int_{-\infty}^{\infty} \exp\left(-\frac{(x-\mu)^2}{2\sigma^2}\right)dx = \sqrt{2\pi\sigma^2} \qquad \cdots ♪$$

"그런 거구나." 내가 말했다. "게다가 이 ♪은 임의의 μ와 임의의 $\sigma \neq 0$에 대해 성립할 것. $f(x)$가 확률밀도함수라면 정적분의 값은 이 값이 되어야 하기 때문에……."

"그래서 A등급은 따냈어?" 등 뒤에서 들려온 목소리에 놀라 나는 뒤를 돌아보았다.

물론 미르카였다.

라플라스 적분을 읽다

"어제 친 시험인데 그렇게 빨리 결과가 나올까?" 나는 미르카에게 말했다. 그녀는 어제 모의고사 결과를 묻고 있는 것이었다.

미르카는 우리 맞은편에 앉았다.

"꽤 성과는 봤지 말입니다." 내가 다시 응수했다. "매개변수가 붙은 정적분 같은 게 나왔는데, 침착하게 풀기는 했어."

"매개변수가 붙은 정적분이라면 유명한 것 중 하나가 **라플라스 적분**이지. 실수 a를 매개변수로 가지는 이런 정적분 말이야."

라플라스 적분

a가 실수일 때

$$\int_0^\infty e^{-x^2}\cos 2ax\, dx = \frac{\sqrt{\pi}}{2}e^{-a^2}$$

이 성립한다.

"부분적분으로 구하는 거야?" 내가 물었다.

"응. 부분적분으로 구할 수 있어. 단, a에 대하여 미분하고 나서 해야 하지만." 미르카가 답했다.

◆◆◆

우선 이 정적분을 $\mathrm{I}(a)$라고 해.

$$\mathrm{I}(a) = \int_0^\infty e^{-x^2}\cos 2ax\, dx \qquad \cdots ★$$

그리고 $\mathrm{I}(a)$를 a에 대하여 미분하는 거야.

$$\frac{d}{da}\mathrm{I}(a) = \frac{d}{da}\left(\int_0^\infty e^{-x^2}\cos 2ax\,dx\right) \qquad a\text{에 대하여 미분한다}$$

$$= \int_0^\infty \frac{\partial}{\partial a}(e^{-x^2}\cos 2ax)\,dx \qquad \text{미분과 적분을 교환한다}$$

$$= \int_0^\infty e^{-x^2}\frac{\partial}{\partial a}(\cos 2ax)\,dx \qquad a\text{에 대하여 미분하므로 } e^{-x^2}\text{은 상수다}$$

$$= \int_0^\infty e^{-x^2}(-2x\sin 2ax)\,dx \qquad \cos 2ax\text{를 } a\text{에 대하여 미분한다}$$

미분과 적분을 교환하는 부분은 확실한 논의가 필요하긴 한데, 지금은 인정하는 걸로 해. 또 여기서 편미분 $\frac{\partial}{\partial a}$를 사용하고 있는데, 이건 미분 대상이 a와 x의 이변수함수이기 때문이야. 여기서 부분적분을 쓰면 $\mathrm{I}(a)$가 나오지.

$$\frac{d}{da}\mathrm{I}(a) = \int_0^\infty e^{-x^2}(-2x\sin 2ax)\,dx \qquad \text{위 식에서}$$

$$= \int_0^\infty (-2xe^{-x^2})\,\sin 2ax\,dx$$

$$= \int_0^\infty (e^{-x^2})'\sin 2ax\,dx \qquad -2xe^{-x^2}=(e^{-x^2})'\text{에서}$$

$$= \left[e^{-x^2}\sin 2ax\right]_0^\infty - \int_0^\infty e^{-x^2}(\sin 2ax)'\,dx \qquad \text{부분적분}$$

$$= \left[e^{-x^2}\sin 2ax\right]_0^\infty - 2a\int_0^\infty e^{-x^2}\cos 2ax\,dx$$
$$\qquad (\sin 2ax)'=2a\cos 2ax\text{에서}$$

$$= -2a\underbrace{\int_0^\infty e^{-x^2}\cos 2ax\,dx}_{\mathrm{I}(a)}$$

$$= -2a\mathrm{I}(a)$$

결국 a에 대하여 미분한 다음 x에 대하여 부분적분한 다음 식을 얻을 수 있지.

$$\frac{d}{da}\mathrm{I}(a) = -2a\mathrm{I}(a)$$

이건 $I(a)$를 a의 함수로 보았을 때의 **미분방정식**이라고 할 수 있어. 이 미분방정식을 풀어 보자. 여기서,

$$y = I(a)$$

라고 하면, 미분방정식은,

$$\frac{dy}{da} = -2ay$$

의 형태가 되지. 다음에서는 $y > 0$으로 설명할게. 치환적분을 하는 거야.

$$\frac{dy}{da} = -2ay$$

$$\frac{1}{y}\frac{dy}{da} = -2a$$

$$\int \frac{1}{y}\frac{dy}{da}\,da = \int -2a\,da \qquad \text{a로 적분한다}$$

$$\int \frac{1}{y}\,dy = -2\int a\,da \qquad \text{치환적분}$$

$$\log y = -a^2 + C_1 \qquad \text{C_1은 정수}$$

$$y = e^{-a^2 + C_1}$$

$$= e^{-a^2}e^{C_1}$$

$$= Ce^{-a^2} \qquad \text{$C = e^{C_1}$로 해 둔다}$$

$y = I(a)$니까, $I(a)$는,

$$I(a) = Ce^{-a^2}$$

◆◆◆

"테트라, 상수 C는 어떻게 하면 알 수 있지?" 미르카가 물었다.

"$a = 0$으로 하면…… 될 거 같은데요. 그러면 $C = I(0)$이 돼요."

$$I(a) = Ce^{-a^2}$$ 위 식에서

$$I(0) = Ce^{-0^2}$$ $a = 0$으로 한다

$$= C$$

"좋아, 즉 우리가 구하고자 하는 $I(a)$는 다음과 같은 형태라는 걸 알았지."

$$I(a) = I(0)e^{-a^2}$$

미르카는 그 말을 하고는 나와 테트라를 번갈아 보았다.

"잠깐만." 내가 말했다. "좀더 구체적으로 할 수 있지 않아? 아니, 원래 $I(a)$는 정적분이었잖아."

$$I(a) = \int_0^\infty e^{-x^2} \cos 2ax \, dx$$ p.315의 ★ 참고

$$I(0) = \int_0^\infty e^{-x^2} dx$$ $a = 0$일 때 $\cos 2ax = 1$이므로

"그러니까 $I(a)$의 값을 구체적으로 말하면……"

"멈춰." 미르카가 말했다. "$I(0)$의 값은 테트라가 말해."

"저요? 제가 다음 식을 계산하는 건가요?"

$$I(0) = \int_0^\infty e^{-x^2} dx$$

나와 미르카는 테트라를 보았다.

테트라는 식을 노려보며 고개를 크게 끄덕였다. 노트 페이지를 넘기더니 아까 썼던 식을 가리켰다.

"이 식이요! $I(0)$은 이 식에서 알 수 있어요!"

$$\int_{-\infty}^\infty \exp\left(-\frac{(x-\mu)^2}{2\sigma^2}\right) dx = \sqrt{2\pi\sigma^2}$$ p.314의 ♪

"이건 $\mu=0, \sigma=\dfrac{1}{\sqrt{2}}$ 이라도 성립해요. 이때 $2\sigma^2=1$ 이 되지요. 그렇다는 건 다음 식이 된다는 거고."

$$\int_{-\infty}^{\infty} \exp(-x^2)\,dx = \sqrt{\pi} \qquad \mu=0, \sigma=\frac{1}{\sqrt{2}} \text{로 한다}$$

"그러니까 다음과 같아요."

$$\int_{-\infty}^{\infty} e^{-x^2}\,dx = \sqrt{\pi}$$

"이건 $-\infty$ 에서 ∞ 까지의 적분이에요. 대칭성을 생각하면 0에서 ∞ 까지의 적분값은 이 절반에 해당하고요. 즉 다음과 같이 되고요."

$$\int_{0}^{\infty} e^{-x^2}\,dx = \frac{\sqrt{\pi}}{2}$$

"결국, 이런 거죠!"

$$\mathrm{I}(0) = \int_{0}^{\infty} e^{-x^2}\,dx = \frac{\sqrt{\pi}}{2}$$

"충분해." 미르카가 말했다. "그래서 $\mathrm{I}(0)$ 에서 $\mathrm{I}(a)$ 를 구할 수 있어. 이게 라플라스 적분이야."

$$\mathrm{I}(a) = \int_{0}^{\infty} e^{-x^2}\cos 2ax\,dx = \mathrm{I}(0)e^{-a^2} = \frac{\sqrt{\pi}}{2}\,e^{-a^2}$$

라플라스 적분(다시 확인)

a 가 실수일 때

$$\int_{0}^{\infty} e^{-x^2}\cos 2ax\,dx = \frac{\sqrt{\pi}}{2}e^{-a^2}$$

이 성립한다.

"그리고 중간에 나온 이건 **가우스 적분**이라고 해."

가우스 적분

$$\int_{-\infty}^{\infty} e^{-x^2} dx = \sqrt{\pi}$$

"지금은 $f(x)$가 정규분포의 확률밀도함수가 되어 있다는 걸 먼저 알고 가우스 적분을 구했지만, 통상적으로는 반대야. 가우스 적분값을 별도로 구해두고, 그걸로 $f(x)$가 확률밀도함수가 된다는 것을 증명하지."

"라플라스 적분, 가우스 적분…… 여러 적분이 있네요!"

"라플라스든 가우스든 오일러든 과정은 엄청나. 수학 여기저기에 그 이름들이 새겨져 있어."

"역사인 거죠." 테트라가 감동한 듯 말했다. "많은 수학자들이 쌓아 온 역사……."

4. 푸리에 전개

아이디어

"어제 모의고사에서도 매개변수가 붙은 정적분이 나왔어." 나는 말했다. "끈기가 조금 필요하긴 했지만, 지금 이 라플라스 적분처럼 어렵지는 않았던 것 같아."

"끈기……?" 테트라는 귀여운 주먹을 휘두르는 시늉을 하며 말했다.

"내가 말한 끈기란 긴 계산을 틀리지 않고 해내는 힘이야. 두뇌는 별로 필요하지 않았어. 나왔던 정적분은 이런 형태였어."

$$I(a,b) = \int_{-\pi}^{\pi} (a + b\cos x - x^2)^2 dx$$

"a, b는 실수의 매개변수이고, $I(a, b)$의 최솟값과 그때의 a, b 값을 구하는 문제야.(p.303)"

"음……." 미르카는 내가 쓴 식을 보고 눈을 빛냈다.

"선배는 문제를 막힘없이 쓰네요. 시험 문제를 아직 기억하고 있어요?"

"하루밖에 안 지났으니까 어느 정도는 기억해. 시험 때 집중해서 푼 문제가 기억에 남으니까. 너는 $I(a, b)$를 계산하라는 문제가 나오면 어떻게 할래?"

"글쎄요…… 아마도 $(a+b\cos x - x^2)^2$을 전개해서 나온 항을 하나씩 끈기 있게 적분해 가겠죠?"

"그렇지. 나도 그 방식으로 했어. 전개해서 계산하면 $I(a, b)$는 a와 b의 2차식이 되니까 완전제곱식으로 만들면 되잖아. 그러니까 a의 값이 확실히……."

내가 떠올리려고 애쓰는 사이 미르카가 문득 말했다.

"$a = \dfrac{\pi^2}{3}$이지?"

"어, 어떻게 알았어?"

"$I(a, b)$가 최솟값을 갖는 건, $a = \dfrac{\pi^2}{3}$일 경우인 듯해서."

"뭐어ー어?" 나는 무심코 이상한 소리를 내고 말았다.

"b는 암산으로는 조금 어려운데……." 미르카는 검지를 입술에 대고 말했다.

"암산이라고?"

나는 속으로 놀랐다. 확실히 미르카는 계산 능력이 뛰어나. 하지만 지금 그녀는 아무것도 쓰지 않았어. 전개해서 정적분을 구하고 완전제곱식으로 만드는 것까지 암산으로 해내는 것은 무리일 텐데…….

"미르카 선배, 암산으로 한 거예요?" 테트라가 놀라서 물었다.

"대충 짐작한 거야. 출제자가 x^2의 푸리에 전개를 염두에 두고 낸 문제 같아서."

"푸리에 전개?" 나와 테트라는 동시에 소리를 높였다.

푸리에 전개

"푸리에 전개를 말하기 전에…… 테트라, 테일러 전개는 알고 있지?"

"물론이죠. 평생 못 잊을걸요." 테트라가 답했다. "$\sin x$ 같은 함수를 x의 멱급수로 나타내는 방법이잖아요."

$\sin x$의 테일러 전개(매클로린 전개)

$$\sin x = \frac{x}{1!} - \frac{x^3}{3!} + \frac{x^5}{5!} - \frac{x^7}{7!} + \cdots$$

"일반적으로 $f(x)$의 테일러 전개는 다음과 같지."

$$f(x) = \sum_{k=0}^{\infty} \frac{f^{(k)}(a)}{k!}(x-a)^k$$

"여기서 $a=0$이라 한 걸 매클로린 전개라고 해. 지금 테트라가 쓴 건, 함수 $\sin x$를 매클로린 전개 한 거야."

$f(x)$의 매클로린 전개(테일러 전개에서 $a=0$일 때)

$$f(x) = \frac{f(0)}{0!}x^0 + \frac{f'(0)}{1!}x^1 + \frac{f''(0)}{2!}x^2 + \cdots + \frac{f^{(k)}(0)}{k!}x^k + \cdots$$

$$= \sum_{k=0}^{\infty} \frac{f^{(k)}(0)}{k!}x^k$$

$$= \sum_{k=0}^{\infty} c_k x^k \qquad c_k = \frac{f^{(k)}(0)}{k!} \text{으로 한다.}$$

"네. $f^{(k)}(0)$이라는 건 $f(x)$를 k번 미분해서 $x=0$일 때의 값이죠?" 테트라가 물었다.

"이처럼, 테일러 전개는 $f(x)$를 x의 멱급수로 나타내. 그에 반해 푸리에 전개에서는 $f(x)$를 삼각함수의 급수로 나타내지."

$f(x)$의 푸리에 전개

$$f(x) = (a_0 \cos 0x + b_0 \sin 0x)$$
$$+ (a_1 \cos 1x + b_1 \sin 1x)$$
$$+ (a_2 \cos 2x + b_2 \sin 2x)$$
$$+ \cdots + (a_k \cos kx + b_k \sin kx) + \cdots$$
$$= \sum_{k=0}^{\infty} (a_k \cos kx + b_k \sin kx)$$

나는 테일러 전개와 푸리에 전개를 비교했다.

$$f(x) = \sum_{k=0}^{\infty} c_k x^k \qquad f(x)\text{의 테일러 전개(매클로린 전개)}$$
$$f(x) = \sum_{k=0}^{\infty} (a_k \cos kx + b_k \sin kx) \qquad f(x)\text{의 푸리에 전개}$$

그렇군, 확실히 그래. 테일러 전개에서는 x의 거듭제곱을 쓰고, 푸리에 전개에서는 삼각함수를 쓴다.

"푸리에 전개에는 문자가 엄청나게 많이 나오네요…… 머리가 빙글빙글 도는 것 같아요."

"테트라?" 내가 속삭였다.

"아, 네. 문자를 무서워해서는 안 되죠! 푸리에 전개의 a_k와 b_k는 구체적으로 어떤 수인가요?"

"테트라는 뭐라고 생각해?" 미르카가 다정하게 말했다.

"으……네, 생각해 볼게요." 테트라는 솔직하게 답했다. "테일러 전개에서의 c_k는 $f(x)$에서 만든 수예요. 푸리에 전개의 a_k와 b_k도 $f(x)$에서 만든 수 아닐까요?"

"맞았어." 미르카가 말했다. "이번에는 미분이 아니라 적분을 쓸 거야. 푸리에 전개에 나오는 a_k와 b_k는 $f(x)$에서 적분을 써서 만든 수야. 그걸 **푸리에 계수**라고 부르지."

푸리에 계수와 푸리에 전개

$f(x)$는 푸리에 전개가 가능한 함수.

수열 $\langle a_n \rangle$과 $\langle b_n \rangle$을 다음과 같이 정한다.**(푸리에 계수)**

$$\begin{cases} a_0 = \dfrac{1}{2\pi} \displaystyle\int_{-\pi}^{\pi} f(x)\,dx \\[2mm] b_0 = 0 \\[2mm] a_n = \dfrac{1}{\pi} \displaystyle\int_{-\pi}^{\pi} f(x)\cos nx\,dx \\[2mm] b_n = \dfrac{1}{\pi} \displaystyle\int_{-\pi}^{\pi} f(x)\sin nx\,dx \qquad (n=1,2,3,\cdots) \end{cases}$$

이때,

$$f(x) = \sum_{k=0}^{\infty} (a_k \cos kx + b_k \sin kx)$$

가 성립한다.**(푸리에 전개)**

"테일러 전개는 미분, 푸리에 전개는 적분을 쓰는 건가?" 내가 물었다.

"푸리에 계수는 $f(x)$에 $\cos nx$나 $\sin nx$를 곱하고 $-\pi$에서 π까지 적분해서 구해." 미르카가 말했다. "예를 들어, n을 양의 정수[正整數]라 할 때 $\sin x$를 곱했을 경우를 생각해 보자."

$$f(x) = \sum_{k=0}^{\infty} (a_k \cos kx + b_k \sin kx)$$

"이 양변에 $\sin nx$를 곱해서 적분하면 이렇게 돼."

$$\int_{-\pi}^{\pi} f(x)\sin nx\,dx = \int_{-\pi}^{\pi} \left(\sum_{k=0}^{\infty} (a_k \cos kx \sin nx + b_k \sin kx \sin nx) \right) dx$$

"다음으로 적분과 무한급수를 교환하는 거야. 이 교환은 엄밀하게는 조건이 필요해."

$$= \sum_{k=0}^{\infty} \left(\int_{-\pi}^{\pi} (a_k \cos kx \sin nx + b_k \sin kx \sin nx) \, dx \right)$$

"적분을 ⓒⓢ과 ⓢⓢ 2개로 나눠서 값이 무엇이 될지 생각해 보자."

$$= \sum_{k=0}^{\infty} \left(a_k \underbrace{\int_{-\pi}^{\pi} \cos kx \sin nx \, dx}_{\text{ⓒⓢ}} + b_k \underbrace{\int_{-\pi}^{\pi} \sin kx \sin nx \, dx}_{\text{ⓢⓢ}} \right)$$

"k는 음이 아닌 정수의 범위에서 움직이지만 재미있게도 ⓒⓢ는 0이 되어 사라져. ⓢⓢ는 $k = n$일 때에만 π로 남고, $k \ne n$일 때는 0이 되어 사라지지."

$$= b_n \int_{-\pi}^{\pi} \sin nx \sin nx \, dx$$
$$= b_n \pi$$

"즉, $\sin nx \sin nx$의 적분 외에는 완전히 지워지게 되는 거야."

"그 적분은 모의고사 때 계산했던 기억이 나." 나는 말했다.(p.302)

"여기까지의 계산으로 b_n을 구할 수 있어."

$$b_n = \frac{1}{\pi} \int_{-\pi}^{\pi} f(x) \sin nx \, dx \qquad (n = 1, 2, 3, \cdots)$$

"a_n도 같은 계산으로 구할 수 있지."

$$a_n = \frac{1}{\pi} \int_{-\pi}^{\pi} f(x) \cos nx \, dx \qquad (n = 1, 2, 3, \cdots)$$

"조금 길어졌지만 이걸로 양의 정수 n에 대한 a_n, b_n을 구했어."

"a_0은 특별 취급하는 거죠?" 테트라가 말했다.

"그래, 맞아. a_0에서는 $\cos 0x \cos 0x$의 적분이 1의 적분이 된다는 걸 이용할 거야."

$$\int_{-\pi}^{\pi} f(x)\,dx = \int_{-\pi}^{\pi} f(x)\cos 0x\,dx$$

$$= a_0 \int_{-\pi}^{\pi} \underline{\cos 0x \cos 0x}\ dx \quad k=0\text{의 항만이 남는다}$$

$$= a_0 \int_{-\pi}^{\pi} 1\,dx$$

$$= a_0 \Big[\, x \,\Big]_{-\pi}^{\pi}$$

$$= a_0(\pi - (-\pi))$$

$$= a_0 \cdot 2\pi$$

$$a_0 = \frac{1}{2\pi} \int_{-\pi}^{\pi} f(x)\,dx$$

"a_0과 b_0도 통일하면 좋겠지만……." 테트라가 말했다.

"푸리에 계수를 통일하고 싶으면, 푸리에 전개 방식으로 $n=0$을 특별 취급하면 돼."

푸리에 계수와 푸리에 전개(별도 표시)

푸리에 계수

$$\begin{cases} a_n' = \dfrac{1}{\pi} \displaystyle\int_{-\pi}^{\pi} f(x)\cos nx\,dx \\[2mm] b_n' = \dfrac{1}{\pi} \displaystyle\int_{-\pi}^{\pi} f(x)\sin nx\,dx \end{cases} \quad (n=0,\,1,\,2,\,\cdots)$$

푸리에 전개

$$f(x) = \frac{a_0'}{2} + \sum_{k=1}^{\infty} (a_k'\cos kx + b_k'\sin kx)$$

끈기를 넘어

"미르카, 푸리에 전개에서 삼각함수를 쓴다는 건 알겠는데 내가 푼 문제가 어째서 푸리에 전개와 관련되는 거지?"

"네가 쓴 정적분 $I(a,b)$는 다음과 같은 형태야."

$$I(a,b)=\int_{-\pi}^{\pi}(a+b\cos x-x^2)^2dx$$

"a를 $a\cos0x$로 보고, 또 a, b를 a_0, a_1로 바꾸어 쓰면 다음과 같이 쓸 수 있다는 걸 알 수 있어."

$$I(a_0,a_1)=\int_{-\pi}^{\pi}(a_0\cos0x+a_1\cos1x-x^2)^2dx$$

"그런데 x^2이라는 함수는 짝함수지. 그러니까 함수 x^2을 푸리에 전개 했을 때는 짝함수의 $\cos kx$만 등장하게 돼. 구체적으로는 함수 x^2의 푸리에 전개는 다음 형태가 되지."

$$x^2=a_0\cos0x+a_1\cos1x+a_2\cos2x+\cdots$$

"이 식에서는 최초의 두 항이 일치하고 있지?"

"정말이네." 내가 말했다.

"뭐가 어떻게 된 거죠?" 테트라가 신기하다는 듯 말했다.

"정적분 $I(a_0,a_1)$는 뭘 구하려고 하는 걸까?" 미르카는 말을 이었다. "$I(a_0, a_1)$은 다음과 같이 하려는 거야."

$a_0\cos0x+a_1\cos1x$와 x^2과의 차를 알아보고,
그걸 제곱한 함수의 정적분을 구한다⋯⋯.

"이건 오차 평가의 일종이지. 정적분 $I(a_0, a_1)$을 최소로 만드는 a_0, a_1을 구하라는 거니까, 푸리에 계수의 a_0, a_1로 대충 상정해 보는 게 타당하겠지."

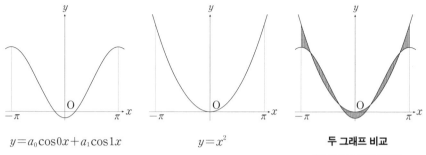

$$y = a_0 \cos 0x + a_1 \cos 1x \qquad\qquad y = x^2 \qquad\qquad \text{두 그래프 비교}$$

두 그래프 비교
(단, 제곱하고 적분하므로
이 면적 자체가 오차는 아니다.)

바로 이거다. 미르카의 이런 번뜩이는 영감은 어디서 오는 걸까.

"미르카 선배……" 테트라가 입을 열었다. "아직 잘 모르겠는데, x^2을 푸리에 전개를 해서 최초의 두 항을 모으면, x^2에 꽤나 가까워진다는 말이죠? 하지만 시험 보면서 그걸 알아차리는 게 가능할까요? 전 못 할 것 같아요."

"물론, 그걸 출제자가 고려하지는 않겠지. 문제 9-2(p.303)는 적분 계산 연습이야. 푸리에 전개를 알아차리고 말 것도 없어. 그렇지만 식의 형태를 파악하면 좀 더 재미있어지지."

"미르카, 잠깐 기다려. 아까 암산으로 $a = \dfrac{\pi^2}{3}$이라고 했지? 그거, 푸리에 계수 a_0의 적분을 암산으로 했다는 말인가?"

$$a_0 = \frac{1}{2\pi} \int_{-\pi}^{\pi} f(x)\cos 0x\,dx$$

"$f(x) = x^2$, $\cos 0x = 1$이니까 암산할 수 있잖아?"

$$a_0 = \frac{1}{2\pi} \int_{-\pi}^{\pi} x^2\,dx$$

"아, 그렇구나. x^2의 정적분이구나. 암산할 수 있네."

$$a_0 = \frac{1}{2\pi} \int_{-\pi}^{\pi} x^2\,dx$$

$$= \frac{1}{2\pi} \cdot \frac{1}{3} \left[x^3 \right]_{-\pi}^{\pi}$$
$$= \frac{1}{6\pi} (\pi^3 - (-\pi)^3)$$
$$= \frac{\pi^2}{3}$$

영감을 넘어

"기본적인 질문이라 죄송한데요." 테트라가 끼어들었다. "혹시, 하나의 식이 여러 의미를 나타내기도 하나요? 단 하나의 의미가 아니라……."

"그야 두말할 것도 없지. 식이 나타내는 것은 무수해. 식을 쓴 본인이 의도한 것도 있고, 의도하지 않은 것도 있겠지. 쓴 본인도 눈치 채지 못했던 의미가 몇백 년이 지나서야 발견되는 경우도 있고."

"아, 예언적 발견…… 그런 것도 있었죠."

"식에서 얻어낼 수 있는 것을 하나로 제한하는 건 어리석은 일이야. 엉터리 의미를 끌어낼 건 없지만, 논리적으로 이끌어 낼 수 있는 걸 굳이 배제할 필요는 없어."

"그렇군요. 그런데 x^2이라는 함수는 충분히 간결한 형태인데, 그걸 일부러 삼각함수로 나타내는 의미가 있을까요? 테일러 전개는 알겠어요. $\sin x$라는 어려운 걸 x^k이라는 쉬운 형태로 나타내 주니까요. 하지만……."

"예를 들어, x^2의 푸리에 전개에서 테트라가 말을 잃고 의자에서 벌떡 일어날 만한 사실을 이끌어 내는 것도 가능은 한데."

"에이, 미르카 선배…… 그건 좀 과장인 것 같은데요. 최근의 전 그렇게 덜렁대지 않는다고요!" 테트라는 손을 크게 저으며 부정했다.

미르카는 바로 앞의 종이에 조금 계산을 한 후 고개를 들었다. "그럼, 시험해 보도록 하자." 미르카가 말했다.

대체, 뭘 시작하려는 걸까?

$$\blacklozenge \blacklozenge \blacklozenge$$

x^2을 푸리에 전개 하면 최종 결과는 이렇게 돼.

$$x^2 = \frac{\pi^2}{3} + 4\left(\frac{-\cos 1x}{1^2} + \frac{+\cos 2x}{2^2} + \frac{-\cos 3x}{3^3} + \cdots + \frac{(-1)^k \cos kx}{k^2} + \cdots\right)$$

$$= \frac{\pi^2}{3} + 4\sum_{k=1}^{\infty} \frac{(-1)^k \cos kx}{k^2}$$

여기서 $x = \pi$라고 하자. $\cos k\pi = (-1)^k$인 것에 주의해서,

$$x^2 = \frac{\pi^2}{3} + 4\sum_{k=1}^{\infty} \frac{(-1)^k \cos kx}{k^2} \qquad \text{위 식에서}$$

$$\pi^2 = \frac{\pi^2}{3} + 4\sum_{k=1}^{\infty} \frac{(-1)^k (-1)^k}{k^2} \qquad x = \pi\text{라 하면}$$

$$= \frac{\pi^2}{3} + 4\sum_{k=1}^{\infty} \frac{(-1)^{2k}}{k^2}$$

$$= \frac{\pi^2}{3} + 4\sum_{k=1}^{\infty} \frac{1}{k^2} \qquad (-1)^{2k} = 1\text{이므로}$$

여기서 이 식을 도출할 수 있어.

$$\sum_{k=1}^{\infty} \frac{1}{k^2} = \frac{1}{4}\left(\pi^2 - \frac{\pi^2}{3}\right) = \frac{\pi^2}{6}$$

자, 테트라. 이게 뭘까?

$$\sum_{k=1}^{\infty} \frac{1}{k^2} = \frac{\pi^2}{6}$$

◆◆◆

"!!!!!!!!"

테트라는 소리 없는 비명을 지르면서 벌떡 일어났다.

"바젤 문제!" 내가 말했다.

"맞았어. 바젤 문제. 오일러 선생님이 풀 때까지 누구 하나 답을 내지 못했던 18세기 초반 세기의 난제. 함수 x^2을 푸리에 전개 하면 바젤 문제의 답이 나오지."

$$\sum_{k=1}^{\infty} \frac{1}{k^2} = \frac{\pi^2}{6}$$

"$\zeta(2)$라고도 하고. 제타야."

$$\zeta(2) = \frac{\pi^2}{6}$$

"……."

테트라는 일어선 채로 눈을 커다랗게 뜨고 식을 바라보았다.

"의자에서 일어나고 싶어지지?" 미르카가 물었다.

"x^2의 푸리에 전개에서 $\zeta(2)$의 값을 알 수 있는 건가……?"

오일러가 구한 $\zeta(2)$의 값이 여기서 튀어나올 줄은 생각지 못했다. 정말로 전혀.

x의 거듭제곱, 삼각함수, 미분, 적분…… 수학의 개념은 이 얼마나 신묘하게 얽혀 있는 것인가.

영감과 끈기.

영감으로 푸는 것도, 끈기로 푸는 것도, 둘 다 멋지다. 하지만 그것은 수학의 진짜 일부분에 불과하다. 수학의 세계는 영감과 끈기를 넘어선다. 수학은 인간보다 훨씬 크고 넓고 깊은 것이 아닐까.

커다란 문제는 커다란 발견이 푼다.
하지만 어떤 문제를 풀 때도
그곳엔 티끌만 한 발견이 존재한다.
_포여 죄르지

푸앵카레 추측

따라서 해밀턴의 프로그램을 실행하면
3차원 닫힌 다양체에 대해 기하화 추측을 도출할 수 있다.
＿그리고리 페렐만

1. 오픈 세미나

강의가 끝난 후

12월. 우리는 가까운 대학에서 매년 개최하는 오픈 세미나에 참가했다. 대학 교수들이 일반인을 대상으로 강연을 하는 행사다. 올해 주제는 '푸앵카레 추측'. 작년 주제는 '페르마의 정리'였다.(『미르카, 수학에 빠지다』 제2권 '우연과 페르마의 정리') 그로부터 벌써 1년이 지난 건가.

한 시간 남짓한 강의가 끝난 후 우리 일행은 다른 고등학생 그룹, 일반인들과 함께 강당에서 막 나오는 참이었다.

"음, 잘 모르겠는데⋯⋯." 유리는 양팔을 들어 올려 크게 기지개를 켠 후 말했다. 내뱉는 숨이 하얗다.

"그러네요, 동영상은 재미있었는데. 알 것 같기도 하고 아닌 것 같기도 하고. 우와, 추워라." 그렇게 말하고 테트라는 립글로스를 발랐다.

"점심시간." 빨간 배낭을 등에 맨 리사가 말했다.

"찬성! 뭐 먹을까?" 유리가 물었다.

"음⋯⋯." 미르카가 고민하는 듯 외마디를 냈다.

우리 다섯 명은 고요해진 대학을 빠져나와 카페테리아로 향했다.

점심시간

"작년 주제는 페르마의 정리였지." 나는 필라프를 먹으며 말했다.

"그랬었지." 유리는 카르보나라 스파게티를 먹으며 말했다. "페르마의 정리 문제는 간단했잖아? 하지만 푸앵카레 추측은 문제부터 이해가 안 가."

"작년 강의 때 어려운 수식이 많이 나와서 이해가 안 갔는데요." 테트라가 오므라이스에 수저를 찔러 넣으며 말했다. "그에 비해 이번에는 수식이 전혀 안 나왔어요. 하지만 수식이 안 나온다고 쉽다는 건 아니네요. 우주와 로켓 영상이 흘러나오긴 했지만, 우주라는 건 우리가 사는 이 우주를 말하는 걸까요? 열과 온도에 대한 이야기가 나오고 물리학에 대한 이야기도…… 수학하고 어떤 관계가 있는지를 생각하다 설명을 놓쳐 버렸지 뭐예요."

"비유……." 샌드위치를 먹고 있던 리사의 한 마디.

"아, 그리고……." 유리가 기세 좋게 말을 시작했다. "사람 이름이 너무 많이 나와서 질려 버렸어. 푸앵카레라는 사람이 생각한 문제를, 페렐만이라는 사람이 증명했다고 해서 그 두 사람에 대한 얘기인가 했더니……."

우리는 제각기 떠들고 있는데 미르카만 계속 말이 없었다. 그녀는 초콜릿 케이크를 천천히 다 먹더니 눈을 감았다. 그것이 신호인 것처럼 우리는 대화를 중단했다.

침묵.

드디어 울림 좋은 목소리를 가진 미르카의 한마디가 흘러나왔다.

"형태란 무엇일까?"

우리가 있는 공간이 강의실로 바뀌는 순간이었다.

2. 푸앵카레

형태

형태란 무엇일까?

이 질문에 대답하는 건 어려워. 형태는 너무 포괄적인 용어니까 어떻게 답해야 할지 모르겠다는 말이 더 정확할 거야.

마치 '수란 무엇인가?'라는 질문과 비슷하다고 할까? 수란 무엇인가를 묻는다면 1, 2, 3, …처럼 구체적인 수를 대답할 수도 있어. 하지만 수를 열거한다고 해서 맞는 대답은 아니지. 구체적인 수는 중요하지만 그것이 그 질문에 대한 깊이 있는 대답은 아니야. 대수학에서는 군과 환과 체를 생각하지. 원소끼리의 연산을 생각하고, 성립하는 공리를 정하고, 무엇을 말할 수 있는지를 생각해.

우리는 수라는 단어에 응축된 수많은 성질을 제각각 분해하여 다시 구축하면서, 연구를 통해 수란 무엇인지를 탐구하지. 이를 통해 우리가 알고 있는 수를 초월한 '어떤 것'을 손에 넣는 거야.

다시 한번 '형태란 무엇인가?'를 물어볼게. 길이, 크기, 각도, 방향, 겉과 속, 면적, 부피, 합동, 닮음, 구부리고, 비틀고, 붙이고, 이어 붙이고, 떼어내고, 연결하고, 잘라 내고…… 많은 개념이 '형태'라는 말을 뒷받침하고 있어. 우리는 '형태'라는 말에 응축되어 있는 많은 성질을 제각각 분해하고 다시 구축해. 그 연구를 통해 형태란 무엇인가를 탐구하지. 그리고 우리가 알고 있는 형태를 초월한 '어떤 것'을 손에 넣는 거야.

◆ ◆ ◆

"형태를 연구한다…… 그건 기하학이죠?" 테트라가 물었다.

"그래." 미르카가 답했다. "오늘 오픈 세미나에서 다룬 위상기하학은 기하학의 한 분야이고, 형태를 연구한다고 할 수 있어."

"미르카 언니, 수학은 하나가 아닌가요?" 유리가 물었다. "여러 형태의 성질을 제각각 연구하는 학문인 건가요?"

"수학은 광대해." 미르카는 유리를 바라보며 말했다. "수학자의 관심도 제각각이지. 형태에 대한 접근도 다르고, 주목하는 성질도 달라. 집합에 위상을 넣어 위상공간을 정의하면, 연속성이나 연결성을 생각할 수 있지. 위상공간을 기초로 다양체를 정의하면, 차원을 생각할 수도 있고. 게다가 위상공간을 기초로 다양체를 정의하면 차원 자체를 생각할 수도 있어. 미분다양체를 정의하면, 미분이나 접공간을 생각할 수 있고. 거기에 리만 계량을 집어넣어 리만 다양체를 정의하면, 거리나 각도, 곡률을 생각할 수 있게 되지. 기하학의 연구 대상은 무궁무진하지만, 그 모든 것이 어떤 의미로든 형태를 나타내고 있어. 그리고 어떤 성질에만 주목하고, 다른 성질은 고려하지 않을 때도 있고."

"'모른 척하기 게임'이네요." 테트라가 말했다.

"쾨니히스베르크의 다리 건너기 문제처럼?" 유리가 말했다. "다리는 움직여도 되지만, 연결 방식을 바꾸면 안 되는 그거."

"유리 말대로야." 미르카는 즉시 대답한 후 부드러운 미소를 지었다. "쾨니히스베르크의 다리 건너기 문제는 그래프 이론의 시작이고, 위상기하학의 기원이라 여겨지고 있어. 오일러 선생님의 업적이지. 그 문제에서는 연결 방식을 같은 형태로 동일시해. 다시 말하면, 연결 방식을 바꾸지 않는 한 자유롭게 변형해도 상관없는 거지. 이건 그래프 동형에 대한 이야기지만, 위상공간의 경우에는 위상동형사상으로 변형시켜도 불변의 양(위상 불변량)에 주목하지."

"'변하지 않는 것에는 이름을 붙일 가치가 있다'는 거네." 내가 말했다.

"동일시하는 관점이 정해지면, 모든 형태를 분류하고 싶어지지. 모든 것을 모아서 모든 것을 분류해. 박물학적 연구가 거기서 시작되는 거지." 미르카가 말했다.

"나비들을 분류하는 것처럼." 테트라가 말했다.

"딱정벌레를 분류하는 것처럼." 내가 말했다.

"보석을 분류하는 것처럼." 유리가 말했다.

"톱니바퀴를 분류하는 것처럼." 리사가 말했다.

"형태를 연구할 때는 모든 형태를 표본 상자에 모아서 이름을 붙이고 분류하고 싶어져. 분류는 연구의 첫걸음이지." 미르카가 이어 말했다. "19세기에는 2차원 폐곡면의 분류가 완성되었어. 2차원 폐곡면은 가향성과 종류에 따라, 즉 표리의 유무와 구멍의 개수로 분류할 수 있었지. 물론 그건 다수의 수학자들이 연구하고 있어. 또 2차원 다양체는 세 종류의 기하 구조 중 하나를 가진다는 다른 시점에서 이루어진 분류도 알고 있지." 미르카는 우리 얼굴을 둘러보고 말을 이었다. "푸앵카레 추측은 3차원 닫힌 다양체의 분류에 관한 기본적인 문제야. 기본적이고 자연스러운 문제지만, 쉬운 문제는 아니었지. 참으로 푸앵카레 추측은 백 년 동안 수많은 수학자들을 괴롭힌 난제였어."

푸앵카레 추측

"미르카 언니, 그 푸앵카레 추측이란 게 대체 뭐죠?" 유리가 물었다.

"오픈 세미나에서 받은 자료에 푸앵카레 추측에 대한 해설이 써 있었어요." 테트라가 커다란 핑크색 가방을 뒤지며 말했다. "역시 자료는 중요하다니까…… 어, 어라? 어디에 뒀지?"

리사가 팸플릿을 테이블 위에 슬쩍 놓았다.

"아, 고마워. 이 자료에 따르면, 푸앵카레 추측은 수학자 **푸앵카레**가 논문으로 발표한 문제예요. 위상기하학이라는 분야에서 중요한 의미를 가진 이 논문은 1904년에 나왔고요. 20세기 초반이네요. 푸앵카레 추측은 구체적으로 다음과 같은 내용이에요."

푸앵카레 추측

M은 3차원의 닫힌 다양체다.
M의 기본군이 항등군과 동형일 때 M은 3차원 구면과 위상동형이다.

"아니…… 이게 구체적이라고요?" 유리가 의아한 표정으로 말했다.

"그러게." 테트라가 말했다. "용어 몇 개 정도는 나도 조금은 알아. 3차원 닫힌 다양체라는 건, 국소적으로는 3차원 유클리드 공간처럼 보여서, '유한이며 끝이 없는' 공간을 상상해 보면 되는 거야. 그리고 기본군이라는 건 루프를 기초로 만든 군이고."

"3차원 구면이라는 건 상상하기 힘들지만……." 나는 설명을 보충했다. "속이 꽉 찬 지구본을 2개 늘어놓고, 그 표면끼리 이어 붙인 것처럼 생긴 공간 말이지. 유한하지만 끝이 없는 것."

"웅……." 유리가 고개를 끄덕였다.

"하나하나의 용어도 중요하지만 푸앵카레 추측의 논리적 구조를 이해해 보자." 미르카가 말했다. "푸앵카레 추측을 이런 식으로 바꾸어 말한다면 이해가 훨씬 쉽지."

바꿔 말하는 푸앵카레 추측

3차원 닫힌 다양체 M에 관한 조건 $P(M)$과 $Q(M)$을,

$$P(M) = \text{M의 기본군은 항등군과 동형이다},$$
$$Q(M) = \text{M은 3차원 구면과 위상동형이다}$$

라고 할 때 3차원 다양체 M에 관하여,

$$P(M) \implies Q(M)$$

이 성립한다.

"맞아요." 테트라가 말했다. "역은 기본군이 위상 불변량이기 때문에 말할 수 있는 거지.(p.224 참조)" 미르카가 말했다.

기본군은 위상 불변량

3차원 구면의 기본군이 항등군과 동형이고,
기본군이 위상 불변량이라는 것에서,

$$P(M) \impliedby Q(M)$$

이 성립한다.

"전혀 모르겠어!" 유리가 외쳤다.
"논리적 구조의 이야기니까 어려울 것 없어, 유리." 미르카가 말했다. "지금 이야기하고 있는 건 이 두 가지야."

- $P(M) \implies Q(M)$ (푸앵카레 추측의 주장)
- $P(M) \impliedby Q(M)$ (성립한다는 것이 알려진 주장)

"여기서 푸앵카레 추측을 증명할 수 있다면 무엇을 말할 수 있을까?"

"음, 그러니까 $P(M)$과 $Q(M)$이 같다는 말?" 유리가 말했다.

"그래. 푸앵카레 추측을 증명할 수 있다면, $P(M)$과 $Q(M)$이라는 두 조건이 같은 값이라는 것을 알 수 있지. 푸앵카레 추측을 증명할 수 있다면 다음과 같이 말할 수 있는 거야."

$$P(M) \iff Q(M)$$

M의 기본군은 항등군과 동형이다. $\iff$ M은 3차원 구면과 위상동형이다.

"그건 알겠는데⋯⋯요?" 유리는 아직 모르겠다는 표정이다.

"응, 그러니까⋯⋯." 참지 못하고 내가 중간에 끼어들었다. "푸앵카레 추측은 기본군이라는 도구의 힘을 알려고 한다는 데 있어. 푸앵카레 추측이 성립한다면 'M이 3차원 구면과 위상동형인가를 알아보고 싶다면, M의 기본군이 항등군이 되는지를 알아보' 되는 거야."

"기본군이 강력한 무기인지 아닌지의 문제네요!" 테트라가 양손을 모아 쥐고 말했다.

"위상기하학을 정비하려고 했던 푸앵카레는 다양체의 분류나 판정을 위해 호몰로지군이라는 도구에 착안했어." 미르카가 말했다. "2차원 닫힌 다양체는 호몰로지군으로 분류할 수 있었지. 그렇지만 3차원 닫힌 다양체는 호몰로지군으로 분류할 수가 없어졌어. 푸앵카레 자신이 정십이면체 공간이라는 반례를 발견해 버렸기 때문이야."

우리는 미르카의 말에 귀를 기울였다.

"푸앵카레는 거기에 기본군이라는 도구를 생각해 냈어. 기본군을 쓰면 모든 3차원 닫힌 다양체를 분류할 수 있는가. 이건 큰 문제야. 푸앵카레가 논문에 쓴 것은 '3차원 구면과 위상동형이라는 것을 기본군에서 판정할 수 있는가' 하는 문제였던 거야."

"분류와 판정이 다른가요?" 유리가 물었다.

"아니야. M과 N에 대해 'M과 N의 기본군이 동형'이라는 것과 'M과 N이 위상동형'이 같은 값이라면 기본군으로 분류할 수 있다고 할 수 있어. 그에 반해, 'M의 기본군이 항등군과 동형'이라는 것과 'M은 3차원 구면과 위상동형'이 같은 값이라면 기본군을 써서 3차원 구면과의 위상동형이 판정 가능하다고 할 수 있어. 유리, 알겠어?"

"분류하는 방식이…… 어렵다는 건가?" 유리가 말했다.

"그래. 기본군으로 분류할 수 있다면, 기본군을 써서 3차원 구면과 위상동형을 판정할 수 있어. 사실 3차원 닫힌 다양체를 기본군으로 분류하는 것은 불가능하다고 증명되었어. 렌즈 공간이라는 반례가 푸앵카레 사후에 발견된 거야."

미르카는 잠깐 한숨을 쉬고 말했다.

"3차원 닫힌 다양체의 분류는 기본군으로는 불가능해. 하지만 최소한 제일 단순한 3차원 구면과 위상동형이라는 판정만이라도 기본군에서 할 수는 없을까. 이것이 바로 푸앵카레 추측이야."

"기본군이 뭔지 아직 잘 모르겠다옹." 유리가 말했다.

나는 유리에게 기본군에 대해 설명했다.

"기본군은 루프를 기초로 해서 만든 군이야. 연속적으로 변형해서 겹쳐지는 루프를 동일시하고, 연결시키는 조작을 군의 연산이라고 생각한 거지. 기본군이 항등군이 되는 3차원 닫힌 다양체라는 건, 어떤 루프라도 한 점으로 줄어들 때까지 연속적으로 변형할 수 있는 공간을 말해. 실을 매단 로켓을 공간에 날렸을 때 빙 돌아도 다시 원점으로 돌아온다고 가정하는 거야. 그 끈을 당겨서 실을 짧게 했을 때 어디에도 걸리지 않고 끌어당길 수 있는가, 어떤가. 로켓을 어떤 식으로 날려서 M 안에 루프를 만들어도, 반드시 끌어당길 수 있다는 것, 그게 P(M)의 의미지. 푸앵카레 추측이 성립한다면 '반드시 끌어당길 수 있다면, M은 3차원 구면과 위상동형이고, 도중에 어딘가에 걸린다면 위상동형이 아니다'라고 말할 수 있어."

"알 듯 말 듯……하네요." 유리가 말했다. "결국 페렐만은 기본군으로 판정할 수 있다는 걸 증명한 거지?"

"그래. 하지만 페렐만이 증명한 것은 그뿐이 아니야." 미르카가 말했다. "페렐만이 증명한 것은 '서스턴의 기하화 추측'이야. 이것은 푸앵카레 추측을 포함한 일반적인 주장이지. 페렐만은 서스턴의 기하화 추측을 증명하고, 그것으로 푸앵카레 추측까지 증명한 거지."

"서스턴……." 테트라가 중얼거렸다.

"또 새로운 이름이 출현했네……." 유리가 말했다.

서스턴의 기하화 추측

"서스턴의 기하화 추측은 푸앵카레 추측보다도 큰 주장이야."

서스턴의 기하화 추측

모든 3차원 닫힌 다양체는
8종류의 기하 구조를 가지는 조각으로 표준적으로 분해할 수 있다.

"3차원 다양체 M이 주어졌다고 치자. M은 3차원 구면과 위상동형인가, 아닌가. 푸앵카레 추측은 기본군으로 그 판정이 가능하다는 추측이야." 미르카는 천천히 말했다. "그에 대해 서스턴의 기하화 추측은 3차원 닫힌 다양체의 분류에 관한 추측이야. 어떤 3차원 닫힌 다양체 M이 주어지더라도, 그건 8종류의 조각으로 표준적으로 분해할 수 있다는 거지."

"소인수분해네요!" 테트라가 외쳤다.

"테트라, 그게 무슨 말이야?" 유리가 말했다.

"모든 정수는 소인수분해가 가능해. 서스턴의 기하화 추측도 그런 종류의 주장일 거라고 생각해!"

"어떤 의미에서는 소인수분해와 비슷해." 미르카가 말했다. "3차원 닫힌 다양체는 순수한 다양체의 연결합으로 유일하게 분해할 수 있어. 여기서 연결합이란 2개의 다양체에서 구체를 제외하고, 경계면끼리 이어 붙이는 동작이야. 그 분야를 더 진행시킨 표준적 분해로 불리는 방법이 있어. 이것에 의해 3차원 닫힌 다양체를 분해했을 때 각 조각은 8종류의 기하 구조 중 어떤 것을 가지게 돼. 그게 서스턴의 기하화 추측이야. 소수에 따라 모든 정수를 특정할 수 있는 것처럼, 8종류의 기하 구조에 따라 모든 3차원 닫힌 다양체를 특정지을 수 있다는 추측이라고도 할 수 있지. 그리고 서스턴의 기하화 추측이 증명된다면, 푸앵카레 추측이 성립한다는 것은 이미 증명되었어."

"기하 구조가 뭐예요?" 테트라가 물었다.

"어떤 공간 안에서 합동이란 뭘 의미할까? 그것을 군을 써서 표현하는 것을 합동변환군이라고 해. 공간과 합동변환군을 짝지어 생각한 것이 기하 구조야. 기하 구조는 클라인의 '변환군에 있어서의 불변성을 연구하는 것이 기하학이다'라는 에를랑겐 프로그램이 그 발단이라고 할 수 있어. '기하'라는 용어는 여러 의미로 쓰이기 때문에 주의가 필요해." 미르카가 말했다. "예를 들어, 2차원 닫힌 다양체는 '구면기하', '유클리드 기하', 그리고 '쌍곡기하'라는 3종류의 기하 구조 중 하나를 가진다는 것이 20세기 초반에 알려졌어. 구면기하는 합동변환군 $SO(3)$에서, 유클리드 기하는 유클리드 합동변환군으로, 그리고 쌍곡기하는 쌍곡변환군 $SL_2(\mathbb{R})$로 결정돼. 군을 써서 기하학을 분류한다고 봐도 좋아. 서스턴의 기하화 추측은 그 3차원 닫힌 다양체 버전이라고도 할 수 있어. 단지, 서스턴의 기하화 추측에서는 조각으로 분해하고 있지만."

"시계를 분해하는 것처럼." 리사가 문득 말했다.

해밀턴의 리치 흐름 방정식

"그렇다는 건……." 내가 말했다. "푸앵카레 추측은 3차원 닫힌 다양체가 3차원 구면과 위상동형인지를 기본군으로 판정할 수 있다는 추측이지. 서스턴의 기하화 추측은 3차원 다양체는 8종류의 조각으로 분해할 수 있다는 추측이고. 페렐만이 서스턴의 기하화 추측을 증명하면서 푸앵카레 추측도 증명하게 된 셈인 거지?"

"그래. 그렇지만 페렐만 전에 해밀턴에 대해 이야기하지 않으면 안 돼." 미르카가 말했다.

"또 새로운 이름……." 유리가 말했다.

"팸플릿은 이렇게 해설하고 있어요." 테트라가 말했다. "서스턴의 기하화 추측에 도전하기 위해 수학자 해밀턴은 리치 흐름을 생각해 내어 몇 가지 성과를 올렸어요. 해밀턴은 리치가 참이라는 조건을 붙이고 푸앵카레 추측을 증명할 수 있었죠. 리치가 참이 아닐 때 리치 흐름 방정식에 미심쩍은 점이 발견되어 해결하지 못한 채 20년이 지났고, 그 미심쩍은 점을 해결하고 마지막 갭을 메운 게 페렐만이에요. 페렐만은 새로운 기법을 생각해 내어 서스턴의 기하화 추측을 증명했어요."

"까다롭네." 유리가 한마디 던졌다.

"잠깐, 그럼 지금까지 들은 걸 일단 정리해 볼게요." 테트라가 말하면서 노트에 메모하기 시작했다. "이런 거죠?"

- **푸앵카레**는 푸앵카레 추측이라는 문제를 생각해 냈어요. 하지만 푸앵카레 자신은 증명할 수 없었죠.
- **서스턴**은 푸앵카레 추측을 포함한 서스턴의 기하화 추측이라는 문제를 생각해 냈어요. 하지만 서스턴 자신은 증명하지 못했죠.
- **해밀턴**은 리치 흐름 방정식을 써서 조건부로 푸앵카레 추측을 증명했어요. 하지만 해밀턴 자신은 조건부가 아니고서는 증명할 수 없었지요.
- **페렐만**은 해밀턴의 리치 흐름 방정식을 써서 서스턴의 기하화 추측을 증명했고, 그에 따라 푸앵카레 추측도 증명한 셈이 되었어요.

"아, 그렇군." 유리가 말했다.

"이거 꼭 이어달리기 같네요!" 테트라가 말했다. "스스로 생각해 낸 문제를 꼭 자신이 풀 수 있다고는 할 수 없으니까요. 스스로 해결할 수 없는 문제는 다른 사람한테 맡길 수밖에 없어요. 수학자들은 모두 협력하고 있는 거네요. 릴레이에서 배턴 터치하는 것처럼!"

"동감." 리사가 말했다.

"하지만 스스로 배턴을 넘겨주는 게 아니잖아? 사실은 스스로 골까지 가고 싶은 거 아니었을까?" 유리가 중얼거렸다.

"테트라의 요약은 틀리지 않아." 미르카는 진지한 표정으로 말했다. "그렇지만 푸앵카레 추측을 해결하는 것에 마치 4명만 관련되어 있는 듯 요약한 건 좀 미흡하지. 확실히 3차원에서 푸앵카레 추측은 오랫동안 증명할 수 없었어. 하지만 다수의 수학자들이 연구 끝에 고차원의 푸앵카레 추측을 증명했어. 서스턴의 기하화 추측 영역에서도 다수의 수학자가 8종류의 기하 구조를 자세히 연구했고, 많은 연구에서 서스턴의 기하화 추측이 성립한다는 걸 확인했어. 물론 거기엔 서스턴 자신도 기여했지. 수학자들이 손을 마냥 놓고 있었던 건 아니야."

"아, 어려워." 유리가 답답해했다.

"역사는 단순화할 수 없어." 미르카가 말했다. "하지만 인간은 역사를 단순화하고 싶어 하지."

3. 수학자들

연표

"리사, 연표 다 만들었어?" 미르카가 말했다.

"응." 리사가 우리 앞으로 화면을 빙글 돌렸다. 우리는 얼굴을 맞대고 화면을 들여다보았다.

연도	간략한 수학의 역사
기원전 300년경	유클리드의 『원론』이 발간되다.
1736년	오일러가 쾨니히스베르크의 다리 건너기 논문을 발표하다.
18세기	사케리, 람베르트, 르장드르, 파르가스 보여이, 달랑베르, 티보 등의 수학자가 평행선 공리를 증명하려다 실패하다.
1807년	푸리에가 열방정식과 관련하여 푸리에 전개를 고안하다.
1813년	가우스가 비유클리드 기하학을 발견한 듯했지만 발표하지 않다.

1822년	푸리에의 『열의 해석적 이론』이 발간되다.(푸리에 전개)
1824년	보여이가 비유클리드 기하학을 발견하다.
1829년	로바체프스키가 비유클리드 기하학에 관한 논문을 발표하다.
1830년경	갈루아의 군론이 탄생하다.
1832년	보여이의 비유클리드 기하학에 관한 성과가 발표되다.
1854년	리만이 취임 강연에서 다양체에 대해 발표하다.
1858년	리스팅과 뫼비우스가 독립적으로 '뫼비우스의 띠'를 발견하다.
1861년	리스팅이 논문에서 '뫼비우스의 띠'에 대해 발표하다.
1865년	뫼비우스가 논문에서 '뫼비우스의 띠'에 대해 발표하다.
1860년대	뫼비우스가 2차원 닫힌 다양체를 종류별로 분류하다.
1872년	클라인이 취임 강연에서 에를랑겐 프로그램을 제창하다.
1895년	푸앵카레가 최초로 위상기하학 논문을 쓰다.
19세기	클라인, 푸앵카레, 벨트라미가 비유클리드 기하학의 모델을 구축하다.
1904년	푸앵카레가 제5 보충 원고를 써내다.(정십이면체 공간과 푸앵카레 추측)
1907년	푸앵카레, 클라인, 쾨베가 2차원 닫힌 다양체를 3종류의 기하 구조로 분류하다.(유클리드 기하, 구면기하, 쌍곡기하)
1961년	스메일이 5차원 이상에서의 푸앵카레 추측을 증명한 논문을 발표하다.
1966년	스메일이 필즈상을 수상하다.
1980년	서스턴이 기하화 추측을 제시하다.
1980년	해밀턴이 리프 흐름 방정식을 도입하다.
1980년	해밀턴이 리치가 참일 때 푸앵카레 추측을 증명하다.
1982년	프리드먼이 4차원에서 푸앵카레 추측을 증명하다.
1982년	서스턴이 기하화 추측에 관한 논문을 쓰다.
1982년	서스턴이 필즈상을 수상하다.
1990년대	해밀턴이 리치 흐름 방정식을 2차원 다양체에 적용하다.
2000년	클레이 수학연구소에서 푸앵카레 추측을 포함한 밀레니엄 문제를 제시하다.
2002년	페렐만이 해밀턴 프로그램으로 증명한 논문을 발표하다.
2003년	페렐만이 논문 2편을 발표하다.

2006년	국제수학자협회가 페렐만의 증명을 확인하다.
2006년	페렐만이 필즈상을 거절하다.
2007년	모건과 티엔이 페렐만의 증명 해설서를 발간하다.
2010년	클레이 수학연구소가 푸앵카레 추측을 증명한 페렐만에게 백만 달러의 상금을 수여한다고 발표하다.
2010년	페렐만이 클레이 수학연구소의 수상을 거절하다.

"물론 이것도 역사의 극히 일부분에 지나지 않아." 미르카가 말했다. "푸앵카레 추측에 도전했지만 증명하지 못한 수학자들의 이름은 빠져 있으니까."

"스메일이 5차원 이상의 푸앵카레 추측을 증명했네요." 테트라가 말했다. "푸앵카레 추측도 여러 가지가 있다는 말인가요?"

"푸앵카레 추측은 3차원 닫힌 다양체에 대한 주장이니까 3을 n으로 바꾸면 일반화할 수 있어. 대신 기본군도 일반화할 필요가 있지."

"스메일이 5차원 이상을 증명하고, 그 후 프리드먼이 4차원에 대해 증명했어요. 낮은 차원이 나중에 증명되다니 신기하네요."

"3차원 푸앵카레 추측을 오랫동안 증명하지 못했던 건 절묘한 균형이었을지도 몰라." 미르카가 말했다. "아무튼 마지막에 남아 있는 건 3차원 푸앵카레 추측이야. 결과적으로 푸앵카레가 최초로 제시한 문제가 마지막까지 남아 있었던 거지."

"처음부터 최종 보스를 맞닥뜨린 셈이네요." 테트라가 말했다.

필즈상

"연표를 보면 1980년대에 커다란 움직임이 있었던 듯한데……." 내가 말했다.

"서스턴의 기하화 추측이 나오고, 해밀턴의 리치 흐름 방정식이 나오고."

"필즈상이 뭐예요?" 유리가 물었다. "많이 등장하네요."

"필즈상은 수학의 노벨상이라고 불리는 상이야." 테트라가 답했다. "수학계에서 제일 유명한 상이지."

"필즈상은 40세라는 나이 제한이 있어. 하지만 페르마의 정리를 증명한 앤드루 와일스는 40세가 넘어 특별상을 수상했지." 내가 말했다.

"어라? 페렐만은 필즈상을 거부했다고 써 있어!" 유리가 연표를 가리키며 말했다. "40세가 넘었던 거야?"

"아니, 필즈상을 주려고 했지만 페렐만이 받지 않았어."

"왜?"

"2006년 페렐만은 필즈상을 받았지만 수상을 철회했어." 미르카가 말했다. "정확한 이유는 알려지지 않았어. 페렐만이 해밀턴에게 적절한 평가가 내려져야 한다고 주장하며 철회했다는 설도 있고, 수학과 직접적인 관련이 없는 소동 때문에 철회했다는 설도 있어."

"필즈상의 공식 사이트야." 리사가 웹페이지를 열어 보여 주었다.

우리는 페렐만이 수상할 당시인 2006년도 내용을 보았다. 거기에는 동시에 수상한 4명의 수학자 이름이 올라와 있었다.

2006

 Andrei OKOUNKOV

 Grigori PERELMAN*

 Terence TAO

 Wendelin WERNER

 *Grigori PERELMAN declined to accept the Fields Medal

"'Grigori PERELMAN declined to accept the Fields Medal'이라는 각주가 붙어 있네요." 테트라가 말했다. "'decline'은 '사퇴하다'나 '거부하다'라는 의미니까 '그리고리 페렐만이 필즈상 수상을 거부했다'는 내용이네요."

페렐만이 거부한 필즈상 메달(아르키메데스의 옆모습이다)

밀레니엄 문제

"오빠, 연표에 실려 있는 밀레니엄 문제가 뭐야?" 유리가 말했다.

"2000년에 클레이 수학연구소에서 상금을 걸고 발표한 7개의 미해결 문제를 말해." 내가 답했다. "7개 중 하나가 푸앵카레 추측인데, 페렐만이 수상을 거부했지."

"상금이 얼만데?"

"백만 달러. 클레이 수학연구소는 7문제에 상금 총 7백만 달러를 내걸었어."

"하나 풀면 백만 달러! 심사위원 책임이 막중했겠네!"

"상금을 받기 위해서는 규칙이 있어." 나는 리사가 내민 팸플릿을 보며 말했다. "우선, 밀레니엄 문제를 해결한 내용을 학술지에 실을 것. 전문가가 내용을 확인할 수 있도록 하는 거야. 그리고 수학자들이 받아들일지를 판단할 기간인 2년을 유예할 것. 그리고 클레이 수학연구소가 전문가의 의견을 구해서 수상을 결정한다는 규칙이야."

"아무리 그래도 백만 달러라니!"

"수학자와 상의 관계는 미묘해." 미르카가 말했다. "큰일을 해낸 사람에게 상을 주는 건 바람직한 일이지. 수학 문제를 걸고 상을 주는 건 흔한 일이야. 많은 상금은 대중의 주목을 끌게 마련이지. 하지만 수학자는 상이나 상금을 받기 위해 연구를 하는 게 아니야. 수학이 매력적이기 때문에 연구하는 거야. 수학자는 수학 그 자체를 사랑해."

"저어……." 테트라가 말을 꺼냈다. "수학 그 자체를 사랑한다. 그것에 반론하는 건 아니지만, 인간과 수학의 관계는 그렇게 단순하지 않다고 봐요. 문제는 개인이 연구한다고 해도, 수학은 단 한 사람이 연구하는 학문이 아니니까요. 아까 연표를 보고 느낀 거예요. 많은 수학자들이 시공을 초월해서 서로 협력하고 있는 것이라고 저는 생각해요."

"흠……."

"해밀턴이 제대로 평가받지 않았다는 이유로 페렐만이 수상을 거부한 것이 진짜라면 말이지만요. 다른 수학자의 성과를 소중하게 생각하는 태도라고 봐요."

"물론 그래."

"그리고 거기엔 다른 사람의 연구에 대한 경의가 담겨 있다고 생각해요. 그것도 수학을 사랑하는 자세가 아닐까요? 문제를 풀면서 끝내지 못한 걸 논문으로 남기는 것도 다른 사람을 위해서 아닐까요? '수학은 시간을 초월한다'고 하는데, 시간을 초월하는 수학을 지탱하고 있는 건, 많은 수학자들의 협력이라고 생각해요."

"네 말이 옳아." 미르카가 말했다. "페렐만은 자신의 논문에 선대 수학자의 노력과 시도에 별표를 붙여 정중하게 기록했어. 수학에 대한 공헌은 한 사람 한 사람이 모두 다르지. 중요한 것은 수학의 세계가 풍요로워지는지를 판단하는 거야. 페르마의 정리가 많은 수학자들을 낳은 것처럼, 쾨니히스베르크의 다리 건너기 문제가 위상기하학의 단초가 된 것처럼, 어떤 것이 수학의 세계를 풍요롭게 할지 예견하는 건 무척 어려워. 결국 수학이라는 것은 커다란 태피스트리 같은 거야."

"태피스트리요?" 유리가 되물었다.

"'tapestry'는 벽에 거는 커다랗고 복잡한 문양의 직물이야." 테트라가 말했다.

"거대한 태피스트리야." 미르카가 다시 한번 말했다. "거기에는 작은 흔적만 남기는 사람도 있고, 도안만 남기는 사람도 있어. 그렇지만 태피스트리의 완성에는 모두 각기 어떤 공헌이라도 반드시 남겼다고 할 수 있지. 그 능력과 관심에 부응해서 말이야."

"수학자들이 각자 관심을 가진 분야에 깊이 연구해 들어가면, 수학이 점차 세분화되어 흩어지는 거 아닐까요?"

"수학이 세분화된다고도 할 수 있지만, 각 분야가 깊이 있게 정비되면서 중요한 문제를 풀기 위한 준비를 해 나가게 되는 거라고 할 수 있어." 미르카가 말했다.

"대수적 위상기하학이면 대수학적 수법으로 위상기하학을 연구하고 있는 셈이야." 내가 말했다.

"대수학과 기하학이 협력해서 푸앵카레 추측을 증명한 거죠!"

"절반은 맞지만 절반은 틀렸어." 미르카가 오른손을 뻗어 무언가를 자르는 제스처를 취했다. "확실히 푸앵카레 추측을 해결하기 위해 많은 수학자들이 수학을 진보시켰지. 대수적 위상기하학이라든가, 미분위상기하학이라든가. 하지만 수많은 수학자들이 최종적으로 푸앵카레 추측의 증명에 사용한 방법은 물리학에 기반한 것이었어."

미르카가 일어섰다. 긴 머리가 크게 찰랑거렸다.

우리는 모두 그녀를 올려다보았다.

"수학자는 세계와 세계 사이에 다리를 놓는 사람이야. 어떤 분야의 문제를, 그 분야의 기법으로 풀어야 한다는 룰은 없어. 오히려 그 반대지. 다른 분야의 기법을 써서 풀어낼 때 수학에 커다란 발전이 일어나."

"쓸 수 있는 무기는 다 쓰는 거군요." 테트라가 말했다.

4. 해밀턴

리치 흐름 방정식

우리는 대학 교내의 카페테리아에서 이야기꽃을 피웠다. 대화에 열중한 나머지 음료가 모두 차갑게 식어 버리고 말았다. 하지만 개의치 않고 미르카의 설명은 계속되었다.

"서스턴의 기하화 추측과 푸앵카레 추측의 증명에서 마지막 갭을 메운 건 확실히 페렐만이야. 하지만 페렐만 전에 해밀턴에 대한 이야기를 하지 않으면 안 돼. 왜냐하면 증명에 필요한 결정적인 도구를 발견한 사람이 해밀턴이기 때문이지. 해밀턴이 발견해서 연구하고 페렐만이 증명에 쓴 도구는 리치 흐름 방정식이야."

거기서 미르카는 커피를 한 모금 마셨다. 그 사이를 참지 못하고 테트라가 질문을 퍼부었다.

"오픈 세미나에서도 리치 흐름 방정식이라는 명칭이 나왔는데요. 리치 흐름 방정식은 물리학에 기원을 둔 방법이죠? 그 부분이 이해가 잘 안 가요. 물론, 리치 흐름 방정식 그 자체도 난해하지만, 그 이전에 물리학을 수학의 증명에 쓴다는 점이 이해가 안 가더라고요. 수학은 물리 법칙에 지배받지 않는 이론이라고 여기고 있었거든요. 그런데 물리 법칙으로 수학을 증명한다니 납득이 안 가서요."

테트라의 말을 자르듯이 미르카가 대답했다.

"물리 법칙으로 수학을 증명하는 게 아니야. 해밀턴의 리치 흐름 방정식은 열의 전도라는 물리학 연구에서 발견된 푸리에의 열방정식과 비슷한 형태를 보여. 미분방정식의 형태와 비슷해서 해가 되는 함수의 움직임이 닮은 것뿐이고, 물리 법칙으로 수학을 증명하는 게 아니야."

"푸리에의 열방정식……." 테트라가 복창했다.

"또 새로운 이름이군." 유리가 중얼거렸다.

푸리에 열방정식

"물리학에서는 물리량에 주목해." 미르카는 조용한 목소리로 말을 이었다. "물리량이란 시간, 위치, 속도, 가속도, 압력, 그리고 온도와 같은 거야. 예를 들어, 물체가 위치 x에서의 시간 t와 온도 u를 탐색한다면, 이건 물리학 문제야. 물리 법칙을 표현할 때는 미분방정식이 등장하곤 해."

우리는 말없이 고개를 끄덕였다.

"푸리에의 열방정식은 위치와 시간의 함수로써 물체의 온도를 구하고, 그 함수를 미분방정식으로 표현해. 초기의 온도 분포가 주어지면 시간이 지남에 따라 온도가 변화하는 추이를 예측할 수 있겠지."

"따뜻한 커피가 점차로 차가워지는 것처럼요?" 테트라가 말했다.

"뉴턴의 냉각법칙처럼?" 내가 말했다.

"뉴턴의 냉각법칙에서는 시간만을 생각해." 미르카가 답했다. "푸리에의 열방정식에서는 위치도 고려하고."

"컵은 차갑지만 커피는 따뜻한 것처럼요?" 유리가 말했다.

"열전도 실험이구나!" 내가 말했다. "금속봉의 끝을 따뜻하게 해서 열이 전달되는 방식을 연구하는 거지. 재질에 따라 열전달 속도가 달라지니까."

"예를 들면 그렇지." 미르카가 고개를 끄덕였다.

"조금 알 것 같아요!" 테트라가 목소리를 높였다. "뉴턴의 운동방정식이나 후크의 법칙은 위치를 미분방정식으로 표시한 거지요. 이처럼 푸리에의 열방정식은 온도를 미분방정식으로 나타내는 거군요."

발상의 전환

기뻐 보였던 테트라의 표정이 순간 어두워지며 말했다.

"이해가 느려서 죄송한데 아직 의문점이 남아 있어요. 푸리에의 열방정식이 온도에 대한 미분방정식이라는 건 알겠어요. 그와 비슷하다는 해밀턴의 리치 흐름 방정식은 온도에 관한 미분방정식이 아닌 거죠? 그 수학적 대상이 온도를 가질 리가 없으니까요."

"열방정식에서의 온도에 대응하는 건 리치 흐름 방정식에서는 리만 계량이야." 미르카가 답했다. "리만 계량은 다양체 안의 거리나 곡률을 정하는 정보이고, 리만이 생각해 냈지."

"또 새로운 이름……." 유리가 말했다.

"우우우우……." 테트라가 양손으로 머리를 감싸 쥐고 신음했다. "이상해요. 시간이 경과하면서 온도가 변하는 건 이 세상의 물리 법칙이에요. 그런데 시간이 경과하면서 리만 계량이 (그게 뭔지는 모르겠지만 수학적 대상이) 변화한다니 이상하잖아요. 마치, 수학의 세계가 물리학에 지배된다는 말 같은데요!"

나는 테트라의 말에 명치를 한 대 얻어맞은 것 같았다. 그녀의 의문은 타

당했다. 리치 흐름 방정식이나 리만 계량이 어떤 것인지는 모른다. 그러나 그녀는 이해의 정합성을 지키려 하고 있다. 온도를 리만 계량으로 바꾸었다 해도 그 수학적 대상이 시간에 따라 변화할 수 있는 건가? 이런 의문을 제기하고 있는 것이다. 이 발랄 소녀는 대체 누구인가?

"테트라의 의문은 당연해." 미르카는 눈을 빛내며 말했다. "거기에 발상의 전환이 존재해. 열방정식은 온도에 관한 미분방정식이고, 그것을 연구하는 것으로 온도 변화를 알 수 있지. 그에 반해 리치 흐름 방정식은 달라. 리치 흐름 방정식은 리만 계량을 변화시키는 게 목적이야. 변화를 발견하는 게 목적이 아니라 변화를 도입하는 게 목적이야."

"모르겠어요." 테트라가 말했다. "그런데 시간이……."

"원래 리치 흐름 방정식의 시간 t 라는 건, 물리적인 시간이 아니야. 단순한 매개변수지. 비유하기 편리하니까 '고대 해'나 '초기 조건'처럼 시간 표현이 쓰일 때도 있어. 그러나 현실의 시간이 수학의 증명에서 쓰이는 건 아니야."

"그렇군요." 테트라는 작게 고개를 끄덕였다.

"리치 흐름 방정식에서는 매개변수 t 를 가지는 리만 계량을 생각해. 리만 계량은 곡률을 결정하지. 리만 계량이 변화하면 곡률이 변화해. 곡률이 변화하면 다양체가 변형돼. 리치 흐름 방정식을 사용해 하려는 건, 리만 계량을 잘 변화시키고 곡률을 잘 변화시켜서 다양체를 잘 변형시키는 거야."

"잘……이라뇨?" 테트라가 즉시 질문했다.

"'잘'이라는 건, 서스턴의 기하화 추측을 '잘' 증명하자는 의미야. 리만 계량을 어떻게 변화시키느냐 하는 선택지는 무수히 있지. 해밀턴은 리치 흐름 방정식에서 변화의 방향을 표현했어. 매개변수 t 를 가지며, 리치 흐름 방정식을 충족하는 리만 계량에 대한 것을 리치 흐름이라고 불러. 해밀턴은 리치 흐름에 따라 다양체의 곡률이 균일해지는 것을 기대했어. 그건 시간이 지나면 물체의 온도가 균일해지는 것과 비슷하지. 곡률을 균일하게 만들어서 다양체를 수학적으로 다루기 쉽게 만들고 싶은 거야. 원래 곡률이 일정한 다양체는 20세기 중반에 분류가 끝났어."

"시간이란 게 실제 시간이 아니라는 걸 알고 조금 안심했어요." 테트라가 고개를 끄덕이며 말했다. "그러고 보니 루프를 생각할 때도 t라는 매개변수를 움직인 게 생각나네요. t는 시간은 아니지만, 시간처럼 생각할 수도 있네요."

"루프에서의 t와 리치 흐름에서의 t는 서로 전혀 관계가 없지만, 매개변수라는 의미에서는 같아." 미르카가 말했다. "아무튼 해밀턴은 리치 흐름 방정식을 발견해서 그걸 연구하고, 서스턴의 기하화 추측을 증명하는 데 사용하려고 했지. 그 연구를 **해밀턴 프로그램**이라고 불러."

해밀턴 프로그램

> 해밀턴 프로그램
>
> 리만 계량을 리치 흐름 방정식으로 변화시키는 것으로 3차원 닫힌 다양체를 변형시켜, 서스턴의 기하화 추측을 증명한다.
> 변형 도중에 나타나는 특이점은 **수술**이라고 불리는 수법으로 제거한다.

"해밀턴은 리치 흐름 방정식에서 매개변수 t를 써서 리만 계량을 변화시키지. 그건 3차원 닫힌 다양체의 곡률을 쓰기 위한 거야. 곡률은 여러 가지가 있어. 리만이 도입한 곡률 텐서는 리만 다양체가 휘어지는 방식의 모든 정보를 포함하고 있지만 섬세하면서도 복잡해서 다루기가 힘들지. 해밀턴은 곡률 텐서 R_{ijkl}을 축약해서 리치 곡률 R_{ij}라는 양을 다루기로 했어. 리치 흐름 방정식의 해에서는 시간이 갈수록 점차 리치 곡률이 평균화되고, 결국에는 균일하게 되지. 단, 이때 곡률이 무한대가 되는 **특이점**이 생겨나기 때문에 곤란해. 거기서 해밀턴은 **수술을 도입한 리치 흐름**을 생각해 냈지. 그건 특이점이 나오려고 할 때 일단 시간을 멈추고, 특이점이 나오는 부분을 수술로 제거한 다음, 다시 시간을 움직이는 방식이야."

"시간……이라는 건 매개변수 t를 말씀하시는 거죠?" 테트라가 말했다.

"응. 대응 관계는 이렇게 돼." 미르카가 쓰기 시작했다.

물리학의 세계		수학의 세계
열방정식	←······→	리치 흐름 방정식
열전도체	←······→	3차원 닫힌 다양체
위치 x	←······→	위치 x
시간 t	←······→	매개변수 t
온도	←······→	리만 계량(에서 계산되는 리치 곡률)
온도의 평균화	←······→	리치 곡률의 평균화

"이건 궁극적으로 뭘 한다는 거지? 곡률을 균일하게 하는 것과 서스턴의 기하화 추측의 증명, 그 둘의 관계를 모르겠네." 내가 말했다.

"어떤 리만 계량을 가지는 3차원 닫힌 다양체라도 리치 흐름에 따라 변형되고, 균일한 곡률을 가지는 3차원 닫힌 다양체로 이끌어 낼 수 있지 않을까 기대하고 있는 거지. 그건 무수히 존재하는 3차원 닫힌 다양체를 정리해 분류하는 데 유효해."

"미르카 언니, 그게 잘 될까요?" 유리가 말했다. "수술하고 리치 흐름이요?"

"해밀턴은 그걸 연구해서 많은 것을 증명해 냈어. 우선 주어진 리만 계량을 초기값으로 갖는 리치 흐름이 존재한다는 것을 증명해 냈지. 또 리치 곡률이 도달하는 곳이 참이라는 조건, 즉 리치가 참이라는 조건이 붙는다면, 푸앵카레 추측이 성립한다는 것을 증명했어. 게다가 특이점이 발생하지 않는 단면 곡률이 한결같이 유계(有界)라는 조건이 붙는다면, 서스턴의 기하화 추측이 성립한다는 것도 증명했지."

"조건이 붙는다면……." 테트라가 중얼거렸다.

"그래, 해밀턴은 조건이 붙으면 푸앵카레 추측도 서스턴의 기하화 추측도 증명할 수 있었어. 해밀턴 프로그램의 장애가 되는 특이점을 제거하기 위해, 해밀턴은 수술이 도입된 리치 흐름 방정식을 생각해 냈어. '유한 번의 수술로 특이점을 모두 제거하고, 특이점을 제거한 남은 단면 곡률이 균일하게 유계라는 것을 증명하면 된다'는 거지만, 시가 모양의 특이점이 생겨 버리면, 그에 대처하는 건 불가능하다는 걸 알았지. 그게 해밀턴 프로그램의 장애였어. 그래서 20년의 세월이 흐른 거야."

"20년!" 유리가 말했다.

"시가 모양의 특이점을 제거한 게 페렐만이구나." 내가 말했다.

"페렐만은 시가 모양의 특이점이 생겨나지 않는다는 걸 증명했어."

"생겨나지 않는다고요?"

"그래. 해밀턴도 시가 모양의 특이점이 생겨나지 않을 걸 기대했지만, 페렐만은 비국소 붕괴 정리로 그걸 증명했어. 하지만 그걸로 모든 게 해결된 건 아니었지. 페렐만은 거기에 전도형 비국소 붕괴 정리와 표준 근방 정리를 증명하고, 해밀턴 프로그램을 완성시켜서 서스턴의 기하화 추측을 증명해 냈어. 페렐만은 리치 흐름 방정식에 관한 3편의 논문을 발표했어. 이 논문이 서스턴의 기하화 추측을 증명하고, 푸앵카레 추측도 증명하고, 리치 흐름 방정식에 힘을 실어 준 셈이야."

"페렐만이 마지막 갭을 메운 거네요……." 테트라가 말했다.

"최후의 갭을 메웠다고 표현할 수 있지만……." 미르카가 시무룩한 목소리로 말했다. "단, 그 갭이 얼마만큼의 크기였는지는 전문가가 아니면 제대로 평가할 수 없을 거야. 서스턴의 기하화 추측을 페렐만이 증명했다고 해야 할지, 해밀턴과 페렐만이 증명했다고 해야 할지, 그것도 어려운 문제인 거야. 해밀턴의 리치 흐름 방정식이 없으면, 페렐만의 실마리는 없었을 것이고, 페렐만이 도입한 수법과 정리가 없었다면 증명은 완성될 수 없었지. 위대한 정리가 증명될 때 거기에 이르는 길을 발견해 과정을 뛰어넘은 사람과 마지막 갭을 메운 사람의 업적 크기를 비교하는 건 어려워. 단, 수학계는 마지막 갭을 메운 사람이 증명한 사람으로 이름을 남기는 관습이 있지. 본인의 희망 여부와는 관계없어."

"논문은 이거야?" 리사가 가볍게 기침을 하며 말했다. 컴퓨터 화면을 가리키고 있다.

미르카는 그것을 보고 고개를 끄덕였다.

"그럼, 페렐만의 논문을 들여다볼까?"

5. 페렐만

페렐만의 논문
우리는 또다시 얼굴을 맞대고 리사의 컴퓨터 화면을 들여다보았다.

- Grisha Perelman, The entropy formula for the Ricci flow and its geometric applications.(https://arxiv.org/abs/math/0211159)
- Grisha Perelman, Ricch flow with surgery on three-manifolds.(https://arxiv.org/abs/math/0303109)
- Grisha Perelman, Finite extinction time for the solutions to the Ricci flow on certain three-manifolds.(https://arxiv.org/abs/math/0307245)

"그리샤 페렐만." 미르카가 말했다. "러시아 사람이야."

"그리샤가 이름인가 봐요." 테트라가 말했다.

"본명은 그리고리 페렐만이야." 미르카가 말했다. "그리샤는 애칭."

"논문이 영어네요." 유리가 말했다.

"그야 그렇지." 내가 말했다. "우리말일 리 없잖아."

"그게 아니라!" 유리가 화를 내며 말했다. "페렐만이 러시아 사람이니까 러시아어로 쓴 줄 알았다고!"

"요즘은 논문을 영어로 써." 미르카가 말했다. "전 세계 사람들이 논문을 읽게 하기 위해 세계 공통어인 영어로 쓰는 거지."

"논문은 인류에게 보내는 편지니까요!" 테트라가 말했다.

"페렐만은 논문 각주에 몇몇 연구기관에서 연구할 기회가 주어진 것에 감사를 표현했어. 읽어 봐."

I was partially supported by personal savings accumulated during my visits to the Courant Institute in the Fall of 1992, to the SUNY at Stony Brook in the Spring of 1993, and to the UC at Berkeley as a Miller Fellow in 1993-95. I'd like to thank everyone who worked to make those opportunities available to me.

1992년 가을 쿠란트 수리과학연구소, 1993년 봄 뉴욕주립대학 스토니브룩, 1993년부터 1995년까지 밀러 연구원으로 UC버클리에 체류하는 동안 모은 개인 저축이 부분적으로 도움이 되었다. 내게 기회를 주기 위해 힘을 보태준 모든 사람들에게 감사를 드리고 싶다.

"페렐만의 논문은 이렇게 시작돼."

The Ricci flow equation, introduced by Richard Hamilton [H1], is the evolution equation $\frac{d}{dt}g_{ij}(t) = -2\mathrm{R}_{ij}$ for a riemannian metric $g_{ij}(t)$.

"리처드 해밀턴에 의해 도입된 리치 흐름 방정식은 리만 계량 $g_{ij}(t)$의 발전방정식 $\frac{d}{dt}g_{ij}(t) = -2\mathrm{R}_{ij}$야.*"
"미르카 언니 멋져요!"
"이건 단순히 영어를 읽은 것뿐이야, 유리. 이 논문 자체를 이해할 힘은 아직 부족해. 그래도 조금 읽는 건 가능해. 예를 들어, 이런 부분이야."

Thus, the implementation of Hamilton program would imply the geometrization conjecture for closed three-manifolds.

In this paper we carry out some details of Hamilton program.

'따라서 해밀턴 프로그램의 실행은 3차원 닫힌 다양체에서의 기하화 추측을 함의한다. 이 논문에서 우리는 해밀턴 프로그램에 대해 상세한 설명을 하고자 한다.'

---

* 여기에 $\frac{d}{dt}$라고 쓰여 있어 상미분방정식으로 보이지만, 리치 곡률 R_{ij} 중에 위치에 의한 편미분이 포함되어 있으므로 실제로는 편미분방정식이다.

"이 글에선 서스턴의 기하화 추측을 증명하기 위해 해밀턴 프로그램을 실행한다는 페렐만의 취지가 읽혀져."

"*we*'라고 표기했네요." 테트라가 말했다.

"논문 집필 방식 중 하나야. author's we라고 하지. 혼자 쓰는 경우에도 we를 쓰는 경우가 있어."

"페렐만 혼자 연구하고 '우리'라고 쓰다니 재미있네요." 테트라가 말했다.

"쓴 사람은 페렐만 한 사람이지만 읽는 사람은 한 명이 아니지. author's we는 'the author and the reader'라는 의미야. 이 논문을 읽으려는 독자들은 저자 페렐만과 함께 해밀턴 프로그램을 수행하는 셈이라는 거지."

"그렇군요!" 테트라가 말했다. "독자는 혼자가 아니죠. 독자는 저자의 힘을 얻어 문제를 푸는 거예요!"

"저자는 독자가 토론에 참여하기를 요청하는 거지." 미르카가 말했다.

"implement?" 리사가 미르카에게 의문 부호를 던졌다.

"해밀턴 프로그램은 서스턴의 기하화 추측을 증명하기 위한 길을 보여주고 있어. 하지만 그것만으로는 안 되고, 실제로 증명할 필요가 있어. 그걸 'implement'라고 표현한 거겠지."

"리사는 페렐만의 논문을 가지고 있었네." 내가 말했다.

"검색해 본 것뿐이야." 리사가 답했다. "바로 찾을 수 있었어."

"페렐만은 증명을 논문으로 써냈어." 미르카가 말했다. "논문 웹사이트 arXiv에서 PDF를 다운로드하면 누구라도 바로 읽을 수 있어. 우리가 지금 하고 있는 것처럼."

"하지만 유리는 못 읽겠어……."

"영어를 해석하는 힘을 갖고 있다면, 말로는 이해할 수 있지. 게다가 논문에 쓰인 수학을 이해할 수 있는 힘을 갖게 되면, 페렐만의 주장도 이해할 수 있어. 그는 arXiv에만 논문을 투고하고, 학술지에는 투고하지 않았어."

"잠깐만! 그거 백만 달러의 조건에 위배되지 않아?" 유리가 말했다. "학술지 투고가 밀레니엄 문제의 조건이었는데!"

"그 점은 문제없어. 밀레니엄 문제의 조건에는 부칙이 있어서 학술지 투고를 대신할 만한 것이 있다면 괜찮아. 모건과 티엔이 쓴 해설서가 학술지 대신 발간되었지. 물론 페렐만은 필즈상도 밀레니엄 문제의 상금도 거부했지만 말이야."

"그렇구나."

"페렐만이 arXiv에 투고한 건, 수학계에선 오히려 잘된 일인지도 몰라. 전 세계의 수학자가 논문을 바로 읽을 수 있었기 때문이야. 페렐만의 논문에는 이제까지 쓰인 적 없던 최신 기법이 가득 실려 있어. 페렐만은 리치 흐름 방정식이라는 도구를 정비하고, 수학의 세계를 넓혔지. 리치 흐름 방정식의 새로운 모습을 논문을 통해 알아낸 수학자들은 수학의 세계를 더욱더 넓힐 수 있어."

"페렐만은 논문을 arXiv에 남기고, '이제 내 일은 끝'이라고 한 거네요." 테트라가 말했다.

한 발 더 나아가기

"페렐만이 arXiv에 논문을 발표하면서 서스턴의 기하화 추측과 푸앵카레 추측은 해결되었어. 그걸 우리는 그저 지식으로만 알고 있지."

우리는 미르카의 담담한 말투에 귀를 기울였다.

"아무래도 우리는 잘 이해할 수 없는 내용이야. 최소한 한 걸음이라도 수학적으로 깊이 들어가기가 힘들어…… 그렇지?" 미르카가 물었다.

"그래요." 테트라가 말했다.

"확실히." 내가 말했다.

"어렵지 않으면 좋겠다냥." 유리가 말했다.

"……." 말이 없는 리사.

"그렇지만 리치 흐름 방정식은 곡률 텐서가 나오는 편미분방정식이야. 이 부분에서는 깊이 있는 논의를 시작할 수가 없어. 나 자신도 완전히 이해하지 못하기 때문이야. 이제 어떻게 해야 할까……?"

"선배!" 테트라가 손을 들었다. "전 물리학적 방법에 대해 좀 더 알고 싶어요. 물리학의 '살아 있는 언어'가 나오는 거죠?"

"그럼, 그렇게 하자." 미르카가 즉시 답했다.

"음료수 다시 주문하고 싶당." 유리가 말했다. "목말라."

"종이도 많이 필요한데." 미르카가 말했다.

"대학 매점이라도 갔다 올까?" 내가 물었다.

"가지고 있어." 리사가 말하며 빨간 가방에서 흰 종이뭉치를 꺼냈다.

6. 푸리에

푸리에의 시대

"오빠, 푸리에라는 사람도 필즈상 받았어?" 유리가 멜론 주스를 마시면서 물었다.

"아니, 시대가 전혀 다르지." 내가 답했다.

"**조제프 푸리에**는 프랑스의 수학자이자 물리학자야. 1768년에 태어나서 1830년에 사망했어." 리사는 컴퓨터를 열고 가볍게 헛기침을 하면서 이렇게 말했다. "**존 필즈**는 캐나다의 수학자야. 1863년에 태어나서 1932년에 사망했어. 필즈상 설립은 1936년이야."

"푸리에는 18세기 중반에서 19세기 초 사람이죠." 테트라가 말했다. "프랑스 혁명 시대인가요?"

"푸리에는 가난한 집에서 태어난 데다 8세에 고아가 되었지." 미르카가 말했다. "얼마나 고생을 했는지는 모르지만, 그는 수학 교사로 일하기도 하고, 나폴레옹과 함께 이집트로 원정을 가기도 했어. 도지사가 되어 능력을 발휘하기도 했지. 파란만장한 인생을 살았어. 재능이 넘치는 사람이었던 거지. 자칫 길로틴에서 사라질 뻔하기도 했다고 해."

"길로틴?" 유리가 외쳤다.

"1811년 파리의 과학아카데미에서 열전도에 관한 논문을 모집했어. 푸리에는 이전부터 연구하고 있던 논문을 투고해서 상을 받았지."

아주 맑은 겨울날. 나는 따뜻한 차를 마시면서 푸리에를 생각했다. 8세에 고아가 된 그는 가족에 대해 어떻게 생각하고 있었을까. 어떤 기분으로 수학을 연구했을까. 전혀 상상이 가지 않았다.

열방정식

"열방정식에서는 온도를 다루지." 미르카가 말했다.

"뉴턴의 냉각법칙이라면 요전에 풀었었지." 나는 말했다.

"뉴턴의 냉각법칙에서는 온도를 시간 t의 함수 $u(t)$로 나타내. 그에 반해 푸리에의 열방정식에서는 온도를 위치 x와 시간 t의 함수 $u(x, t)$로 나타내지. 비교해 보자." 미르카가 말했다. "우선, 뉴턴의 냉각법칙은 다음과 같아. 실온은 0이야."

뉴턴의 냉각법칙

온도 변화의 속도는 온도 차에 비례한다.

$$\frac{d}{dt} u(t) = K u(t) \qquad K는 \text{ 상수}$$

"이 $u(t)$는 시간 t에서의 물체의 온도를 말해. 실온이 0인 방에 물체를 두었을 때의 상태를 나타내는 미분방정식이지."

"그렇군."

"그리고 푸리에의 열방정식도 다음과 같아."

푸리에의 열방정식

온도 $u(x, t)$는 다음의 편미분방정식을 충족한다.

$$\frac{\partial}{\partial t} u(x, t) = K \frac{\partial^2}{\partial x^2} u(x, t) \qquad K는 \text{ 상수}$$

이 식을 **푸리에 열방정식**이라고 한다.(1차원의 경우)

"열방정식이 무엇인가를 묻는다면, 열전도를 표현한 **편미분방정식**이라는 대답이 나올 수 있어. 혹은 열전도라는 물리 현상의 편미분방정식으로 **모델화**한 거라고 대답해도 좋아." 미르카가 말했다. "지금부터 리치 흐름 방정식과 유사성을 가진 푸리에의 열방정식을 즐겨 보자. 구체적으로는 $u(x, t)$라는 함수를 조사하는 거야. 우선은 무대를 설정해 보자."

◆◆◆

직선 위에 무한히 늘어진 철사가 있고, 시간 $t = 0$에서 온도 분포가 주어졌어. 이것이 초기 조건이야. 온도 분포가 주어져 있다는 건, 철사 위의 위치 x마다 온도를 알 수 있다는 거야. 여기서 시간 t가 변한다면 철사의 온도도 변화하지. 즉, 온도 u를 위치 x와 시간 t의 2변수함수 $u(x, t)$로 표현할 수 있다고 하자.

시간 $t = 0$에서는 위치 x마다 온도 차가 있을지도 몰라. 철사의 이쪽은 뜨겁지만 저쪽은 차가운 상태야. 그렇지만 시간 t가 커지면 점차 온도 차는 작아지고, 결국 철사 전체가 균일한 온도가 된다고 예측할 수 있겠지. 지금부터 $u(x, t)$ 함수의 모양을 자세히 알아보자.

철사의 온도 분포와 t의 증가에 의한 변화

열방정식은 열전도방정식이나 열확산방정식이라고도 표현해. 열 이외에 냄새가 확산되는 상황에도 이 방정식이 사용돼. 여기서는 비례정수를 $K = 1$이라고 단순화해서 생각해 보자.

$$\frac{\partial}{\partial t} u(x, t) = K \frac{\partial^2}{\partial x^2} u(x, t) \qquad K = 1인\ 열방정식$$

이걸 충족하는 함수 $u(x, t)$를 구하는 것이 열방정식을 푸는 과정이야.

좌변의 $\dfrac{\partial}{\partial t} u(x, t)$는 $u(x, t)$를 편미분한 함수를 나타내.

우변의 $\dfrac{\partial^2}{\partial x^2} u(x, t)$는 $u(x, t)$를 x로 2번 편미분한 함수를 나타내고.

$$\blacklozenge \ \blacklozenge \ \blacklozenge$$

"잠깐만요. 편미분이란 게 뭔가요?" 테트라가 당황해서 미르카의 설명을 끊었다.

"함수 $u(x, t)$는 이변수함수야. x를 상수로 보고 $u(x, t)$를 t로 미분하는 것을 '$u(x, t)$를 t로 편미분한다'고 하고, $\dfrac{\partial}{\partial t} u(x, t)$라고 써. 또 t를 상수로 보고 $u(x, t)$를 x로 미분하는 것을 '$u(x, t)$를 x로 편미분한다'고 하고, $\dfrac{\partial}{\partial x} u(x, t)$라고 써. 그걸 다시 한번 x로 편미분한 걸 $\dfrac{\partial^2}{\partial x^2} u(x, t)$라고 써." 미르카가 말했다.

"그럼 이런 건가?" 내가 물었다. "예를 들면······."

$$u(x, t) = x^3 + t^2 + 1$$

"이런 이변수함수가 있다면 다음과 같이 되겠지?"

$u(x, t) = x^3 + t^2 + 1$	이변수함수의 예
$\dfrac{\partial}{\partial t} u(x, t) = 2t$	$u(x, t)$를 t에 대하여 편미분한다
$\dfrac{\partial}{\partial x} u(x, t) = 3x^2$	$u(x, t)$를 x에 대하여 편미분한다
$\dfrac{\partial^2}{\partial x^2} u(x, t) = 6x$	$u(x, t)$를 x에 대하여 2번 편미분한다

"그래." 미르카가 고개를 끄덕였다. "t에 대하여 편미분할 때는 x를 상수로 생각하는 거야. x에 대하여 편미분할 때는 t를 상수로 생각하고, 무엇을 상수로 하는지를 첨자로 나타낼 때도 있어. 예를 들어, 열방정식은 다음과 같이 써도 좋아."

$$\left(\dfrac{\partial u}{\partial t} u(x, t) \right)_x = \left(\dfrac{\partial^2}{\partial x^2} u(x, t) \right)_t$$

"혹은 이미 알고 있는 (x, t)는 쓰지 않고 다음과 같이 열방정식을 쓸 때도 있어. 쓰는 방식은 여러 가지니까."

$$\frac{\partial u}{\partial t} = \frac{\partial^2 u}{\partial x^2}$$

"하아…… 거기까지는 알겠어요. 죄송해요. 도중에 말을 끊어서요." 테트라가 말했다.

"전혀 모르겠어!" 유리가 말했다.

"음, 미분방정식이 아직 어려운가?"

"아는 부분도 있을 거야." 미르카가 말했다. "부호만 교차시켜서 이야기해 보자. 좌변의 $\frac{\partial u}{\partial t}$가 양수라면, 시간 t가 증가했을 때 위치 x의 온도가 올라가는 걸 의미해. 우변의 $\frac{\partial^2 u}{\partial x^2}$가 양수라면, 어떤 위치 x의 온도가 좌우의 평균 온도보다 낮다는 걸 의미해. 열방정식은 그 양쪽을 등식으로 묶지. 그게 의미하는 건, 어떤 위치의 온도가 이후에 올라가는 것은 그 위치의 온도가 좌우의 평균 온도보다도 낮은 온도일 때라는 거야. 이건 열의 성질로 이해할 수 있겠지. 그 성질을 정밀하게 서술하고 있는 게 이 편미분방정식인 거야. 주어진 열방정식을 다시 한번 보자."

$$\frac{\partial}{\partial t} u(x, t) = \frac{\partial^2}{\partial x^2} u(x, t)$$

"이제 변수분리법으로 해를 구하고, 그걸 반복해서 열방정식을 풀 거야."

변수분리법

변수분리법을 써 보자. 즉, x와 t의 이변수함수 $u(x, t)$가 x의 일변수함수 $f(x)$와 t의 일변수함수 $g(t)$의 곱으로 표시된다고 가정할게.

$$u(x, t) = f(x)g(t)$$

열방정식의 $u(x,t)$를 $f(x)g(t)$로 바꿔 보자.

$$\frac{\partial}{\partial t}u(x,t) = \frac{\partial^2}{\partial x^2}u(x,t) \qquad \text{열방정식}$$

$$\frac{\partial}{\partial t}f(x)g(t) = \frac{\partial^2}{\partial x^2}f(x)g(t) \qquad u(x,t)\text{를 } f(x)g(t)\text{로 바꾼다}$$

좌변을 계산하자. x를 상수라고 볼 때 $f(x)$도 상수로 취급할 수 있어.

$$\frac{\partial}{\partial t}f(x)g(t) = f(x)\cdot\frac{\partial}{\partial t}g(t) \qquad f(x)\text{는 상수}$$

$$= f(x)\cdot\frac{d}{dt}g(t) \qquad g\text{는 일변수함수이므로 상미분한다}$$

$$= f(x)g'(t)$$

우변을 계산하자. t를 상수로 보기 때문에 $g(t)$도 상수로 취급할 수 있어.

$$\frac{\partial^2}{\partial x^2}f(x)g(t) = g(t)\cdot\frac{\partial^2}{\partial x^2}f(x) \qquad g(t)\text{는 상수}$$

$$= g(t)\cdot\frac{d^2}{dx^2}f(x) \qquad f\text{는 일변수함수이므로 상미분한다}$$

$$= f''(x)g(t)$$

따라서 열방정식은 이렇게 되지.

$$f(x)g'(t) = f''(x)g(t)$$

지금은 $u \neq 0$, 즉 $f(x) \neq 0$이나 $g(t) \neq 0$으로 생각하는 걸로 해. x에 의존하는 것과 t에 의존하는 것을 분리하기 위해 양변을 $f(x)g(t)$로 나누면 다음 식을 구할 수 있어.

$$\underbrace{\frac{g'(t)}{g(t)}}_{t\text{에만 의존}} = \underbrace{\frac{f''(x)}{f(x)}}_{x\text{에만 의존}}$$

이 등식을 잘 봐.

좌변은 t에만 의존해. 그렇다는 건, t가 변화하지 않으면 x가 아무리 변화해도 좌변은 상수야.

우변은 x에만 의존해. 그렇다는 건, x가 변화하지 않으면 t가 아무리 변화해도 우변은 상수이고.

그렇다는 건, 결국 이 등식은 x와 t가 아무리 변화해도 값이 바뀌지 않는다는 말이야. 이게 변수분리법의 재미있는 점이야. 이 상수를 $-\omega^2$라고 할게.

$$\frac{g'(t)}{g(t)} = \frac{f''(x)}{f(x)} = -\omega^2$$

그러면 상미분방정식이 2개로 나눠졌다는 말이지.

$$\begin{cases} f''(x) = -\omega^2 f(x) \\ g'(t) = -\omega^2 g(t) \end{cases}$$

변수분리법에서는,

이변수함수의 편미분방정식 1개가,
일변수함수의 상미분방정식 2개가 된다.

라고 할 수 있어. 이 2개의 상미분방정식은 둘 다 낯이 익지. f는 삼각함수를 쓰고, g는 지수함수를 써서 각각 일반해를 나타낼 수 있어.

$$\begin{cases} f(x) = A\cos\omega x + B\sin\omega x \\ g(t) = Ce^{-\omega^2 t} \end{cases}$$

따라서 $u(x,t)=f(x)g(t)$는 열방정식의 해가 된다.

$$u(x,t)=f(x)g(t)$$
$$=(\mathrm{A}\cos\omega x+\mathrm{B}\sin\omega x)\cdot\mathrm{C}e^{-\omega^2 t}$$
$$=e^{-\omega^2 t}(\mathrm{AC}\cos\omega x+\mathrm{BC}\sin\omega x)$$
$$=e^{-\omega^2 t}(a\cos\omega x+b\sin\omega x)\qquad a=\mathrm{AC},b=\mathrm{BC}라 한다$$

이건 열방정식의 해야. 이걸 $u_\omega(x,t)$라고 쓰도록 하자.

$$u_\omega(x,t)=e^{-\omega^2 t}(a\cos\omega x+b\sin\omega x)$$

적분에 따른 해의 중첩
이 해에는 a,b,ω라는 매개변수가 등장해.

$$u_\omega(x,t)=e^{-\omega^2 t}(a\cos\omega x+b\sin\omega x)$$

ω마다 a,b를 생각하기 위해 $a(\omega),b(\omega)$처럼 함수의 형태로 나타내 보자.

$$u_\omega(x,t)=e^{-\omega^2 t}(a(\omega)\cos\omega x+b(\omega)\sin\omega x)\qquad\cdots①$$

ω는 임의의 0 이상의 실수로 충분하고, ω마다 정해진 해를 모두 중첩시킨 것도 해가 돼. ω로 적분해서 중첩된 해를 만들어. 이렇게 하는 이유는 중첩에 의해 초기 조건을 표시하고 싶기 때문이야.

$$u(x,t)=\int_0^\infty u_\omega(x,t)\,dw \qquad\qquad 적분으로 중첩시킨다$$
$$=\int_0^\infty e^{-\omega^2 t}(a(\omega)\cos\omega x+b(\omega)\sin\omega x)\,dw \qquad ①로부터$$

특히 $t=0$일 때 $e^{-\omega^2 t}=e^{-\omega^2 \cdot 0}=1$이 되는 것에 주의하면, $t=0$일 때의 온도 분포, 즉 초기 조건은 다음과 같은 식으로 나타낼 수 있지.

$$u(x,0)=\int_0^\infty (a(\omega)\cos\omega x+b(\omega)\sin\omega x)\,dw \qquad \text{초기 조건}$$

이 식을 $u(x,0)$의 **푸리에 적분 표시**라고 해.

푸리에 적분 표시

푸리에 적분 표시는 푸리에 전개의 연속판이야. 푸리에 전개에서 합을 적분으로 바꾼 형태지.

$$f(x)=\sum_{k=0}^\infty (a_k \cos kx+b_k \sin kx) \qquad f(x)\text{의 푸리에 전개}$$

$$u(x,0)=\int_0^\infty (a(\omega)\cos\omega x+b(\omega)\sin\omega x)\,dw \qquad u(x,0)\text{의 푸리에 적분 표시}$$

푸리에 전개에서는 함수 $f(x)$가 주어졌을 때 푸리에 계수(a_n, b_n)을 적분으로 구했지.

$$\begin{cases} a_0=\dfrac{1}{2\pi}\displaystyle\int_{-\pi}^\pi f(x)\,dx \\[2mm] b_0=0 \\[2mm] a_n=\dfrac{1}{\pi}\displaystyle\int_{-\pi}^\pi f(x)\cos nx\,dx \\[2mm] b_n=\dfrac{1}{\pi}\displaystyle\int_{-\pi}^\pi f(x)\sin nx\,dx \end{cases}$$

푸리에 적분 표시에서는 동일하게 $a(\omega)$, $b(\omega)$를 적분으로 나타낼 수 있어. 이미 문자 x를 쓰고 있으니까 적분변수에는 y를 쓰도록 하자.

$$\begin{cases} a(\omega)=\dfrac{1}{\pi}\displaystyle\int_{-\infty}^\infty u(y,0)\cos\omega y\,dy \\[3mm] b(\omega)=\dfrac{1}{\pi}\displaystyle\int_{-\infty}^\infty u(y,0)\sin\omega y\,dy \end{cases}$$

푸리에 적분 표시를 쓰면 초기 조건을 충족하는 해 $u(x,t)$를 구할 수 있게 돼.

$$u(x,t)$$

$$= \int_0^\infty e^{-\omega^2 t} \big(a(\omega) \cos \omega x + (b(\omega) \sin \omega x) dw$$

$$= \int_0^\infty e^{-\omega^2 t} \Big(\frac{1}{\pi} \int_{-\infty}^\infty u(y,0) \cos \omega y \, dy \, \cos \omega x$$

$$\qquad\qquad + \frac{1}{\pi} \int_{-\infty}^\infty u(y,0) \sin \omega y \, dy \, \sin \omega x \Big) dw$$

$$= \frac{1}{\pi} \int_0^\infty e^{-\omega^2 t} \int_{-\infty}^\infty u(y,0) (\cos \omega y \cos \omega x + \sin \omega y \sin \omega x) \, dy \, dw$$

$$= \frac{1}{\pi} \int_0^\infty e^{-\omega^2 t} \int_{-\infty}^\infty u(y,0) \cos \omega(x-y) \, dy \, dw$$

덧셈정리와 $\cos \omega(y-x) = \cos \omega(x-y)$로부터

여기서 적분 순서를 교환할 거야. 순서 교환에는 조건을 확인해야 하지만 여기서는 인정하는 걸로 할게.

$$u(x,t) = \frac{1}{\pi} \int_{-\infty}^\infty u(y,0) \int_0^\infty e^{-\omega^2 t} \cos \omega(x-y) \, dw \, dy$$

◆ ◆ ◆

"자, 이 식을 어떻게 할까?" 미르카는 계산을 멈추고 말했다.

$$u(x,t) = \frac{1}{\pi} \int_{-\infty}^\infty u(y,0) \int_0^\infty e^{-\omega^2 t} \cos \omega(x-y) \, dw \, dy \qquad \cdots \heartsuit$$

"모르겠어엉." 유리가 재빨리 항복을 선언했다.

"푸리에 전개가 이산, 푸리에 적분 표시가 연속이라는 이야기를 조금 듣고 싶었는데……." 내가 말했다. "이 이중적분을 더 간단하게 만든다는 말이야?"

"마치 친구 같네요." 테트라가 말했다.

"친구라니?" 유리가 물었다.

"이건?…… 이름은 잊어버렸지만, 어떤 식의 형태와 비슷하지 않나요?"

"식의 형태…… 아, 라플라스 적분 말이구나!" 내가 말했다.

"맞아요, 그거!"

라플라스 적분(p. 315 참조)

a가 실수일 때

$$\int_0^\infty e^{-x^2}\cos 2ax\,dx = \frac{\sqrt{\pi}}{2}e^{-a^2}$$

이 성립한다.

◆◆◆

그럼 여기서 라플라스 적분을 쓰자.

$$u(x,t) = \frac{1}{\pi}\int_{-\infty}^\infty u(y,0)\int_0^\infty e^{-\omega^2 t}\cos\omega(x-y)\,dw\,dy$$

적분변수를 v로 하고 배열하면, 라플라스 적분과의 대응 관계를 쉽게 알 수 있지.

$$\int_0^\infty e^{-\omega^2 t}\quad\cos\omega(x-y)\quad dw\quad =\quad ?\qquad\text{구하고 싶은 적분(적분변수 }\omega)$$

$$\int_0^\infty e^{-v^2}\quad\cos 2av\qquad dv\quad =\quad \frac{\sqrt{\pi}}{2}e^{-a^2}\qquad\text{라플라스 적분(적분변수 }v)$$

여기서 $\omega = \dfrac{v}{\sqrt{t}}$라 하고, $x-y=2a\sqrt{t}$로 대응시키면 라플라스 적분을 대입할 수 있어.

$$\int_0^\infty e^{-\omega^2 t}\cos\omega(x-y)\,dw = \int_0^\infty e^{-(\sqrt{t}\,\omega)^2}\cos\left(\frac{v}{\sqrt{t}}\cdot 2a\sqrt{t}\right)dw$$

$$= \int_0^\infty e^{-v^2}\cos 2av\,\frac{dw}{dv}\,dv$$

$$= \frac{1}{\sqrt{t}}\int_0^\infty e^{-v^2}\cos 2av\,dv \qquad \frac{dw}{dv}=\frac{1}{\sqrt{t}}\text{로부터}$$

$$= \frac{1}{\sqrt{t}}\,\frac{\sqrt{\pi}}{2}\,e^{-a^2} \qquad\qquad \text{라플라스 적분으로부터}$$

$$= \frac{1}{\sqrt{t}}\,\frac{\sqrt{\pi}}{2}\exp\left(-\frac{(x-y)^2}{4t}\right)$$

$$= \frac{\sqrt{\pi}}{2\sqrt{t}}\exp\left(-\frac{(x-y)^2}{4t}\right) \qquad \cdots\cdots\clubsuit$$

이걸 이용해서,

$$u(x,t)=\frac{1}{\pi}\int_{-\infty}^{\infty}u(y,0)\int_0^\infty e^{-\omega^2 t}\cos\omega(x-y)\,dw\;dy \qquad \text{p.369의 } \heartsuit \text{에서}$$

$$=\frac{1}{\pi}\int_{-\infty}^{\infty}u(y,0)\,\frac{\sqrt{\pi}}{2\sqrt{t}}\exp\left(-\frac{(x-y)^2}{4t}\right)\,dy \qquad \clubsuit\text{에서}$$

$$=\int_{-\infty}^{\infty}u(y,0)\,\frac{1}{2\sqrt{\pi t}}\exp\left(-\frac{(x-y)^2}{4t}\right)\,dy$$

$$=\int_{-\infty}^{\infty}u(y,0)w(x,y,t)\,dy$$

최후의 식에 나온 $w(x,y,t)$는 다음과 같아.

$$w(x,y,t)=\frac{1}{2\sqrt{\pi t}}\exp\left(-\frac{(x-y)^2}{4t}\right)$$

여기까지 풀었다면 우리가 구하려는 해 $u(x,t)$는,

$$\begin{cases} u(x,t)\;=\displaystyle\int_{-\infty}^{\infty}u(y,0)w(x,y,t)\,dy \\[2mm] w(x,y,t)=\dfrac{1}{2\sqrt{\pi t}}\exp\left(-\dfrac{(x-y)^2}{4t}\right) \end{cases}$$

으로 정리할 수 있다는 말이지.

유사성 꿰뚫어보기

우리가 구한 열방정식의 해 $u(x, t)$를 관찰해 보자.

$$u(x, t) = \int_{-\infty}^{\infty} u(y, 0)w(x, y, t)\,dy$$

$u(y, 0)$이라는 것은 위치 y의 초기 온도를 나타내지.

$$u(x, t) = \int_{-\infty}^{\infty} \underbrace{u(y, 0)}_{\text{위치 } y\text{의 초기 온도}} w(x, y, t)\,dy$$

위치 y의 초기 온도 $u(y, 0)$에 대해, $w(x, y, t)$를 곱해서 중첩한 데다 y를 움직여서 철사 전체의 적분을 구하고 있어. 그러니까 중첩 함수 $w(x, y, t)$는 온도 분포의 변화를 제어하고 있는 거야.

위치 x에 해당하는 시간 t에서의 온도는 철사 전체의 초기 온도가 관련되어 있어. 단, 중첩은 달라. 중첩 함수 $w(x, y, t)$를 관찰하면,

$$\exp\left(-\frac{(x-y)^2}{4t}\right)$$

이라는 부분이 있으니까, 위치 x에서 먼 위치 y의 온도만큼 영향이 약하다는 걸 알 수 있어. 게다가 $t \longrightarrow \infty$이고, $w(x, y, t) \longrightarrow 0$이라는 것도 알 수 있지. 초기의 온도 분포 $u(x, 0)$이 어떤 형태라도 결국 평균화되고, 균일한 온도 분포를 만들어 내는 모습을 볼 수 있어.

초기 온도 분포를 $u(x, 0) = \delta(x)$와 같이 디랙의 델타함수를 써서 나타낸다면, 열원이 한 점인 상태를 표현할 수 있어. 이때 $u(x, t)$를 구체적으로 계산할 수 있게 되지.

$$u(x,t) = \int_{-\infty}^{\infty} u(y,0)w(x,y,t)\,dy$$

$$= \int_{-\infty}^{\infty} \delta(y)w(x,y,t)\,dy$$

$$= \frac{1}{2\sqrt{\pi t}} \int_{-\infty}^{\infty} \delta(y)\exp\left(-\frac{(x-y)^2}{4t}\right)dy$$

$$= \frac{1}{2\sqrt{\pi t}}\exp\left(-\frac{x^2}{4t}\right)$$

이 $u(x,t)$에서 t 값을 변화시키면, 온도 분포의 변화를 그래프로 그릴 수 있어.

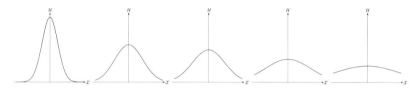

디랙의 델타함수

지금 사용한 디랙의 델타함수 $\delta(y)$는 통상적인 의미의 함수가 아니라, 함수 $f(y)$와의 곱을 써서 $-\infty$에서 ∞까지 y로 적분했을 때 $f(0)$의 값을 구하는 것으로 정의되는 초함수야.

$$\int_{-\infty}^{\infty} \delta(y)\ f(y)\,dy = f(0) \qquad \text{디랙의 델타함수}$$

리치 흐름 방정식으로 돌아가기

"해밀턴의 리치 흐름 방정식을 단순화한 유사 식인 푸리에의 열방정식을 공부했어." 미르카가 말했다. "우리는 초기의 온도 분포함수 $u(x,0)$부터 시작해서, 시간 t를 제어하는 것으로 연속함수의 연속적 변형을 생각했지. 그건 열방정식을 이용해 비틀려 있는 분포를 균일하게 한 거라고 말할 수 있어. 푸앵카레 추측에서 해밀턴이 생각한 리치 흐름 방정식도 원리상 같은 작용을 하지. 어떤 초기의 온도 분포에서도 균일한 온도가 된다는 것은 3차원 닫힌 다양체에 어떤 리만 계량을 주어도 리치 곡률이 균일해진다는 것과 유사해." 미르카의 말이 조금 느려졌다.

"철사의 경우, 온도가 균일해지지. 하지만 3차원 닫힌 다양체의 경우에는 리치 곡률이 언제나 균일해진다고는 할 수 없어. 그대로는 다룰 수 없는 특이점이 나타나기 때문이야. 해밀턴은 수술에 의해 특이점의 대처를 기대했지만 차이는 컸어. 철사는 1차원이고, 다루고 있는 온도라는 건 실수. 리만 계량도, 곡률 텐서도, 리치 곡률도, 특이점도 등장하지 않아. 유감스럽게도 거기까지 깊이 들어간 수학을 지금 우리가 다루기는 힘들어. 한정된 유사물로 만족하는 수밖에 없지, 지금은 말이야."

"그러네요. 지금은……." 테트라도 고개를 끄덕였다. "하지만 언젠가는 꼭 아리아드네의 실을 따라가 봐요! 나중에 꼭 같이 가 봐요. 무한의 미래를 향해!"

"미안하지만, 이제 문 닫을 시간입니다." 카페 종업원의 말에 우리는 정신을 차렸다.

가게 안에 남아 있는 사람은 우리 5명뿐이었다. 탁자 위에는 수식이 쓰인 많은 종이가 여기저기 널려 있었다. 왠지 데자뷰 같은걸.

"이제 슬슬 돌아가자." 내가 말했다.

7. 우리들

과거에서 미래로

우리는 대학 교내 카페에서 나왔다. 곧 해가 떨어질 시간이다. 왠지 서두르고 싶지 않은 기분에 모두가 천천히 걷고 있었다.

앞장서 걷고 있던 미르카가 내 쪽을 돌아보았다.

"그러고 보니, 합격 판정은 어떻게 됐어?"

"A등급 받았어. 아슬아슬했지만 만족스러운 등급이 나와서 오늘 편하게 올 수 있었어. 미르카, 그 이야기를 왜 지금 꺼내는 거야?"

"오, 다행이네." 긴 검은 머리의 달변가 천재 소녀는 그렇게 말하며 어깨를 움츠리고는 작게 혀를 내밀었다.

"아아아앗! 이제 곧 시험이구나!" 현실로 다시 이끌려 온 나는 충동적으로 큰 소리를 지르고 말았다.

"이제 곧 기말고사예요!" 테트라가 말했다.

"유리도 이제 곧 시험이라고!" 테트라의 팔에 유리가 매달리며 말했다.

테트라는 유리의 얼굴 가까이 다가가더니 말했다. "그러고 보니 유리가 우리 고등학교로 오는 게 기대되네. 남자 친구는……."

"쉿! 비밀이란 말이야!"

뭐야? 무슨 말을 하는 거지?

"이제 곧 미국에 가." 미르카가 하늘을 올려다보며 말했다.

"미르카 언니, 언제 만날 수 있어요?" 유리가 말했다.

"그러게, 언제가 될까?"

미르카는 어째서인지 내 쪽을 바라보며 미소 지었다.

겨울이 왔으니

"아, 추워! 러시아의 겨울도 이런 느낌일까냥." 유리가 말했다.

"겨울바람이 더 찬 것뿐이야." 내가 말했다.

"그건 아니에요, 선배. 겨울바람의 차가움은 봄바람의 상큼함과 연결되는 걸요. 추운 만큼 봄을 그리워하는 마음이 강해진다고요!"

"오, 긍정적인데, 역시 테트라." 내가 말했다. "그러고 보니…… 오일렐리언즈는 순조롭게 되고 있어?"

"겨울이 왔으니 봄도 머지않음이라." 테트라가 말했다. "리사와도 예전보단 친해진 것 같은데……요."

"글쎄, 별로." 나란히 걷고 있던 리사가 말했다.

"오늘 푸앵카레 추측에 대한 거랑 많은 수학자들이 연구했던 위상기하학에 대한 거, 이것도 확실히 정리해서 오일렐리언즈에 실을 거예요!"

"무리야." 리사가 즉답했다. "분량 초과."

"또 그런 말을……."

"혼자는 무리야. 한 번으로는 무리." 리사가 말했다. "테트라 혼자는 무리야. 사람을 모아. 한 번에 다 쓸 수는 없으니까 여러 번으로 나눠. 전부 혼자할 필요 없어. 전부를 한 번에 할 필요도 없어. 분할 통치." 리사는 단숨에 거기까지 말하고 헛기침을 했다.

"괘, 괜찮아?" 테트라가 기침하는 리사의 등을 쓸어 주었다. "확실히 그렇지. 이것도 이어달리기인가?"

"오일렐리언즈는 한 권으로 끝나지 않을 거야." 리사가 말했다.

봄도 머지않음이라

"오빠, 벌써 가는 거야? 좀 아쉬운데…… 지금 바로 크리스마스 파티로 점프하는 길은 없는 거야?"

"아니, 난 이제 갈 테야."

"쳇, 흥이다." 유리가 심통 난 표정으로 말했다.

"한 번 더 뺨이라도 꼬집어 줘?" 미르카가 물었다.

"저기!" 테트라가 어딘가를 가리키며 말했다. "저 나무 밑에서 기념 사진 찍어요, 우리. 더 캄캄해지기 전에요!"

대학 교문 앞에는 한참 올려다볼 정도로 큰 상록수가 서 있었다. 무슨 나무인지는 모른다. 수령이 몇 년이나 되었을까. 우리는 나무 앞에 나란히 섰다. 리사가 카메라를 세팅하고 자동 촬영 스위치를 눌렀다.

그리고 우리들의 현재가 카메라에 담겼다.

기념 촬영 끝.

겨울이 왔으니 봄도 머지않음이라.

나는 대학이라는 장에서 최선을 다해 배우고 싶다.

새로운 친구와의 만남이 있을까.

누군가에게서 배턴을 넘겨받아 누군가에게 배턴을 넘겨줄 수 있을까.

대학 입시가 코앞으로 다가왔다.

나는 예언할 수 없다.

나는 미래를 볼 수 없다.

합격할 수 있을지 어떤지는 모른다.

그저 매사에 진지하게 임하고 미래를 향해 달려갈 수밖에.

나는, 우리는 각자의 미래로 향한다.

겨울이 왔으니 봄도 머지않았다!

예언의 나팔이 되어다오!
오, 바람이여, 겨울이 오면 봄이 멀 수 있으랴?
_셸리, 『서풍에 부치는 노래』

"이거, 선생님이죠?"

교무실에 온 소녀가 사진 한 장을 손에 들고 있었다.

"아, 그렇네…… 어디 있었어?"

"역시 선생님이었네요. 오래된 잡지에 끼워져 있었어요. 동호회실 청소하다가 나왔어요. 선생님 진짜 젊다."

"이 사진, 고3 때 시험 직전에 찍은 거야."

"선생님도 수험생이었다니, 상상이 안 가네요. 선생님은 계속 여기서 선생님이었을 것 같은데요."

"그럴 리가 있냐."

"시험 직전에 여자애들한테 둘러싸여 사진도 찍고, 인기 많았나 봐요?" 소녀는 그렇게 말하고 킥킥 웃었다.

"이래 봬도 고민 많은 진지 청년이었는데……."

"선생님도 고민이란 걸 했어요?"

"그야 당연하지. 미친 듯이 고민했지."

"저도요."

"성적 상위권에 수학동호회장이 뭘 고민해."

"교사는 그런 말 하면 안 되죠. 시험 압박감, 우울감 때문에 울고 싶어요."

"이제 곧 봄이 올 텐데."

"오늘 아침에도 눈이 왔는걸요. 봄은 아직 멀었어요."

"'눈 내리는 하늘을 그저 바라보다…… 겨울인데도 하늘에서 꽃이 내리니……구름 저편에는 이미 봄이 와 있는 게 아닐까……' 옛 시구에 이런 구절이 있어."

"'꽃이 내린다'가…… 눈이 내린다는 말인가요?"

"응. 겨울의 눈을 봄의 꽃으로 보고 있지. 눈과 꽃은 비슷해. 겨울에 봄을 생각하는 마음은 과거에도, 지금도 변치 않았어. 추우면 추울수록 봄을 그리워하는 마음은 강해지지. 봄을 그리워하는 마음이 온도 차에 비례한다면, 그런 열정으로 미분방정식을 풀 수도 있지 않을까?"

"무슨 말씀을 하시는 건지…… 제게도 꽃피는 봄이 올까요?"

"준비 많이 했잖아. 이제는 마음껏 실력 발휘할 일만 남았지. 여태까지 본 모의고사처럼."

"문제를 많이 풀기는 했는데, 왠지 불안해요."

"문제를 풀었다고 끝이 아니야. 해설을 읽고 스스로 문제 푸는 방식이 옳았는지 부단히 피드백을 해야 수학을 너의 것으로 만들 수 있어."

"네, 그 정도는 하고 있어요."

"더 높은 차원의 수학도 그래. 문제를 풀면 그걸로 끝이 아니야. 어떤 방식으로 문제를 풀었는지, 이 문제 앞에는 어떤 새로운 문제가 기다리고 있는지를 세계에 피드백을 해 줘야 해."

"세계에 피드백을 해요?"

"새로운 문제를 만들어 내는 것은 문제를 푼 사람의 책임이야. 왜냐하면 그 문제에 대해 제일 깊이 아는 건 문제를 푼 본인이니까. 최전선에 있는 사람이야말로 그 앞에 보이는 풍경을 이야기하는 데 가장 적합한 사람이거든. 그러니까 책임이 생기는 거지."

"헤헤……."

"그런데 혹시 저기 있는 아이들, 리더를 기다리는 수학동호회 회원들 아니니?"

교무실 입구에는 내부를 힐끔대는 학생들이 있었다.

"어라, 진짜네. 이제 가야겠어요, 선생님. 다음에 봬요!"

"그래, 잘 가라."

소녀는 손을 흔들고는 교무실을 빠져나가 수학동호회 회원들과 합류했다. 뭔가를 즐겁게 이야기하면서 멀어져 갔다.

저 아이들은 이제 곧 시험이다.

나는 창 너머로 겨울 하늘을 올려다보았다.

확실히 추울수록 봄을 그리워하는 마음이 강해진다.

이제 곧 봄이다.

겨울이 왔으니 봄도 머지않음이라!

눈 내리는 하늘을 그저 바라보다
겨울인데도 하늘에서 꽃이 내리니,
구름 저편에는 이미 봄이 와 있는 게 아닐까.
_기요하라노 후카야부

『미르카, 수학에 빠지다』제6권에서는 푸앵카레 추측을 소개합니다. 기나긴 대장정의 마침표를 찍는 마지막 책입니다. 그동안 제1권에서는 피보나치 수열과 오일러 전개, 생성함수 등을 살펴보았고, 제2권에서는 페르마의 정리, 제3권에서는 괴델의 불완전성 정리, 제4권에서는 무작위 알고리즘, 제5권에서는 갈루아 이론을 탐구했습니다.

제6권에서도 주된 등장인물은 '나'와 미르카, 테트라, 유리, 그리고 리사입니다. 이들 다섯 청춘들이 열정을 무기로 수학 공식에 숨겨진 세계의 본질을 탐구합니다.

이 책의 집필에 6년이라는 시간이 걸릴 만큼 많은 공이 들어갔습니다. 너무도 난해한 푸앵카레 추측을 제 나름대로 이해하기 위해 각고의 노력을 기울였습니다.

제6권에 등장하는 수학 개념은 위상기하학, 기본군, 비유클리드 기하학, 미분방정식, 다양체, 푸리에 전개, 마지막으로 푸앵카레 추측에 대한 정리입니다.

6권이 완성되기까지 응원을 보내 주신 독자 여러분께 감사드립니다. 그리고 마지막 한 페이지까지 읽어 주신 여러분들께도 고개 숙여 감사의 말을 올립니다. 또 다른 수학적 진실을 탐구하는 자리에서 여러분을 만날 수 있기를 고대합니다.

유키 히로시

수학 걸 웹사이트 www.hyuki.com/girl

입학식이 끝나고 교실로 가는 시간이다. 나는 놀림감이 될 만한 자기소개를 하고 싶지 않아 학교 뒤쪽 벚나무길로 들어선다. "제가 좋아하는 과목은 수학입니다. 취미는 수식 전개입니다."라고 소개할 수는 없지 않은가? 거기서 '나'는 미르카를 만난다. 이 책의 주요 흐름은 나와 미르카가 무라키 선생님이 내주는 카드를 둘러싸고 벌이는 추리다.

무라키 선생님이 주는 카드에는 식이 하나 있다. 그 식을 출발점으로 삼아 문제를 만들고 자유롭게 생각해 보는 일은 막막함에서 출발한다. 학교가 끝나고 도서관에서, 모두가 잠든 밤에는 집에서, 그 식을 찬찬히 뜯어보고 이리저리 돌려보고 꼼꼼히 따져 보다가 아주 조그만 틈을 발견한다. 그 틈을 비집고 들어가 카드에 적힌 식의 의미를 파악하고 정체를 벗겨 내는 일, 위엄을 갖고 향기를 발산하며 감동적일 정도로 단순하게 만드는 일. 그 추리를 완성하는 것이 '나'와 미르카가 하는 일이다. 카드에는 나열된 수의 특성을 찾거나 홀짝을 이용해서 수의 성질을 추측하는 나름 쉬운 것이 담긴 때도 있지만 대수적 구조인 군, 환, 체의 발견으로 이끄는 것이나 페르마의 정리의 증명으로 이끄는 묵직한 것도 있다.

빼어난 실력을 갖춘 미르카가 간결하고 아름다운 사고의 전개를 보여 준다면 후배인 테트라와 중학생인 유리는 수학을 어려워하는 독자를 대변하는 등장인물이다. 테트라와 유리가 깨닫는 과정을 따라가다 보면 '아하!' 하며 무릎을 치게 된다. 그동안 의미를 명확하게 알지 못한 채 흘려보냈던 식의 의미가 명료해지는 순간이다. 망원경의 초점 조절 장치를 돌리다가 초점이 딱 맞게 되는 순간과 같은 쾌감이 온다. 그래서 이 책은 수학을 좋아하고 즐기는 사람에게도 권하지만, 수학을 어려워했던, 수학이라면 고개를 절레절레 흔들었던 사람에게도 권하고 싶다. 누구에게나 '수학이 이런 거였어?' 하는 기억이 한 번쯤은 있어도 좋지 않은가? 더구나 10년도 더 전에 한 권만 소개되었던 책이 6권 전권으로 출간된다니 천천히 아껴 가면서 즐겨 보기를 권한다.

남호영

미르카, 수학에 빠지다 ⑥
내일과 푸앵카레 추측

초판 1쇄 인쇄일 2022년 7월 20일
초판 1쇄 발행일 2022년 8월 8일

지은이   유키 히로시
옮긴이   박지현
펴낸이   강병철

펴낸곳   이지북
출판등록   1997년 11월 15일 제105-09-06199호
주소   04047 서울시 마포구 양화로6길 49
전화   편집부 (02)324-2347, 경영지원부 (02)325-6047
팩스   편집부 (02)324-2348, 경영지원부 (02)2648-1311
이메일   ezbook@jamobook.com

ISBN 978-89-5707-250-9 (04410)
      978-89-5707-224-0 (세트)

• 잘못된 책은 교환해 드립니다.